调色师

达芬奇 视频剪辑与调色从入门到精通

向小红◎编著

·北京·

内 容 简 介

11大专题调色内容、90多个抖音热门案例，帮助您从入门到精通达芬奇调色。随书赠送案例素材、效果文件、教学视频、电子教案、PPT教学课件。

本书具体内容包括：认识达芬奇软件、剪辑视频与音频、转场应用、字幕制作、一级调色、二级调色、节点调色、LUT和滤镜调色、抖音热门色调，以及制作《银河星空》延时效果与《云彩之美》风景效果等，帮助大家快速调出电影级的热门色调。

本书结构清晰、语言简洁，适合视频调色爱好者、达芬奇软件使用者、视频拍摄与剪辑者，以及影视工作人员、电视台工作人员等，还可作为视频、调色等相关专业的教材使用。

图书在版编目（CIP）数据

调色师：达芬奇视频剪辑与调色从入门到精通 / 向小红编著. —北京：化学工业出版社，2024.6

ISBN 978-7-122-45370-9

Ⅰ. ①调… Ⅱ. ①向… Ⅲ. ①视频编辑软件②调色-图像处理软件 Ⅳ. ①TP317.53②TP391.413

中国国家版本馆CIP数据核字（2024）第069574号

责任编辑：吴思璇　李　辰　　封面设计：异一设计
责任校对：边　涛　　装帧设计：盟诺文化

出版发行：化学工业出版社（北京市东城区青年湖南街13号　邮政编码100011）
印　　装：北京瑞禾彩色印刷有限公司
787mm×1092mm　1/16　印张13½　字数329千字　2024年7月北京第1版第1次印刷

购书咨询：010-64518888　　售后服务：010-64518899
网　　址：http://www.cip.com.cn
凡购买本书，如有缺损质量问题，本社销售中心负责调换。

定　　价：98.00元

前 言

达芬奇软件凭借简易的操作菜单、强大的调色功能，深受许多视频爱好者的青睐，成为了当前最热门的调色软件之一。

本书从抖音精选出90多个热门视频案例，用图文步骤+教学视频的方式帮助大家全面了解软件的功能，做到学用结合。希望大家都能举一反三，轻松掌握这些功能，从而调出专属于自己的热门视频效果。本书主要具有以下特点。

（1）内容全面：书中介绍了达芬奇软件的基本功能及实际应用，以案例教学为主线，帮助大家全面掌握软件基础和核心操作技巧。

（2）全程图解：本书以一步一图的图解方式进行讲解，同时还赠送了案例素材和效果文件，方便大家调用，提高学习效率。

（3）视频教学：所有案例都有同步高清教学视频，大家可以扫码观看，轻松学习。

特别提示：

一、本书采用DaVinci Resolve 18软件编写，请用户一定要使用同版本软件，否则会出现功能、菜单不一致的情况。

二、当直接打开附送下载资源中的项目时，预览窗口中会显示“离线媒体”的提示文字。这是因为每个用户安装的软件、素材与效果文件的路径不一致，发生了改变，这属于正常现象，用户只需将这些素材与素材文件夹中的相应文件重新链接，即可成功打开。

三、用户将附送资源下载到电脑中，需要某个VSP文件，第一次链接成功后，就将项目文件进行保存或导出，后面打开就不需要再重新链接了。

四、用户将资源文件复制到电脑中直接打开，如果出现还是无法打开的情况，需要在打开素材效果文件前，在文件夹上单击鼠标右键，在弹出的快捷菜单中选择“属性”命令，在打开的“文件夹属性”对话框中，取消选中“只读”复选框，然后再重新通过DaVinci Resolve 18打开素材和效果文件，应该就没问题了。

本书由向小红编著，提供视频素材和拍摄帮助的人员还有向秋萍、燕羽、苏苏、巧慧、徐必文等人，在此表示感谢。

由于作者知识水平有限，书中难免有疏漏之处，恳请广大读者批评、指正，联系微信：2633228153。

笔 者

目 录

第5章 一级调色

第6章 二级调色

第7章 节点调色

第8章 LUT和滤镜调色

第9章 抖音热门色调

第10章 制作《银河星空》延时效果

第11章 制作《云彩之美》风景效果

第1章
认识达芬奇软件

本章要点：

达芬奇是一款专业的影视调色剪辑软件，它的英文名称为DaVinci Resolve，集视频调色、剪辑、合成、音频、字幕功能于一体，是常用的视频编辑软件之一。本章将带领读者掌握达芬奇软件的功能及面板等内容。

1.1 熟悉DaVinci Resolve 18界面

DaVinci Resolve是一款集合了调色功能和专业多轨道剪辑功能的软件。虽然对系统的配置要求较高，但DaVinci Resolve 18有着强大的兼容性，还提供了多种操作工具，包括剪辑、调色、效果、字幕以及音频等，是许多剪辑师、调色师青睐的影视后期剪辑软件之一。本节主要介绍DaVinci Resolve 18的工作界面，如图1-1所示。

图 1-1　DaVinci Resolve 18 工作界面

1.1.1　设置界面初始参数

用户安装好DaVinci Resolve 18后，首次打开软件时，需要对软件界面的初始参数进行设置，以方便后期在软件中进行操作。本节主要向用户介绍如何设置软件界面的语言、项目帧率与分辨率等初始参数。

设置软件界面语言

首次启动DaVinci Resolve 18，软件界面的语言默认是英文。为了方便用户操作，在偏好设置预设面板中，用户可以设置软件界面为简体中文。在UI设置面板中，单击"语言"右侧的下三角按钮，在弹出的下拉列表中，选择"简体中文"选项，如图1-2所示。执行操作后，单击"保存"按钮，重启DaVinci Resolve 18后，即可将界面语言设置为简体中文。

如果用户在打开软件后，需要再次打开偏好设置预设面板，可以在工作界面中，选择DaVinci Resolve命令，在弹出的快捷菜单中，选择“偏好设置”命令，如图1-3所示。执行操作后，即可打开偏好设置预设面板。

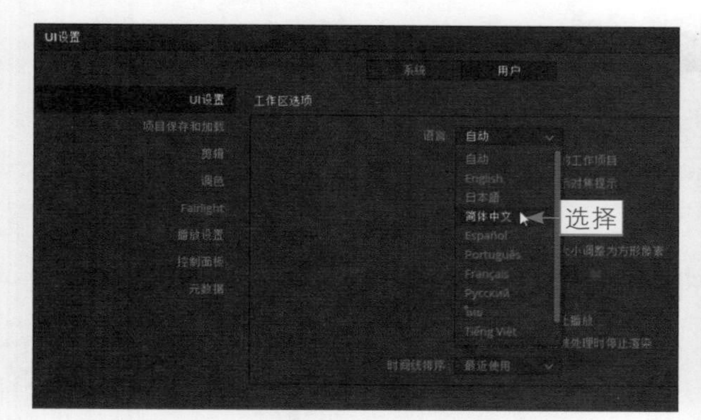

图 1-2　选择“简体中文”选项

图 1-3　选择“偏好设置”选项

设置帧率与分辨率参数

在软件中，用户可以选择“文件”|“项目设置”命令，打开项目设置对话框，在“主设置”选项卡中，可以设置时间线分辨率、像素宽高比、时间线帧率、播放帧率、视频格式、SDI配置、数据级别、视频位深及监视器缩放等。

图1-4所示为项目设置对话框，用户可以根据需要，在其中设置帧率与分辨率参数。

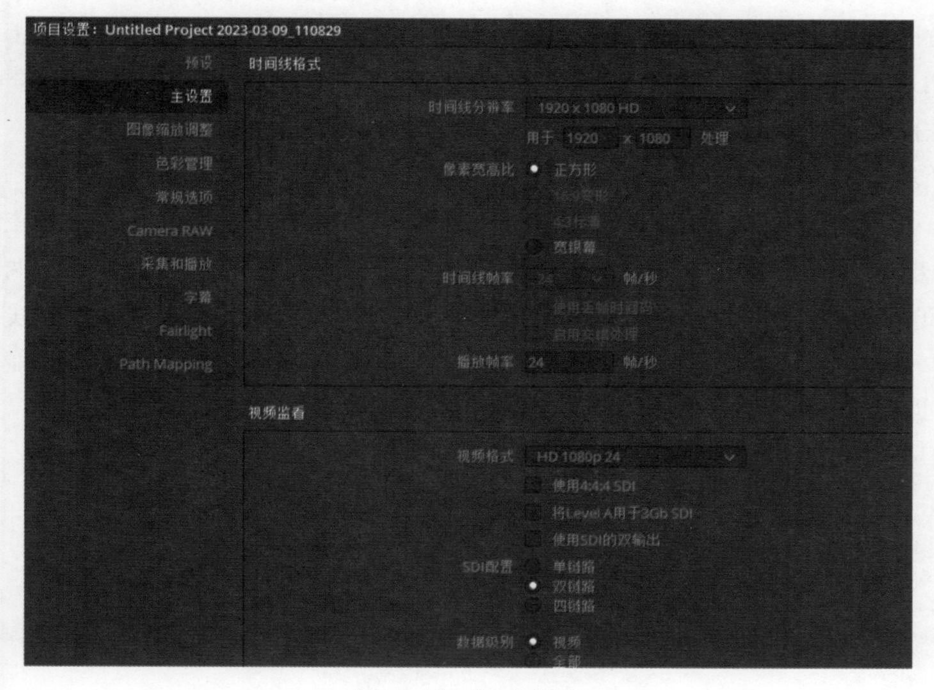

图 1-4　项目设置对话框

1.1.2 掌握界面组成

在DaVinci Resolve 18中，一共有7个步骤面板，分别为媒体、快编、剪辑、Fusion、调色、Fairlight以及交付，单击相应的标签按钮，即可切换至相应的步骤面板，如图1-5所示。

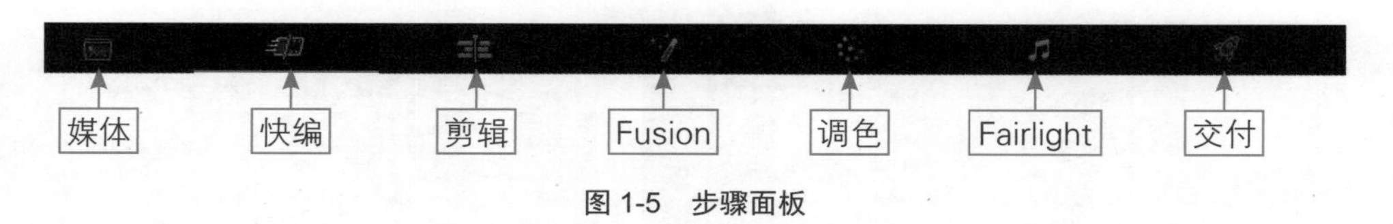

图 1-5 步骤面板

认识“媒体”面板

在达芬奇界面下方单击“媒体”按钮，即可切换至“媒体”步骤面板中，在其中可以导入、管理以及克隆媒体素材文件，并查看媒体素材的属性信息等。

“快编”步骤面板

单击“快编”按钮，即可切换至“快编”步骤面板。“快编”步骤面板是DaVinci Resolve 18新增的一个剪切步骤面板，跟“剪辑”步骤面板功能有些类似，用户可以在其中进行编辑、修剪以及添加过渡转场等操作。

“剪辑”步骤面板

“剪辑”步骤面板是达芬奇默认打开的面板，在其中可以导入媒体素材、创建时间线、剪辑素材、制作字幕、添加滤镜、添加转场、标记素材入点和出点，以及双屏显示素材画面等。

Fusion步骤面板

在DaVinci Resolve 18中，Fusion步骤面板主要用于动画效果的处理，包括合成、绘图、粒子以及字幕动画等，还可以制作出电影级视觉特效和动态图形动画。

“调色”步骤面板

DaVinci Resolve 18中的调色系统是该软件的特色功能。在DaVinci Resolve 18工作界面下方的步骤面板中，单击“调色”按钮，即可切换至“调色”工作界面。在“调色”工作界面中，提供了Camera Raw、色彩匹配、色轮、RGB混合器、运动特效、曲线、色彩扭曲器、限定器、窗口、跟踪器、神奇遮罩、模糊、键、调整大小以及立体等功能面板，用户可以在相应面板中对素材进行色彩调整、一级调色、二级调色和降噪等操作，最大限度地满足用户对影视素材的调色需求。

Fairlight步骤面板

单击Fairlight按钮，即可切换至Fairlight（音频）步骤面板，在其中用户可以根据需要调整音频效果，包括音调匀速校正和变速调整、音频正常化、1D声像移位、混响、嗡嗡声移除、人声通道和齿音消除等。

“交付”步骤面板

影片编辑完成后，在“交付”面板中可以进行渲染输出设置，将制作的项目文件输出为MP4、AVI、EXR、IMF等格式的文件。

1.1.3　媒体池

在DaVinci Resolve 18剪辑界面左上角的工具栏中，单击“媒体池”按钮，即可展开“媒体池”工作面板，如图1-6所示。

图 1-6　“媒体池”工作面板

在下方的步骤面板中，单击“媒体”按钮，如图1-7所示，即可切换至“媒体”步骤面板。

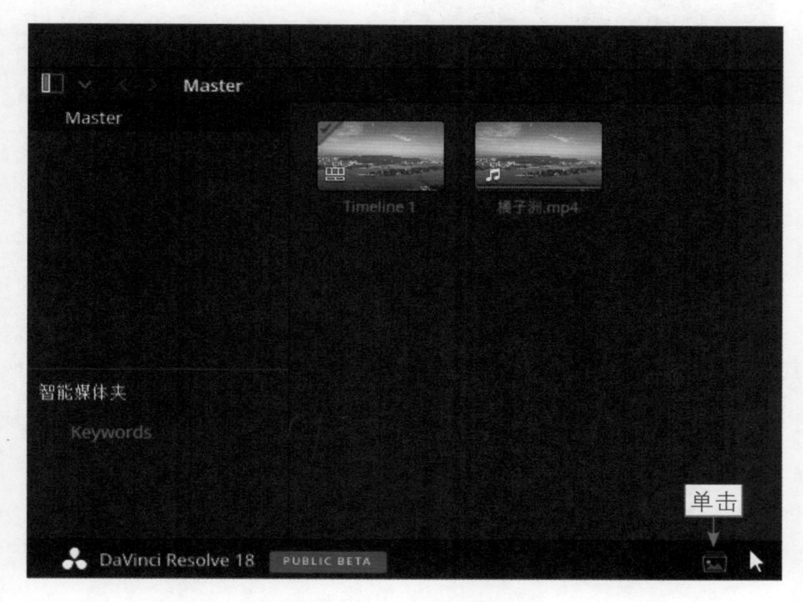

图 1-7　单击“媒体”按钮

1.1.4 效果

在剪辑界面左上角的工具栏中，单击“剪辑”按钮，即可展开“工具箱”工作面板，其中为用户提供了视频转场、音频转场、标题、生成器以及效果等功能，如图1-8所示。

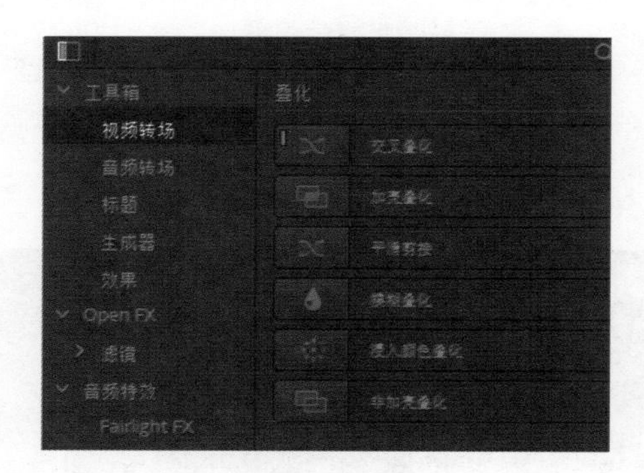

图 1-8 “工具箱”面板

1.1.5 检视器

在DaVinci Resolve 18剪辑界面中，单击“检视器”面板右上角的“单检视器模式”按钮，即可使预览窗口以单屏显示，此时“单检视器模式”按钮转换为“双检视器模式”按钮。在系统默认情况下，“检视器”面板的预览窗口以单屏显示，如图1-9所示。

图 1-9 “检视器”面板

左侧的屏幕为媒体池素材预览窗口，用户在选择的素材上双击，即可在媒体池素材预览窗口中显示素材画面；右侧的屏幕为时间线效果预览窗口，拖曳时间线滑块，即可在时间线效果预览窗口中显示滑块所至处的素材画面。

在导览面板中，单击相应的按钮，用户可以执行变换、裁切、动态缩放、Open FX叠加、Fusion叠加、标注、智能重构图、跳到上一个编辑点、倒放、停止、播放、跳到下一个编辑点、循环、匹配帧、标记入点以及标记出点等操作。

1.1.6　时间线

“时间线”面板是DaVinci Resolve 18进行视频、音频编辑的重要工作区之一，在面板中可以轻松实现对素材的剪辑、插入以及调整等操作，如图1-10所示。

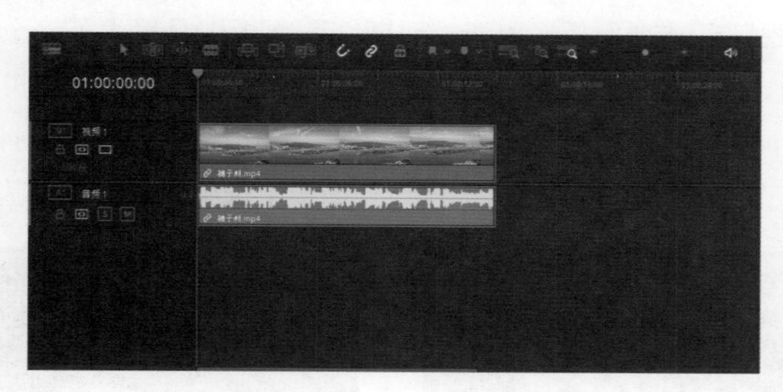

图 1-10　“时间线”面板

1.1.7　调音台

在DaVinci Resolve 18“剪辑”工作界面的右上角，单击“调音台”按钮，即可展开“调音台”工作面板，在其中用户可以执行编组音频、调整声像以及动态音量等操作，如图1-11所示。

1.1.8　元数据

在“剪辑”界面右上角的工具栏中，单击“元数据”按钮，即可展开“元数据”工作面板，其中显示了媒体素材的时长、帧数、位深、优先场、数据级别、音频通道以及音频位深等数据信息，如图1-12所示。

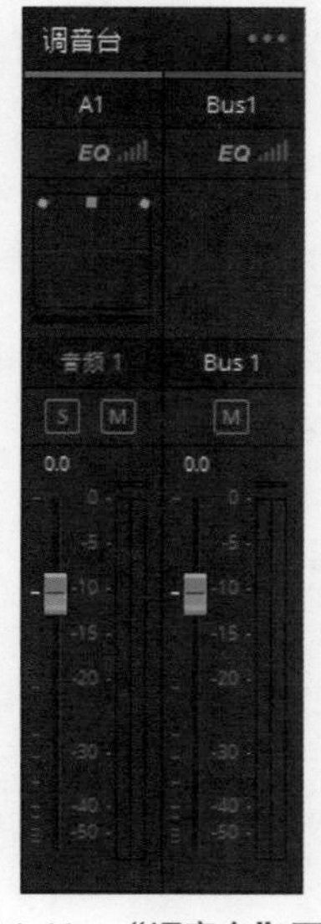

图 1-11　“调音台”面板

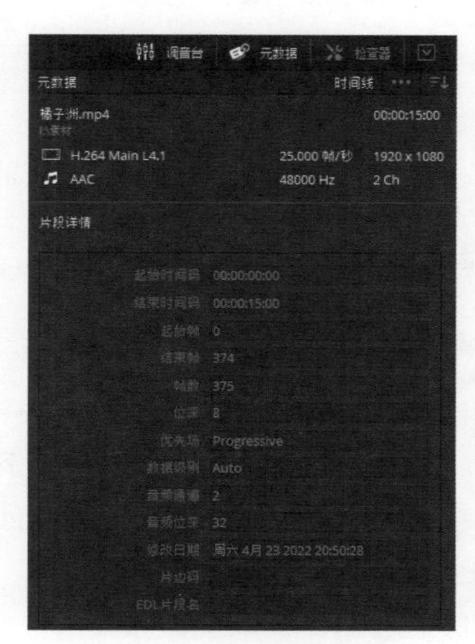

图 1-12　“元数据”面板

1.1.9 检查器

在“剪辑”步骤面板的右上角单击“检查器”按钮，即可展开“检查器”面板，“检查器”面板的主要作用是针对“时间线”面板中的素材进行基本的处理。图1-13所示为“检查器”|“视频”选项面板，由于“时间线”面板中只置入了一个视频素材，因此面板上方仅显示了“视频”“音频”“效果”“转场”“图像”“文件”6个标签，单击相应的标签即可打开相应的面板。图1-14所示为“音频”选项面板。在打开的面板中，用户可以根据需要设置属性参数，对在“时间线”面板中选中的素材进行基本处理。

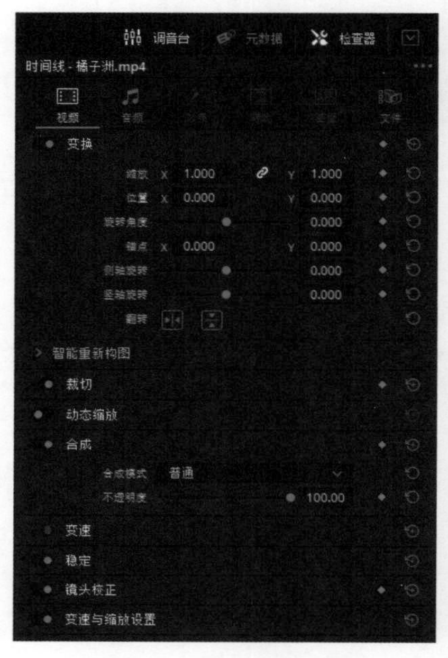

图 1-13 “视频”选项面板

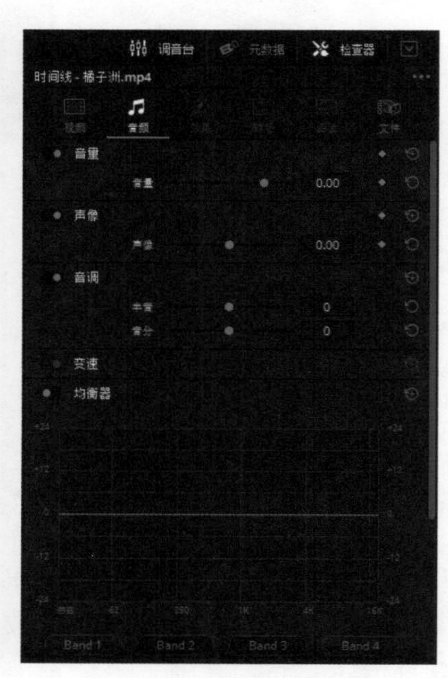

图 1-14 “音频”选项面板

1.2 掌握项目的基本操作

使用DaVinci Resolve 18编辑影视文件，需要创建一个项目文件才能对视频、音频进行编辑，下面介绍具体的操作方法。

1.2.1 新建项目文件

【效果展示】：启动DaVinci Resolve 18后，会弹出“项目管理器”面板，单击“新建项目”按钮，即可新建一个项目文件。此外，用户还可以在已创建项目文件的情况下，通过“新建项目”命令，创建一个工作项目，效果如图1-15所示。

扫码看教学视频

图 1-15　新建项目文件效果

下面介绍新建项目文件的具体操作方法。

步骤 01 首先打开达芬奇软件，进入“剪辑”步骤面板，选择“文件”|“新建项目”命令，如图1-16所示。

步骤 02 弹出“新建项目”对话框，在文本框中输入项目名称，单击“创建”按钮，如图1-17所示，即可创建项目文件。

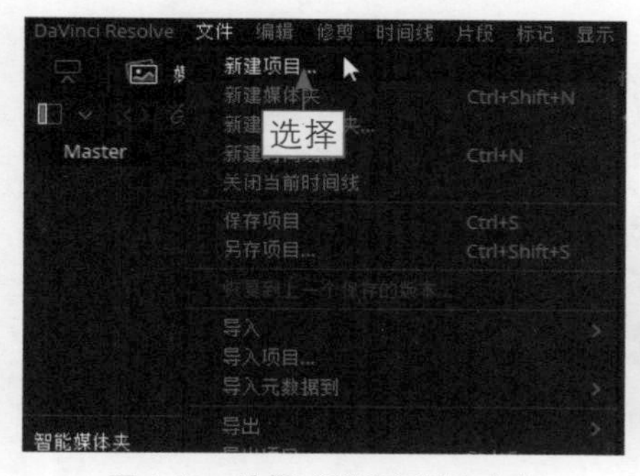

图 1-16　选择“新建项目”命令

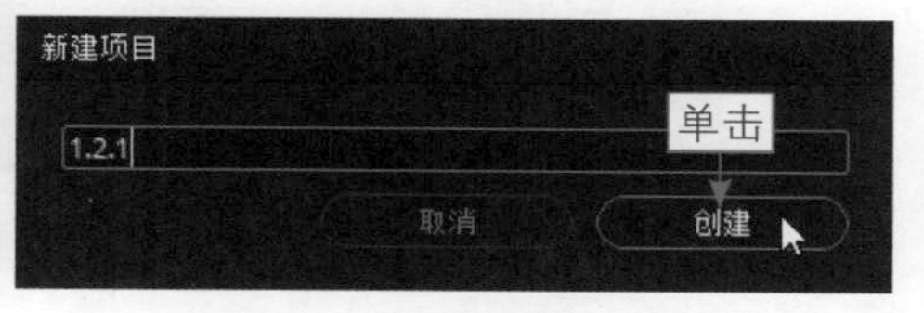

图 1-17　单击“创建”按钮

步骤 03 在计算机文件夹中，选择需要的素材文件，并将其拖曳至“时间线”面板中，如图1-18所示。

步骤 04 添加素材文件，即可自动添加视频轨和音频轨，并在“媒体池”面板中显示添加的媒体素材，如图1-19所示，在预览窗口中，可以预览添加的素材画面。

图 1-18　拖曳至“时间线”面板中

图 1-19　显示添加的媒体素材

★ 专家指点 ★

若用户正在编辑的文件没有进行过保存操作，在新建项目的过程中，会弹出提示信息框，提示用户当前编辑项目未被保存。单击“保存”按钮，即可保存项目文件；单击“不保存”按钮，将不保存项目文件；单击“取消”按钮，将取消项目文件的新建操作。

1.2.2 新建时间线

扫码看教学视频

【效果展示】：在“时间线”面板中，用户可以对添加到视频轨中的素材进行剪辑、分割等操作。除了通过拖曳素材至“时间线”面板新建时间线外，还可以通过“媒体池”面板新建一个时间线，效果如图1-20所示。

图 1-20　新建时间线效果

下面介绍新建时间线的具体操作方法。

步骤 01 进入“剪辑”步骤面板，在“媒体池”面板中，单击鼠标右键，弹出快捷菜单，选择“时间线”|“新建时间线”命令，如图1-21所示。

步骤 02 弹出“新建时间线”对话框，在“时间线名称”文本框中可以修改时间线名称，单击“创建”按钮，如图1-22所示，即可添加一个时间线。

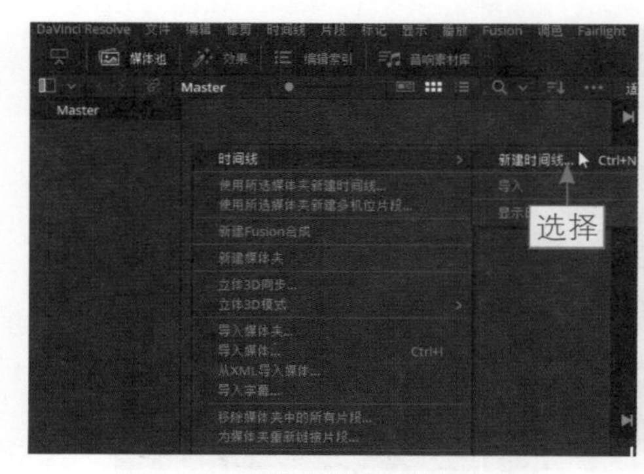

图 1-21　选择“新建时间线”命令

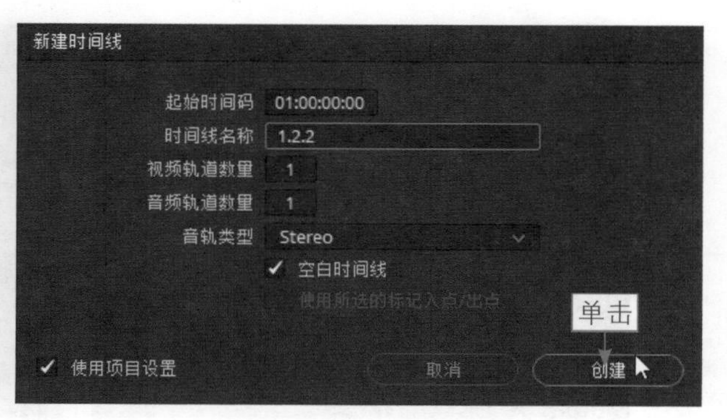

图 1-22　单击“创建”按钮

步骤 03 在计算机文件夹中，选择需要的素材文件，并将其拖曳至视频轨道中，添加素材文件，如图1-23所示。在预览窗口中，可以预览添加的素材画面。

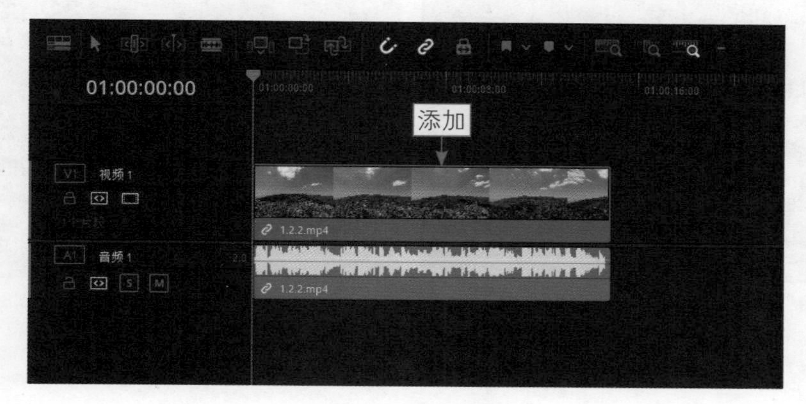

图 1-23　添加素材文件

1.2.3　保存项目文件

扫码看教学视频

【效果展示】：在DaVinci Resolve 18中编辑视频、图片、音频等素材后，可以将正在编辑的素材文件及时保存，保存后的项目文件会自动显示在"项目管理器"面板中，用户可以在其中打开保存好的项目文件，继续编辑项目中的素材，效果如图1-24所示。

图 1-24　保存项目文件效果

下面介绍保存项目文件的具体操作方法。

步骤 01 打开一个项目文件，在预览窗口中，可以查看打开的项目效果，如图1-25所示。

步骤 02 待素材编辑完成后，选择"文件" | "保存项目"命令，如图1-26所示。执行操作后，即可保存编辑完成的项目文件。

图 1-25　查看打开的项目效果

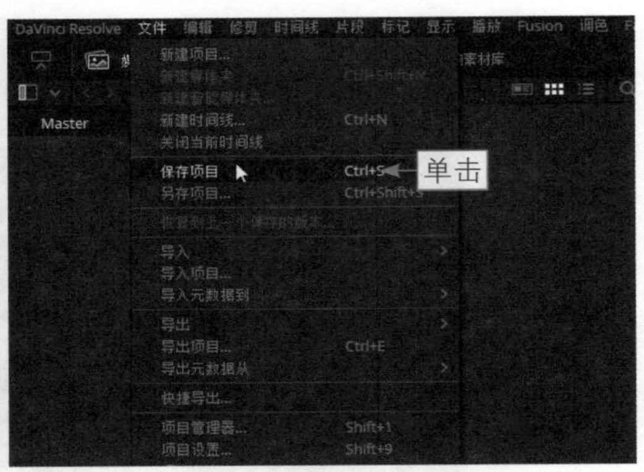

图 1-26　选择“保存项目”命令

★ 专家指点 ★

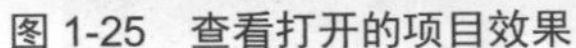

用户按【Ctrl+S】组合键，也可以快速保存项目文件。

1.2.4　关闭项目文件

扫码看教学视频

【效果展示】：当用户将项目文件编辑完成后，在不退出软件的情况下，可以在“项目管理器”面板中将项目关闭。下面介绍具体操作，效果如图1-27所示。

图 1-27　关闭项目文件

下面介绍关闭项目文件的具体操作方法。

步骤 01 打开一个项目文件，在工作界面的右下角单击“项目管理器”按钮，如图1-28所示。

步骤 02 弹出“项目”面板，选中相应的项目图标，单击鼠标右键，弹出快捷菜单，选择“关闭”命令，如图1-29所示，即可关闭项目文件。

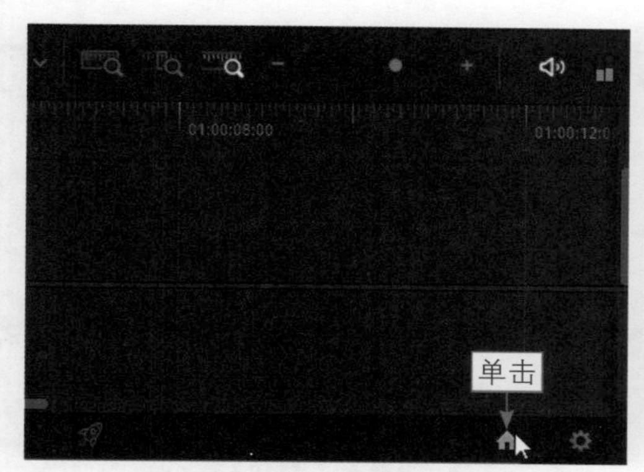

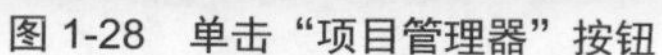
图 1-28　单击“项目管理器”按钮

图 1-29　选择“关闭”命令

本章小结

本章主要向读者介绍达芬奇软件的相关基础知识，帮助读者认识步骤面板、媒体池、效果、检视器、时间线、调音台、元数据以及检查器等界面，并掌握项目文件的操作方法。希望读者通过对本章的学习，能够打下坚实的基础，从而更好地掌握软件的使用。

课后习题

鉴于本章知识的重要性，为了让大家能够更好地掌握所学知识，本节将通过上机习题进行简单的知识回顾和补充。

本习题需要掌握在达芬奇中如何更改轨道上素材颜色的操作方法，效果如图1-30所示。

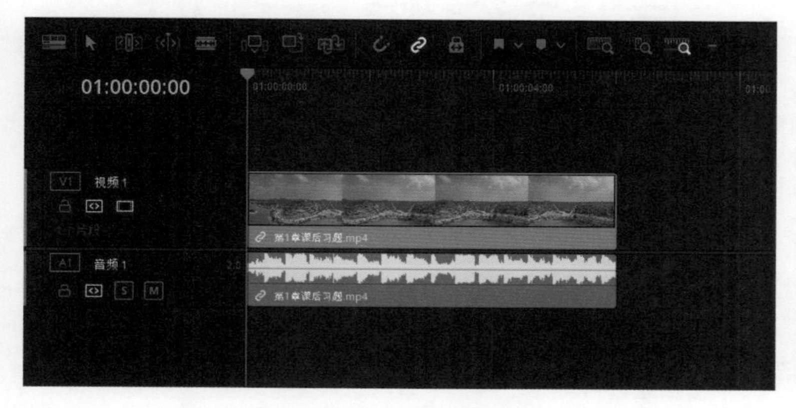

图 1-30　更改轨道的颜色效果

第 2 章

剪辑视频与音频

本章要点：

在DaVinci Resolve 18中，用户可以对素材进行相应的编辑，使制作的影片更为生动、美观。而音频在影片中也是不可或缺的元素。本章主要介绍复制、插入、分割、替换、修剪以及编辑音频等内容。通过本章的学习，希望用户可以熟练掌握剪辑视频与音频的操作方法。

2.1 基本操作

在DaVinci Resolve 18中，用户需要了解并掌握素材文件的基本操作，包括复制素材以及插入素材等。

2.1.1　复制素材

扫码看教学视频

【效果展示】：在DaVinci Resolve 18中编辑视频时，如果一个素材需要使用多次，可以使用“复制”和“粘贴”命令来实现。效果如图2-1所示。

图 2-1　复制素材效果展示

下面介绍复制素材的具体操作方法。

步骤 01 打开一个项目文件，进入达芬奇“剪辑”步骤面板，如图2-2所示，在预览窗口中可以查看项目效果。

步骤 02 在“时间线”面板中，选中视频素材，如图2-3所示。

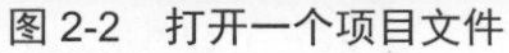

图 2-2　打开一个项目文件

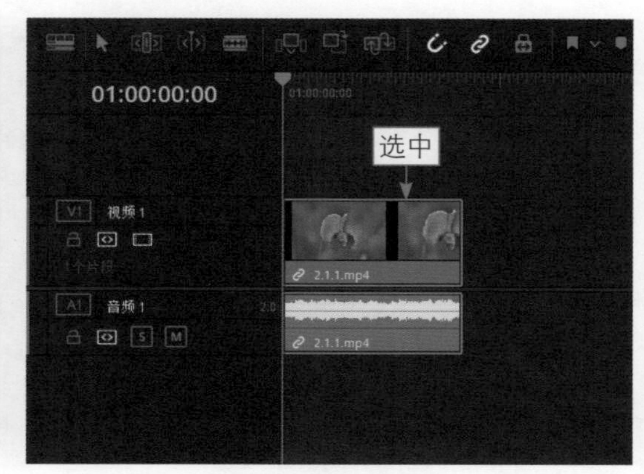

图 2-3　选中视频素材

步骤 03 在菜单栏中，选择“编辑”|“复制”命令，如图2-4所示。

步骤 04 在“时间线”面板中，拖曳时间指示器至相应位置，如图2-5所示。

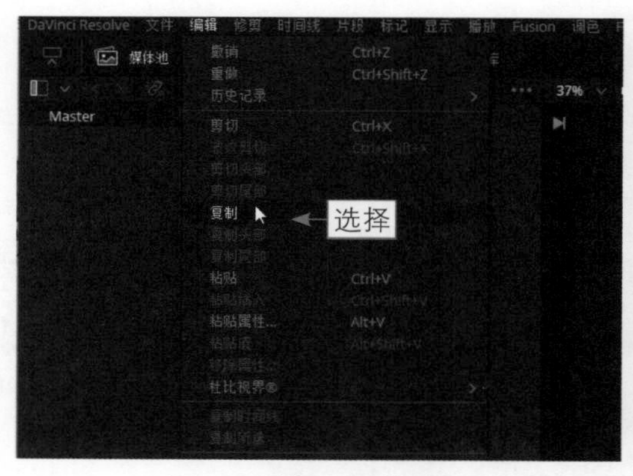

图 2-4　选择“复制”命令

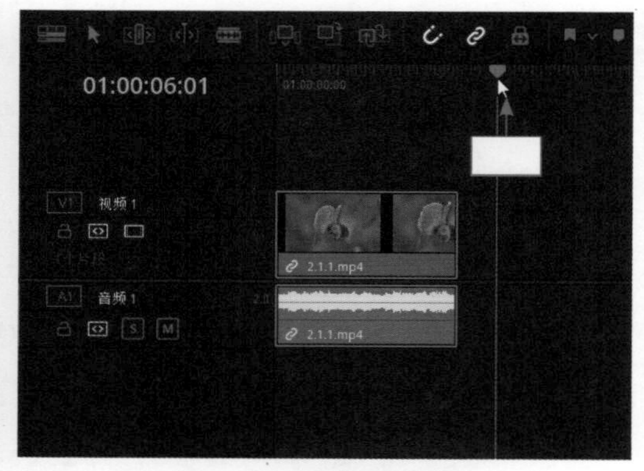

图 2-5　拖曳时间指示器

步骤 05 在菜单栏中，选择“编辑”|“粘贴”命令，如图2-6所示。

步骤 06 执行操作后，在“时间线”面板中时间指示器的位置，粘贴前面复制的视频素材，此时时间指示器会自动移至粘贴素材的片尾处，如图2-7所示。

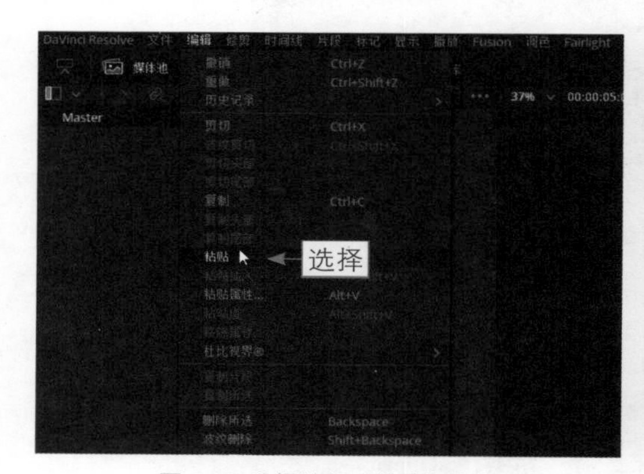

图 2-6　选择编辑“粘贴”命令

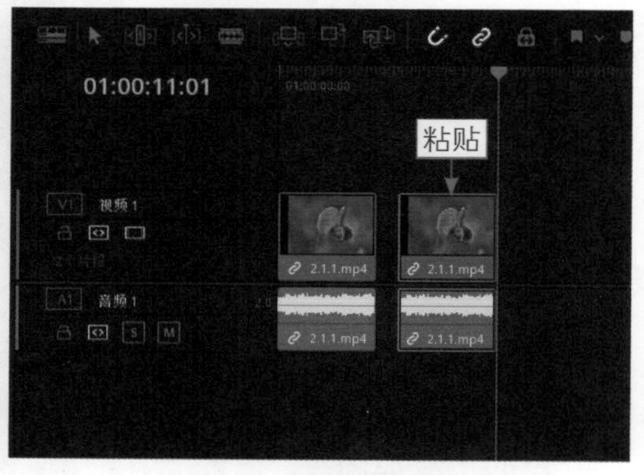

图 2-7　粘贴复制的视频素材

★ 专家指点 ★

用户还可以通过以下两种方式复制素材文件。

● 快捷键：选择时间线面板中的素材，按【Ctrl+C】组合键。复制素材后，移动时间指示器至合适的位置，按【Ctrl+V】组合键，即可粘贴复制的素材。

● 快捷菜单：选择“时间线”面板中的素材，单击鼠标右键，在弹出的快捷菜单中，选择“复制”命令，即可复制素材，然后移动时间指示器至合适的位置，在空白位置单击鼠标右键，在弹出的快捷菜单中，选择“粘贴”命令，即可粘贴复制的素材。

2.1.2　插入素材

【效果展示】：在DaVinci Resolve 18中，支持用户在原素材中间插入新素材，方便用户多向编辑素材文件，效果如图2-8所示。

扫码看教学视频

图 2-8　插入素材效果展示

下面介绍插入素材的具体操作方法。

步骤 01 打开一个项目文件，进入达芬奇“剪辑”步骤面板，移动时间指示器至01:00:03:00的位置，如图2-9所示。

步骤 02 在“媒体池”面板中，选择相应的视频素材，如图2-10所示。

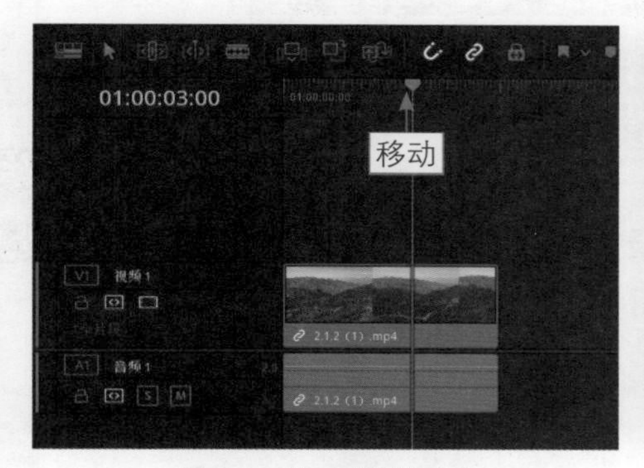

图 2-9　移动时间指示器

图 2-10　选择相应的视频素材

步骤 03 在“时间线”面板上方的工具栏中，单击“插入片段”按钮，如图2-11所示。

步骤 04 执行操作后，即可将“媒体池”面板中的视频素材，插入到“时间线”面板中时间指示器所在位置，如图2-12所示。

图 2-11　单击“插入片段”按钮

图 2-12　插入视频素材

★ 专家指点 ★

将时间指示器移动至视频中间的任意位置，插入素材片段后，视频轨中的视频会在插入新的素材片段的同时分割为两段视频素材。

步骤 05 添加相应的背景音乐，将时间指示器移至视频轨的开始位置，如图2-13所示，在预览窗口中，单击“播放”按钮▶，查看视频效果。

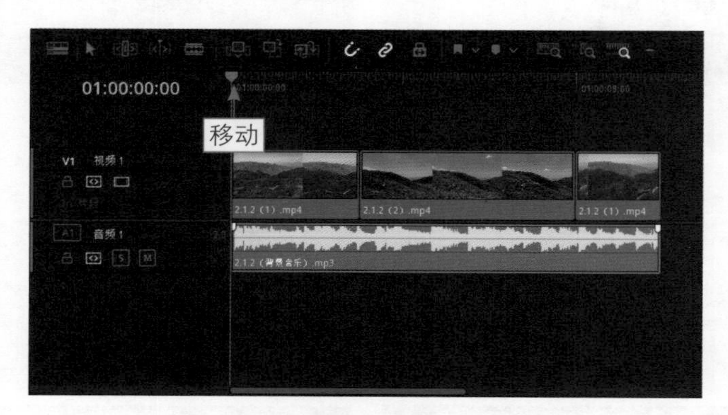

图 2-13　移动至视频轨的开始位置

2.1.3　自动附加素材

扫码看教学视频

【效果展示】：在DaVinci Resolve 18中，通常在“时间线”面板中添加素材文件都是通过拖曳的方式完成的，效果如图2-14所示。

图 2-14　自动附件素材效果展示

下面介绍自动附加素材的具体操作方法。

步骤 01 打开一个项目文件，进入达芬奇“剪辑”步骤面板，如图2-15所示，在预览窗口中可以查看项目效果。

步骤 02 在“媒体池”面板中，选择相应的视频素材，如图2-16所示。

步骤 03 执行操作后，在菜单栏中，选择“编辑”|“附加到时间线末端”命令，如图2-17所示。

步骤 04 执行操作后，即可将所选素材自动添加到时间线的末端，如图2-18所示，在预览窗口中，即可查看添加的视频效果。

图 2-15　打开一个项目文件

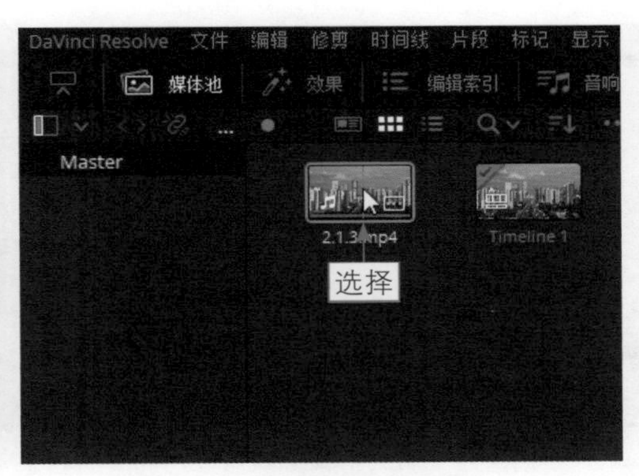

图 2-16　选择相应的视频素材

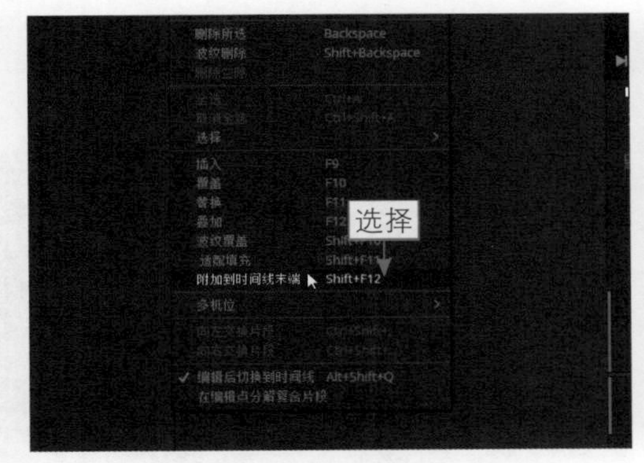

图 2-17　选择相应的命令

图 2-18　插入视频素材

2.1.4　替换媒体素材

扫码看教学视频

【效果展示】：在达芬奇“剪辑”步骤面板中编辑视频时，用户可以根据需要对素材文件进行替换操作，使制作的视频更加符合用户的需求。效果如图2-19所示。

图 2-19　替换媒体素材效果展示

下面介绍替换媒体素材的具体操作方法。

步骤 01 打开一个项目文件，进入达芬奇“剪辑”步骤面板，如图2-20所示。

步骤 02 在预览窗口中可以查看项目效果，如图2-21所示。

图 2-20　打开一个项目文件

图 2-21　查看项目效果

步骤 03 在“媒体池”面板中，选中替换的素材文件，如图2-22所示。

步骤 04 在菜单栏中选择“编辑”菜单，在弹出的菜单列表中选择“替换”命令，如图2-23所示。

图 2-22　选中替换的素材文件

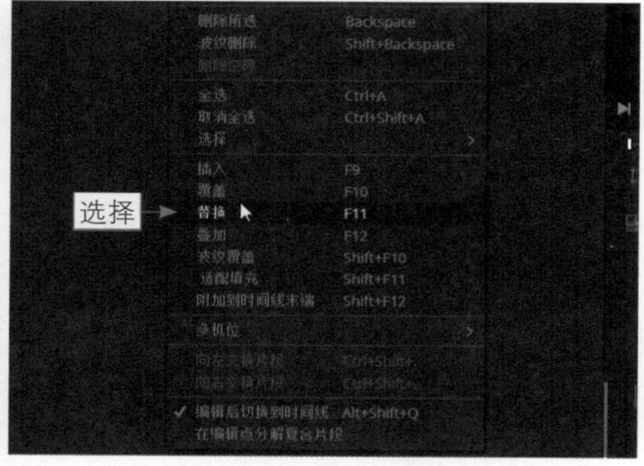

图 2-23　选择“替换”命令

步骤 05 执行操作后，即可替换“时间线”面板中的视频文件，如图2-24所示。在预览窗口中，可以预览替换的素材画面效果。

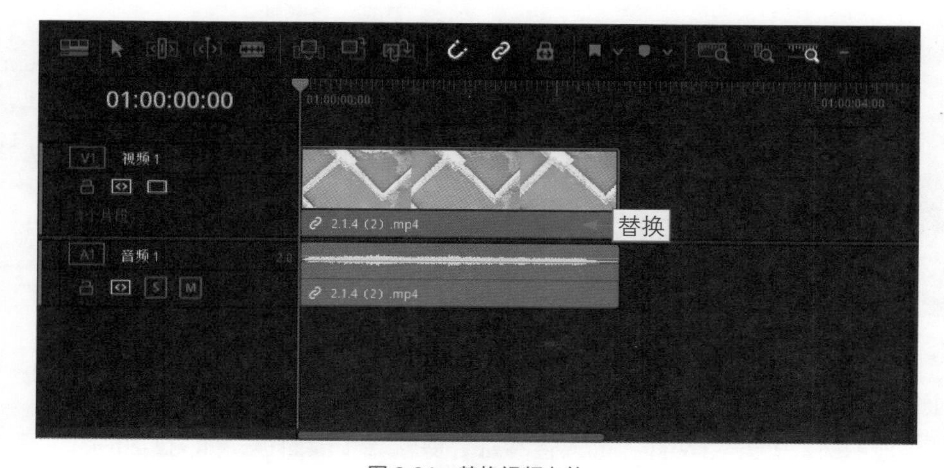

图 2-24　替换视频文件

★ 专家指点 ★

用户还可以在“媒体池”面板中，选择需要替换的素材文件，单击鼠标右键，在弹出的快捷菜单中，选择“替换所选片段”命令，弹出“替换所选片段”对话框，在对话框中选择替换的视频素材并双击，即可快速替换“媒体池”面板中的素材片段。

2.1.5　重新链接素材

扫码看教学视频

【效果展示】：在DaVinci Resolve 18的“剪辑”步骤面板中，用户将视频素材离线处理后，需要重新链接离线的视频素材，效果如图2-25所示。

图 2-25　重新链接素材效果展示

下面介绍重新链接素材的具体操作方法。

步骤 01 打开一个项目文件，进入达芬奇的“剪辑”步骤面板，如图2-26所示。

步骤 02 在“媒体池”面板中，选择离线的素材文件，如图2-27所示。

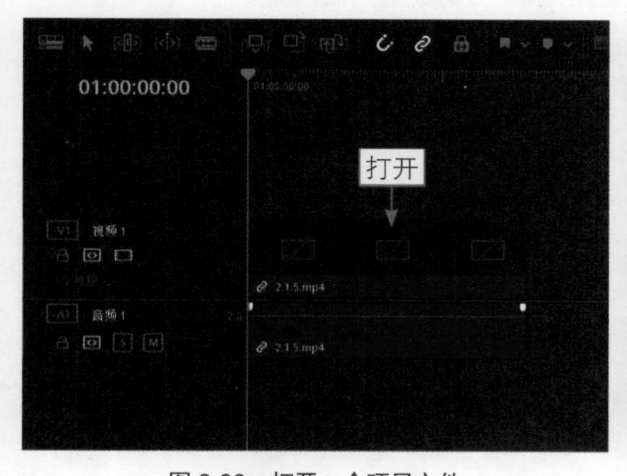

图 2-26　打开一个项目文件

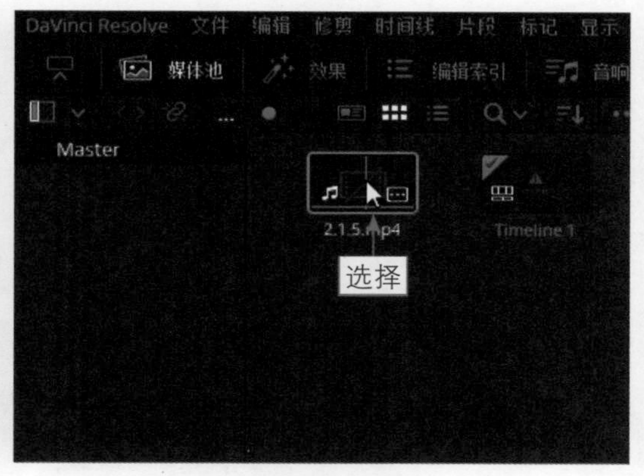

图 2-27　选择离线的素材文件

步骤 03 单击鼠标右键，在弹出的快捷菜单中，选择“重新链接所选片段”命令，如图2-28所示。

步骤 04 弹出“选择源文件夹”对话框，在其中选择链接素材所在文件夹，单击“选择文件夹”按钮，如图2-29所示。

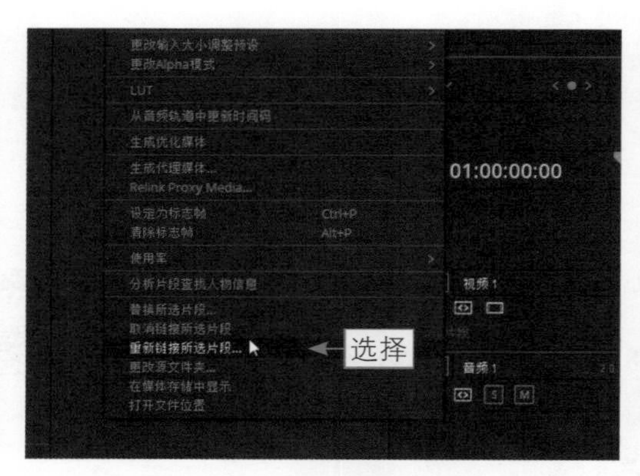

图 2-28 选择“重新链接所选片段”命令

图 2-29 单击“选择文件夹”按钮

步骤 05 即可自动链接视频素材，如图2-30所示，在预览窗口中，即可查看重新链接的素材画面效果。

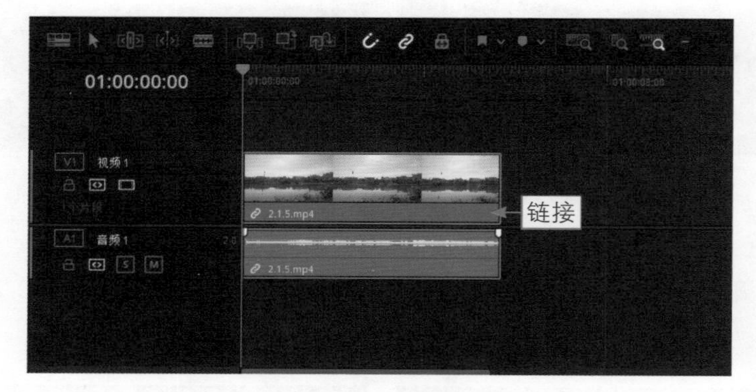

图 2-30 自动链接视频素材

2.1.6 离线处理素材

【效果展示】：在DaVinci Resolve 18的“剪辑”步骤面板中，用户还可以离线处理选择的视频素材，效果如图2-31所示。

扫码看教学视频

图 2-31 离线处理素材效果展示

下面介绍离线处理素材的具体操作方法。

步骤01 打开一个项目文件，进入达芬奇的"剪辑"步骤面板，如图2-32所示。

步骤02 在"媒体池"面板中，选择需要离线处理的素材文件，如图2-33所示。

图 2-32　打开一个项目文件

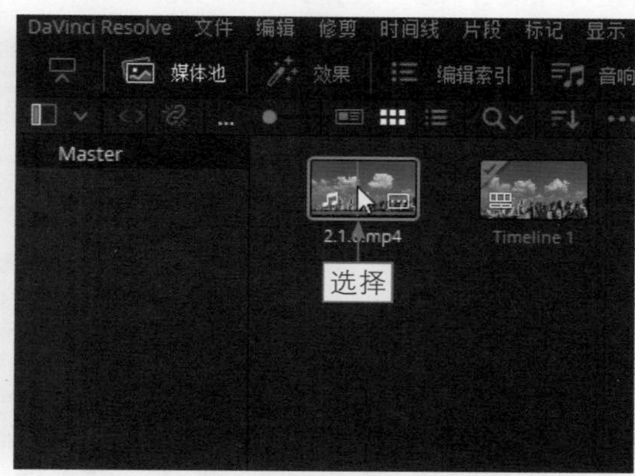

图 2-33　选择需要离线处理的素材文件

步骤03 执行操作后，单击鼠标右键，弹出快捷菜单，选择"取消链接所选片段"命令，如图2-34所示。

步骤04 执行操作后，即可离线处理视频轨中的素材，如图2-35所示。

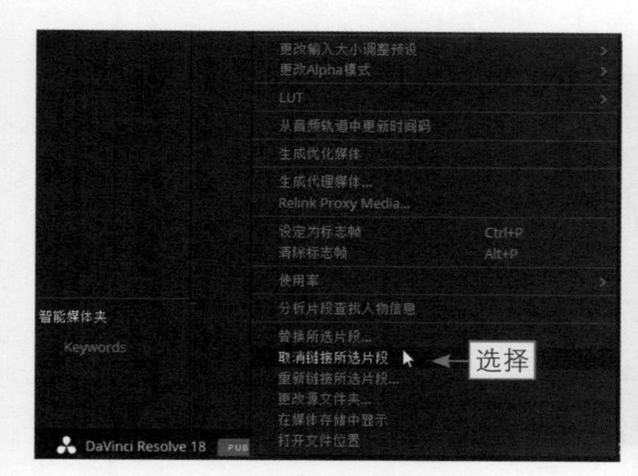

图 2-34　选择"取消链接所选片段"命令

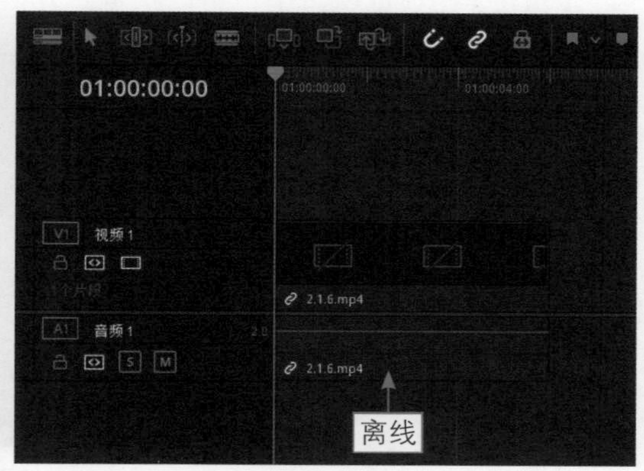

图 2-35　离线处理视频素材

步骤05 预览窗口中，会显示"离线媒体"警示文字，如图2-36所示。

图 2-36　显示"离线媒体"警示文字

2.1.7 覆盖素材片段

【效果展示】：当原视频素材中有部分视频片段不需要时，用户可以使用达芬奇软件的"覆盖片段"功能，用一段新的视频素材覆盖原素材中不需要的部分，不需要剪辑删除，也不需要替换，就能轻松处理。效果如图2-37所示。

扫码看教学视频

图 2-37 覆盖素材效果展示

下面介绍覆盖素材片段的具体操作方法。

步骤 01 打开一个项目文件，进入达芬奇的"剪辑"步骤面板，如图2-38所示。

步骤 02 在预览窗口中，可以预览打开的项目，如图2-39所示。

图 2-38 打开一个项目文件

步骤 03 将时间指示器移至01:00:03:00的位置，如图2-40所示。

步骤 04 在"媒体池"面板中，选择一个视频素材文件（此处用户也可以用图片素材，主要根据用户的制作需求来进行剪辑），如图2-41所示。

步骤 05 在"时间线"面板的工具栏中，单击"覆盖片段"按钮，如图2-42所示。

步骤 06 即可在视频轨中插入所选的视频素材，如图2-43所示。

步骤 07 执行操作后，即可完成对视频轨中原素材部分视频片段的覆盖，最后添加相应的背景音乐，如图2-44所示。在预览窗口中，可以查看覆盖片段的画面效果。

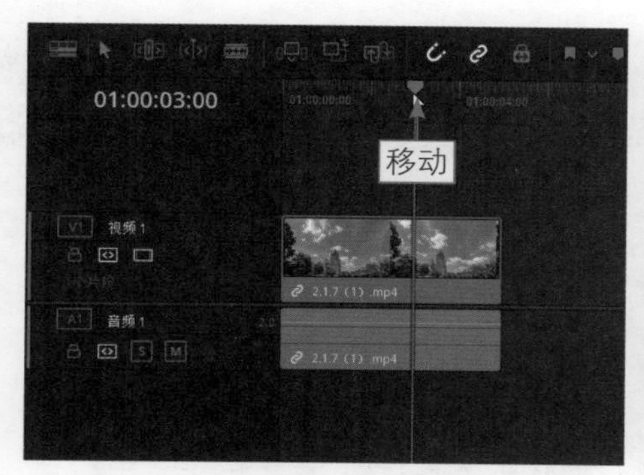

图2-40　移动时间指示器

图2-41　选择视频素材文件

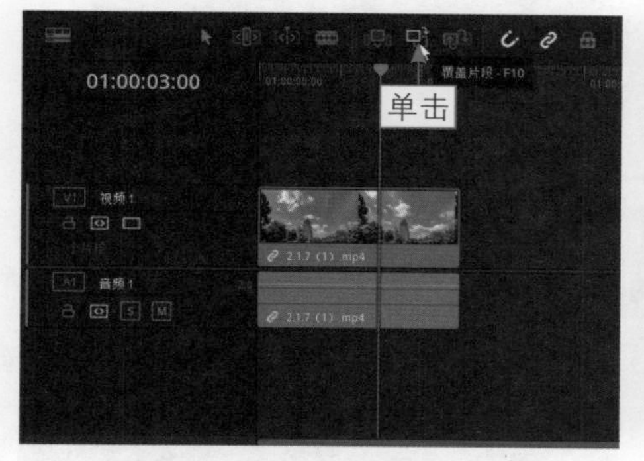

图 2-42　单击“覆盖片段”按钮

图 2-43　插入所选的视频素材

图 2-44　添加相应的背景音乐

2.2 剪辑视频

为了帮助读者尽快掌握使用达芬奇软件剪辑视频的操作，下面主要介绍达芬奇剪辑面板中的“选择模式”按钮、“修剪编辑模式”按钮、“动态修剪模式（滑移）”按钮、“刀片编辑模式”按钮，以及编辑素材的时长与速度的方法等，希望读者可以举一反三，灵活运用。

2.2.1 通过“选择模式”按钮

扫码看教学视频

【效果展示】：在“时间线”面板的工具栏中，单击“选择模式”按钮，可以修剪素材文件的时长，效果如图2-45所示。

图 2-45 效果展示

下面介绍通过“选择模式”按钮剪辑视频素材的操作方法。

步骤 01 打开一个项目文件，进入达芬奇的“剪辑”步骤面板，如图2-46所示。

步骤 02 在预览窗口中，可以预览打开的项目效果，在“时间线”面板中，单击“选择模式”工具，移动鼠标指针至素材的结束位置，如图2-47所示。

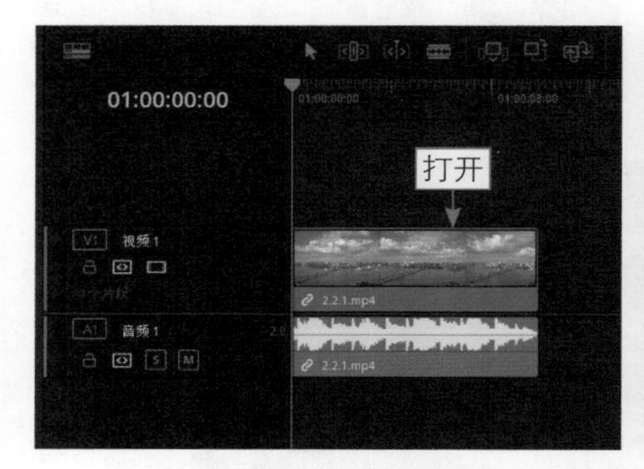

图 2-46 打开一个项目文件

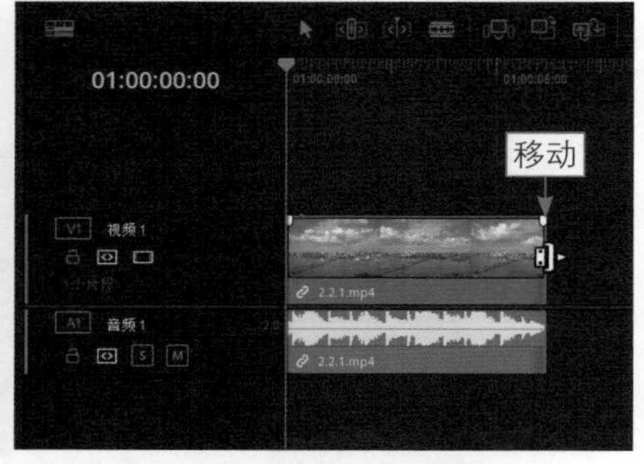

图 2-47 移动鼠标指针至结束位置

步骤 03 当鼠标指针呈修剪形状时，按住鼠标左键并向左拖曳，如图2-48所示，至合适的位置处释放鼠标，即可完成修剪视频时长的操作。

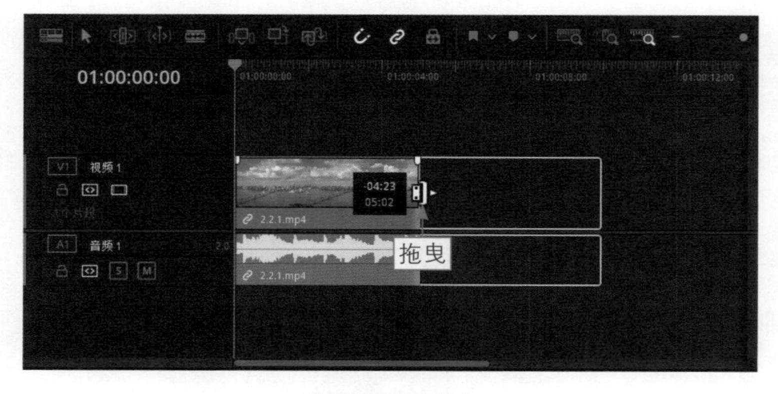

图 2-48 向左拖曳

2.2.2　通过“修剪编辑模式”按钮

扫码看教学视频

【效果展示】：在达芬奇软件中，修剪编辑模式在剪辑视频时非常实用，用户可以在固定的时长中，通过拖曳视频素材，更改视频素材的起点和终点，选取其中的一段视频片段。例如，固定时长为3秒，完整视频时长为2秒，用户可以截取其中任意3秒视频片段作为保留素材。效果如图2-49所示。

图 2-49　修剪效果展示

下面介绍通过“修剪编辑模式”按钮剪辑视频素材的操作方法。

步骤 01 打开一个项目文件，进入达芬奇的“剪辑”步骤面板，如图2-50所示。

步骤 02 选择第2段视频素材，在“时间线”面板中，单击“修剪编辑模式”按钮，如图2-51所示。

图 2-50　打开一个项目文件

图 2-51　单击“修剪编辑模式”按钮

步骤 03 将鼠标指针移至第2段视频素材的图像显示区，此时鼠标指针呈修剪状态，如图2-52所示。

步骤 04 单击鼠标左键，在轨道上会出现一个白色方框，表示视频素材的原时长，根据需要向左或向右拖曳视频素材。这里向右拖曳，在红色方框内会显示视频内容图像，如图2-53所示。同时，预览窗口中也会根据修剪片段显示视频起点和终点的图像，待释放鼠标左键后，即可截取满意的视频素材。最后添加相应的背景音乐。

图 2-52　鼠标指针呈修剪状态

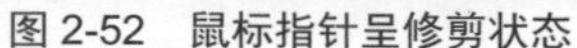

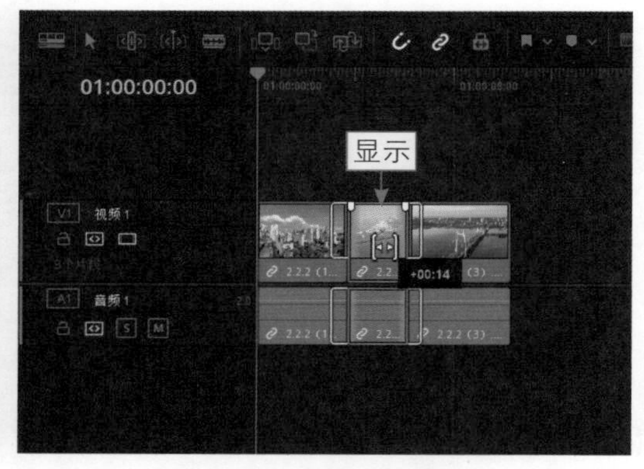

图 2-53　显示截取的图像

2.2.3　通过“动态修剪模式（滑移）”按钮

扫码看教学视频

【效果展示】：在DaVinci Resolve 18中，动态修剪有两种操作方法，分别是滑移和滑动两种剪辑方式，用户可以通过按【S】键进行切换。滑移的作用与上一例中所讲一样，这里不再详述，下面主要介绍具体的操作方法。在用户学习如何使用达芬奇中的动态修剪模式前，首先需要了解一下预览窗口中倒放、停止、正放的快捷键，分别是【J】、【K】、【L】键。用户在操作时，如果快捷键失效，建议打开英文大写功能再按。效果如图2-54所示。

图 2-54　动态修剪效果展示

下面介绍动态修剪视频素材的操作方法。

步骤 01 打开一个项目文件，进入达芬奇的“剪辑”步骤面板，如图2-55所示。

步骤 02 在预览窗口中，可以预览打开的项目。在“时间线”面板的工具栏中，单击“动态修剪模式（滑移）”按钮，如图2-56所示，此时时间指示器显示为黄色。

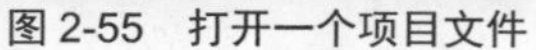

图 2-55　打开一个项目文件

图 2-56　单击“动态修剪模式（滑移）”按钮

步骤 03 在工具按钮上，单击鼠标右键，弹出下拉列表，选择“滑移”选项，如图2-57所示。

步骤 04 在视频轨中选中第2段视频素材，如图2-58所示。

图 2-57　选择“滑移”选项

图 2-58　选中第 2 段视频素材

步骤 05 按倒放快捷键【J】或按正放快捷键【L】，在红色固定区间内左右移动视频片段，按停止快捷键【K】暂停，通过滑移选取视频片段，如图2-59所示。

图 2-59　选取视频片段

2.2.4 通过“刀片编辑模式”按钮

扫码看教学视频

【效果展示】：在“时间线”面板中，使用工具栏中的“刀片工具”，即可将素材分割成多个素材片段，效果如图 2-60 所示。

图 2-60 刀片编辑效果展示

下面介绍使用刀片工具编辑视频素材的操作方法。

步骤 01 打开一个项目文件，进入达芬奇的“剪辑”步骤面板，如图2-61所示。

步骤 02 在“时间线”面板中，单击“刀片编辑模式”按钮，如图2-62所示，此时鼠标指针变成了“刀片工具”图标。

步骤 03 在视频轨中，应用“刀片工具”在视频素材上的合适位置单击，即可将视频素材分割成两段，如图2-63所示。

步骤 04 再次在其他合适的位置单击，即可将视频素材分割成多段视频片段，如图2-64所示，选中需要删除的素材，按【Delete】键删除。

图 2-61　打开一个项目文件

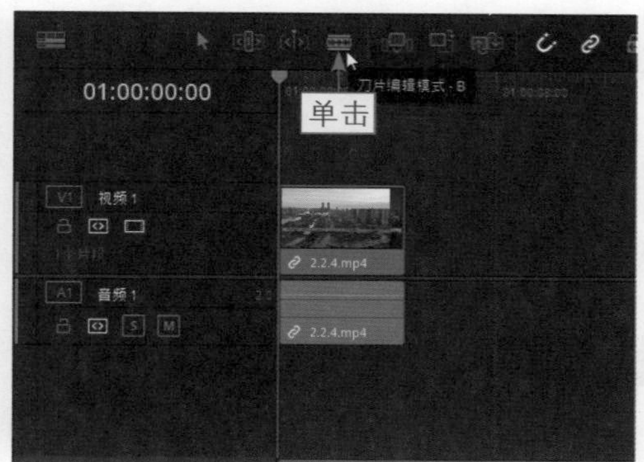

图 2-62　单击“刀片编辑模式”按钮

图 2-63　分割为两段视频素材

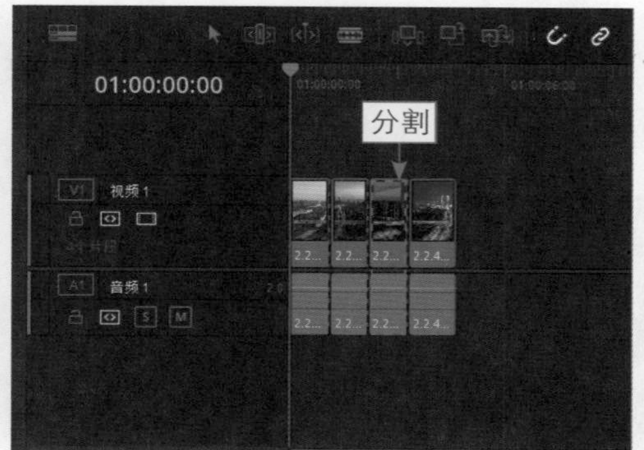

图 2-64　分割成多段视频素材

步骤 05 添加相应的背景音乐，将时间指示器移动至视频轨的开始位置，如图2-65所示，在预览窗口中，单击“播放”按钮，查看视频效果。

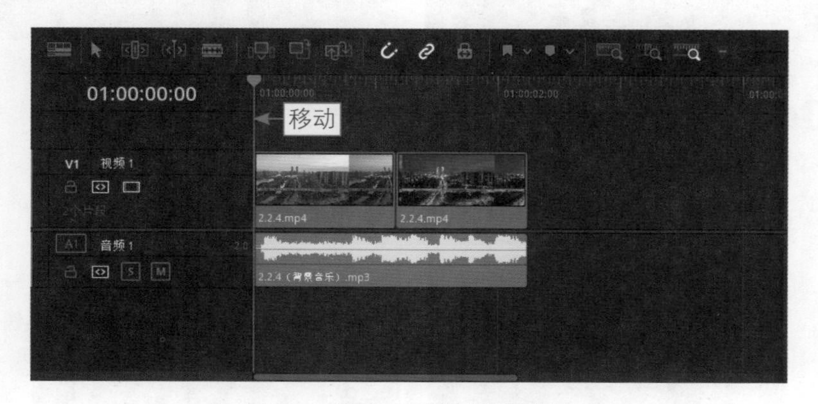

图 2-65　移动至视频轨的开始位置

2.2.5　编辑素材的时长与速度

【效果展示】：在DaVinci Resolve 18中，将素材添加到“时间线”面板中，用户可以对素材的时长和播放速度进行相应的调整，效果如图2-66所示。

扫码看教学视频

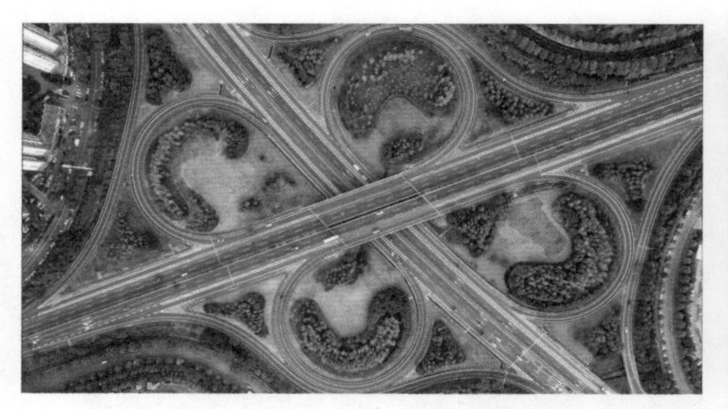

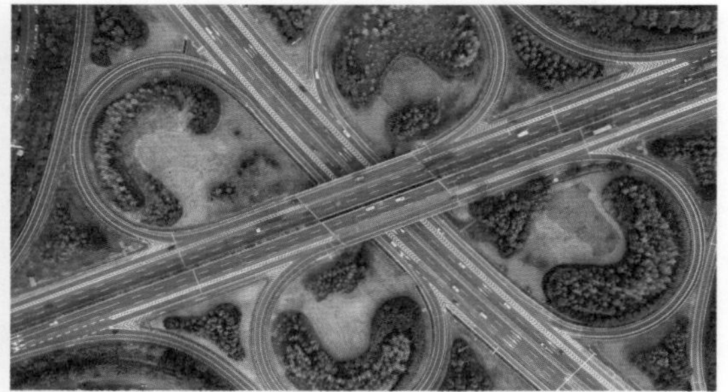

图 2-66　编辑素材时长与速度效果展示

下面介绍编辑素材时长与速度的操作方法。

步骤 01 打开一个项目文件，进入达芬奇的“剪辑”步骤面板，如图2-67所示。

步骤 02 在“时间线”面板中，选中素材文件，单击鼠标右键，弹出快捷菜单，选择“更改片段时长”命令，如图2-68所示。

图 2-67　打开一个项目文件

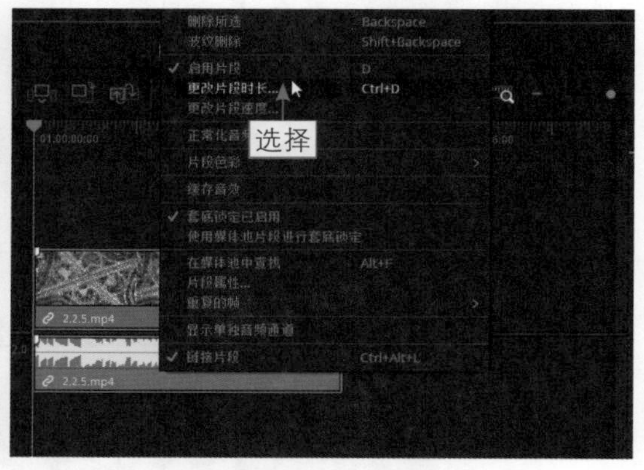

图 2-68　选择“更改片段时长”命令

步骤 03 弹出“更改片段时长”对话框，在“时长”文本框中显示了素材原来的时长，如图2-69所示。

步骤 04 ①修改“时长”为00:00:08:00；②单击“更改”按钮，如图2-70所示。

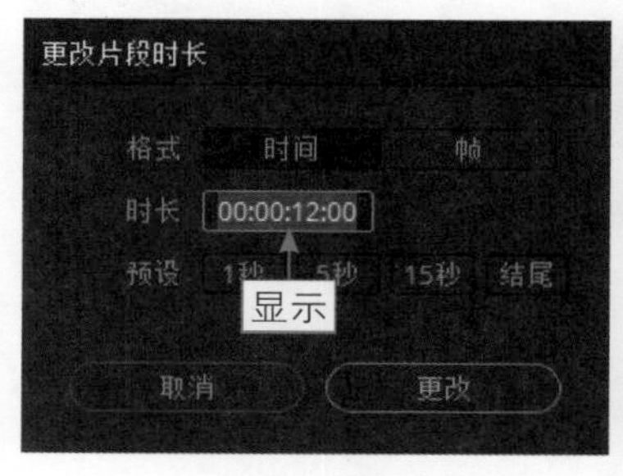

图 2-69　显示原来素材的时长

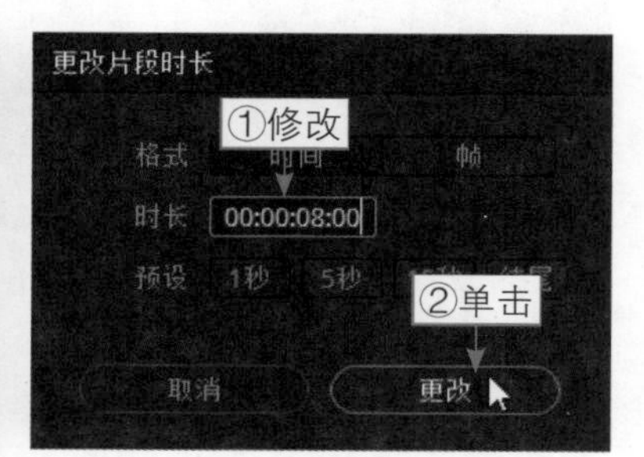

图 2-70　单击“更改”按钮

步骤 05 执行操作后，即可在“时间线”面板中，查看修改时长后的素材效果，如图2-71所示。

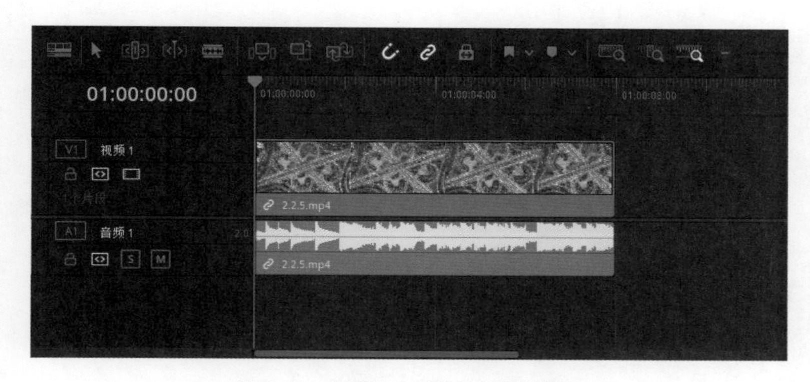

图 2-71　查看修改时长后的素材效果

步骤 06 在“时间线”面板中，选中素材文件，单击鼠标右键，弹出快捷菜单，选择“更改片段速度”命令，如图2-72所示。

步骤 07 弹出“更改片段速度”对话框，①在“速度”文本框中修改其值为300%；②单击“更改”按钮，如图2-73所示。

图 2-72　选择“更改片段速度”命令

图 2-73　单击“更改”按钮

步骤 08 此时已将素材的播放速度调快，而“时间线”面板中的素材时长也相应缩短了，如图2-74所示。在预览窗口中，可以查看更改速度后的画面效果。

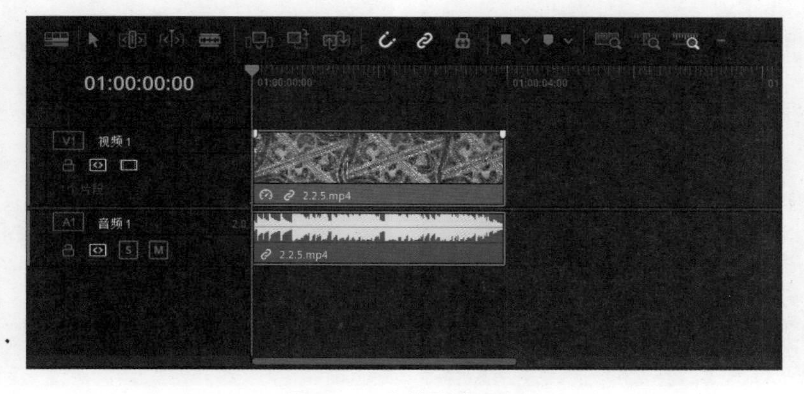

图 2-74　“时间线”面板

2.3 编辑音频

如果一部影片缺少了声音，再优美的画面也将黯然失色，而优美动听的背景音乐和深情的配音，不仅可以为影片起到锦上添花的作用，更能使影片颇具感染力，从而使影片更上一个台阶。本节主要介绍分离视频与音频链接、调整整段音频音量以及分割音频片段的方法。

2.3.1 分离视频与音频链接

【效果展示】：当用户在应用达芬奇软件剪辑视频素材时，在默认状态下，“时间线”面板中的视频轨和音频轨中的素材是链接的状态，当需要单独对视频或音频文件进行剪辑操作时，可以通过断开链接，分离视频和音频文件，单独对其执行相应的操作，效果如图2-75所示。

扫码看教学视频

图 2-75　分离视频与音频链接

下面介绍分离视频与音频链接的操作方法。

步骤 01 打开一个项目文件，进入达芬奇的“剪辑”步骤面板，如图2-76所示。

步骤 02 当用户选择“时间线”面板中的视频素材并移动位置时，可以发现视频和音频呈链接状态，且缩略图上显示了链接图标，如图2-77所示。

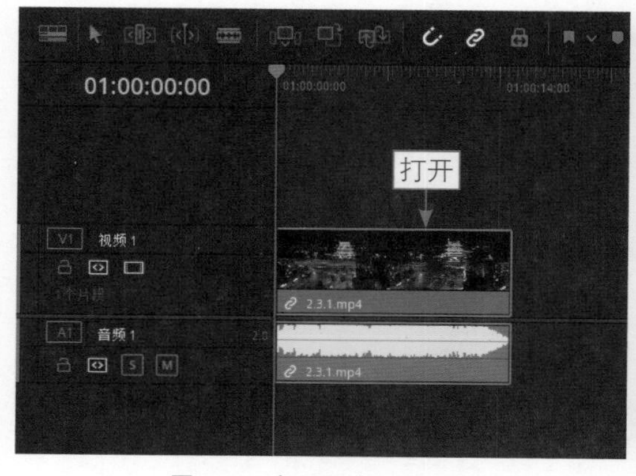

图 2-76　打开一个项目文件

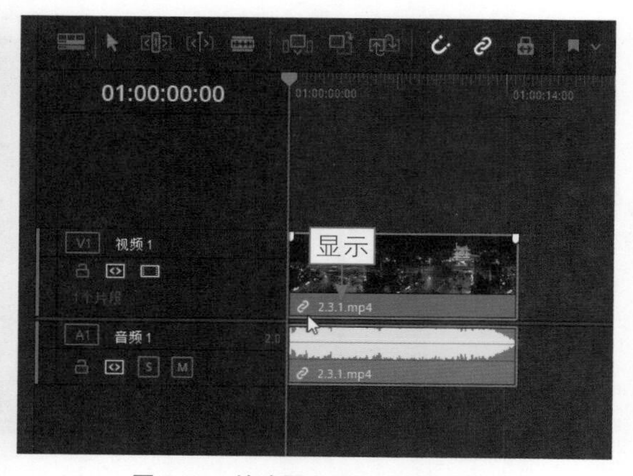

图 2-77　缩略图上显示了链接图标

步骤 03 选择“时间线”面板中的素材文件，单击鼠标右键，弹出快捷菜单，取消选择“链接片段”命令，如图2-78所示。

步骤 04 执行操作后，即可断开视频和音频的链接，缩略图上将不显示链接图标，如图2-79所示。

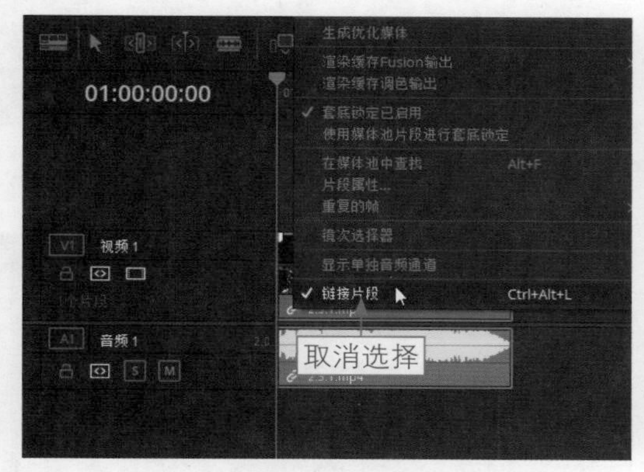

图 2-78　取消选择“链接片段”命令

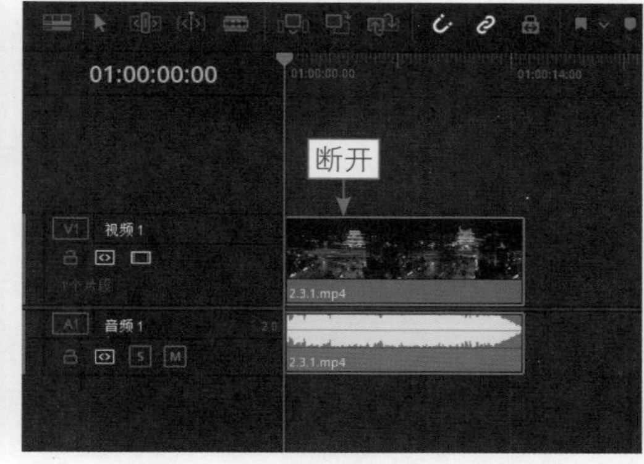

图 2-79　断开视频和音频的链接

步骤 05 选择音频轨中的音频素材，按住鼠标左键左右拖曳，即可单独对音频文件执行操作，如图2-80所示。

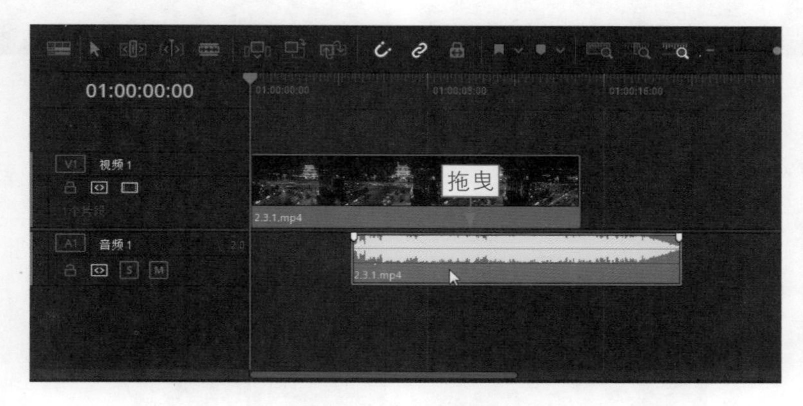

图 2-80　拖曳音频素材

2.3.2　调整整段音频音量

扫码看教学视频

【效果展示】：在DaVinci Resolve 18的Fairlight（音频）步骤面板的“调音台”面板中，用户可以调整整段音频素材的音量大小，效果如图2-81所示。

下面介绍调整整段音频音量的操作方法。

步骤 01 打开一个项目文件，切换至Fairlight（音频）步骤面板，如图2-82所示。

步骤 02 进入Fairlight（音频）步骤面板，在界面右上角单击“调音台”按钮，如图2-83所示。

图 2-81　调整整段音频音量

图 2-82　切换至 Fairlight 步骤面板

图 2-83　单击"调音台"按钮

步骤 03 执行操作后，即可展开"调音台"面板，如图2-84所示。

步骤 04 在"调音台"面板的A1控制条上，向上拖曳滑块至顶端，调整音量为+10，如图2-85所示，即可调大音频的音量。

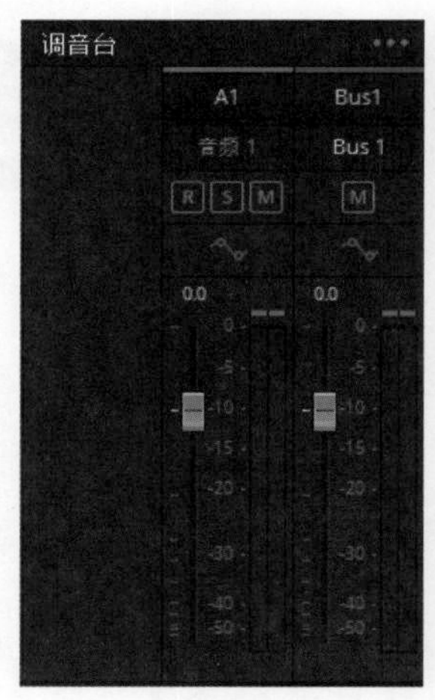

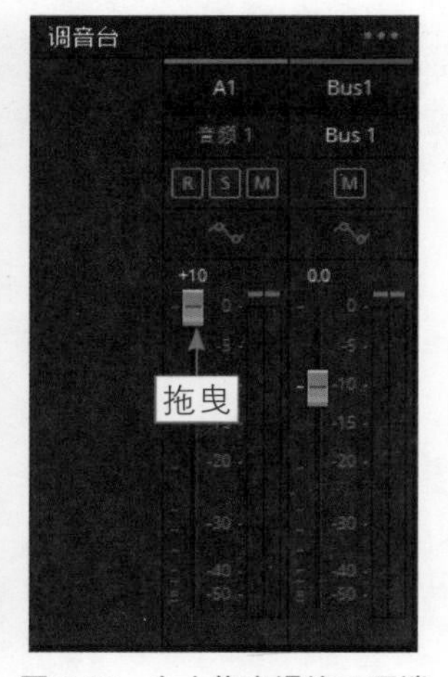

图 2-84　展开"调音台"面板　图 2-85　向上拖曳滑块至顶端

步骤 05 按空格键播放音频素材，在"音频表"面板中可以查看音频的音波状况，如图2-86所示。

图 2-86　查看音频的音波状况

2.3.3　分割音频片段

扫码看教学视频

【效果展示】：在DaVinci Resolve 18的Fairlight（音频）步骤面板的“时间线”工具栏中，用户可以应用“刀片工具”将音频素材分割为多个音频片段，效果如图2-87所示。

图 2-87　分割音频片段

下面介绍分割音频片段的操作方法。

步骤 01 打开一个项目文件，进入Fairlight（音频）步骤面板，如图2-88所示。按空格键可以聆听音频素材。

步骤 02 将时间指示器拖曳至01:00:04:06的位置，如图2-89所示。

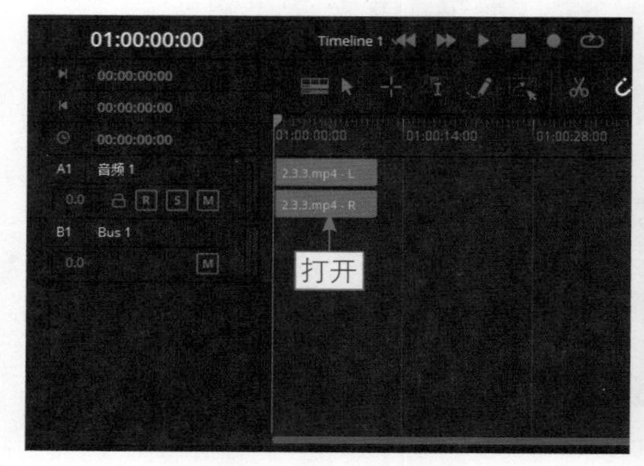

图 2-88　打开一个项目文件

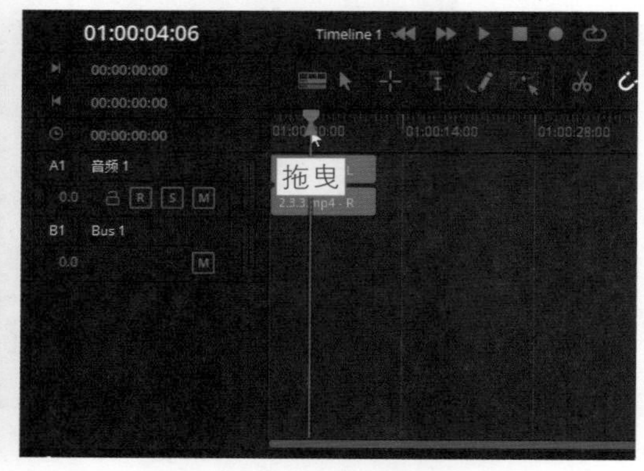

图 2-89　拖曳时间指示器

步骤 03 在“时间线”面板的工具栏中，单击“刀片工具”按钮，如图2-90所示，即可将音频素材分割为两段。

步骤 04 用与上面相同的方法，在01:00:07:05和01:00:09:08的位置处将音频素材分割成多个音频片段，如图2-91所示，在预览窗口中查看分割的音频片段素材。

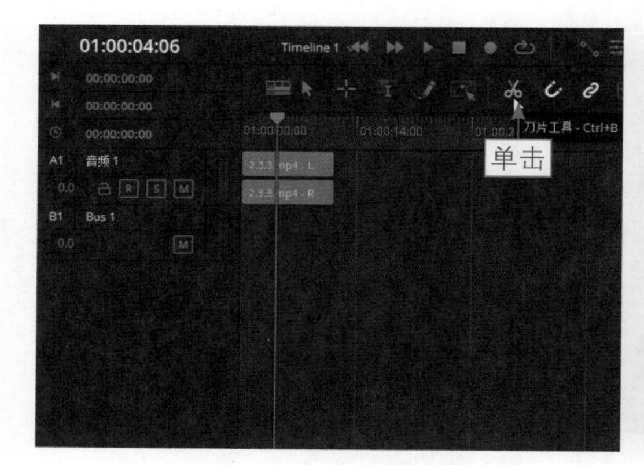

图 2-90　单击“刀片工具”按钮

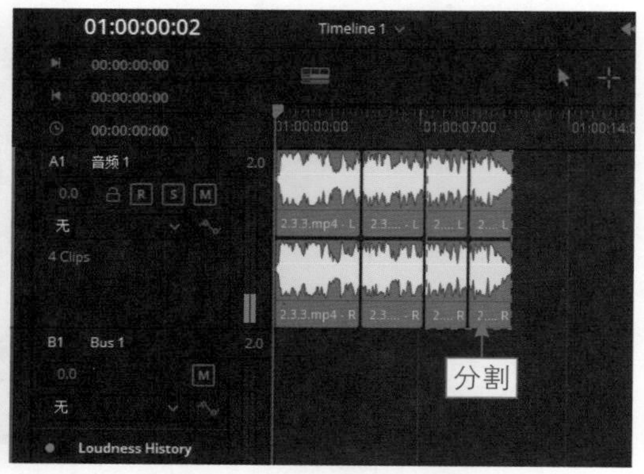

图 2-91　分割成多个音频片段

本章小结

本章主要介绍在达芬奇软件中剪辑视频素材的操作方法。首先帮助大家了解剪辑基本操作，其次介绍了剪辑功能的使用，包括“选择模式”按钮、“修剪编辑模式”按钮、“动态修剪模式（滑移）”按钮、“刀片编辑模式”按钮，以及编辑素材的时长与速度等；最后介绍音频的编辑。相信大家通过对本章的学习，能够熟练地掌握剪辑视频的基本操作。

课后习题

鉴于本章知识的重要性，为了帮助大家更好地掌握所学知识，本节将通过上机习题，帮助大家进行简单的知识回顾和补充。

本习题需要掌握在达芬奇中如何为音频添加淡入淡出效果，效果如图2-92所示。

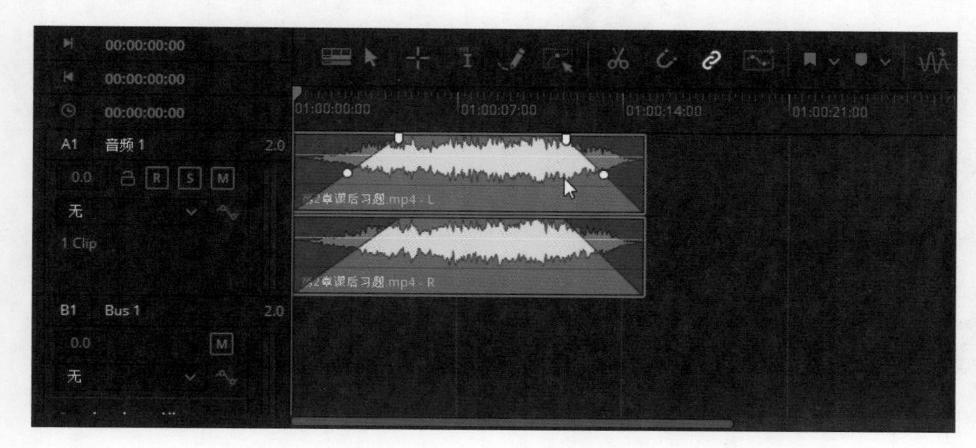

图 2-92　添加淡入淡出效果

第3章
转场应用

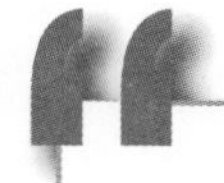

本章要点：

对于影视后期的特效制作，镜头之间的过渡或者素材之间的转换称为转场。即使用一些特殊的效果，在素材与素材之间产生自然、流畅和平滑的过渡。本章主要向读者介绍制作视频转场效果的具体方法，希望读者可以熟练掌握本章内容。

3.1 了解转场效果

从某种角度来说，转场就是一种特殊的滤镜效果，它可以在两个图像或视频素材之间创建某种过渡效果，使视频更具有吸引力。运用转场效果，可以制作出让人赏心悦目的视频画面。本节主要包括了解硬切换与软切换、认识“视频转场”选项面板、替换需要的转场特效，以及更改转场效果的位置等内容。

3.1.1 了解硬切换与软切换

在视频后期编辑工作中，素材与素材之间的连接称为切换。最常用的切换方法是一个素材与另一个素材紧密连接在一起，使其直接过渡，这种方法称为“硬切换”；另一种方法称为“软切换”，即使用一些特殊的视频过渡效果，保证各个镜头片段的视觉连续性，如图3-1所示。

图 3-1 “软切换”转场效果

★ 专家指点 ★

“转场”是一种很实用的功能，在影视片段中，这种“软切换”的转场方式运用得比较多，希望读者可以熟练掌握此方法。

3.1.2 认识“视频转场”选项面板

在DaVinci Resolve 18中，提供了多种转场效果，都存放在“视频转场”面板中，如图3-2所示。合理地运用这些转场效果，可以让素材之间的过渡更加生动、自然，从而制作出绚丽多姿的视频作品。

“叠化”转场组

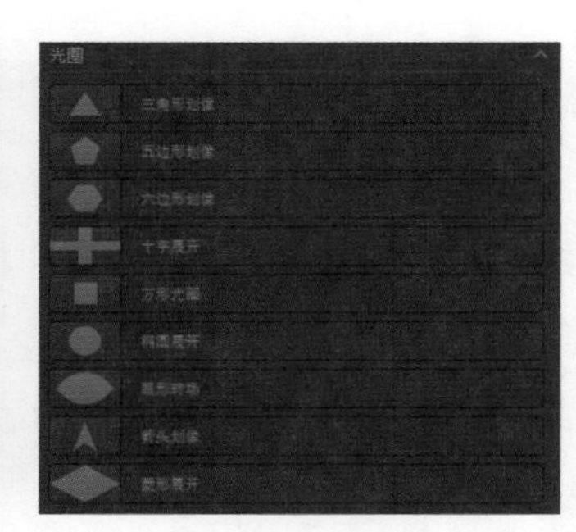

“光圈”转场组

“运动”和“形状”转场组

“划像”转场组

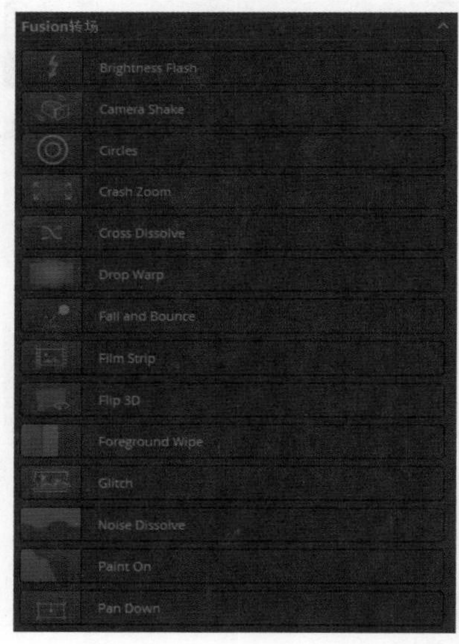

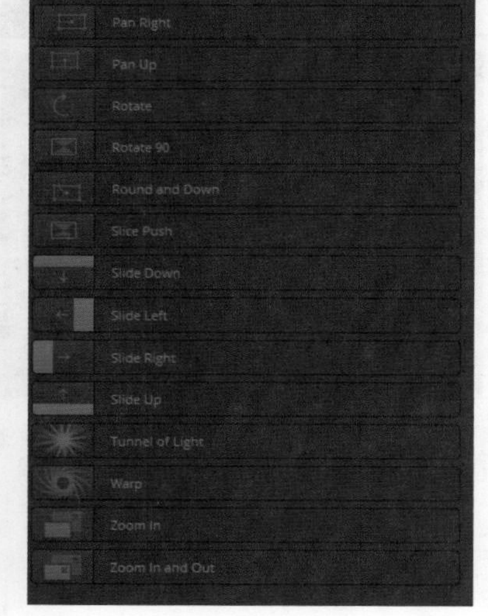

Fusion 转场组

Resolve FX 转场组

图 3-2 “视频转场”面板中的转场组

3.1.3　替换需要的转场特效

扫码看教学视频

【效果展示】：在DaVinci Resolve 18中，如果用户对当前添加的转场效果不满意，可以对转场效果进行替换，使素材画面更加符合用户的需求，效果如图3-3所示。

图 3-3　替换需要的转场效果展示

下面介绍替换需要的转场特效的操作方法。

步骤 01 打开一个项目文件，进入“剪辑”步骤面板，如图3-4所示。

步骤 02 在预览窗口中，可以查看打开的项目，如图3-5所示。

图 3-4　打开一个项目文件

图 3-5　查看打开的项目

步骤 03 在“剪辑”步骤面板的左上角，单击“效果”按钮，如图3-6所示。

步骤 04 在“媒体池”面板下方展开“效果”面板，单击“工具箱”左侧的下拉按钮，如图3-7所示。

步骤 05 展开“工具箱”选项列表，选择“视频转场”选项，如图3-8所示。

步骤 06 在“运动”转场组中，选择“双侧平推门”转场效果，如图3-9所示。

步骤 07 按住鼠标左键，将选择的转场效果拖曳至“时间线”面板的两个视频素材中间，释放鼠标左键，如图3-10所示，即可替换原来的转场，并可在预览窗口中查看替换后的转场效果。

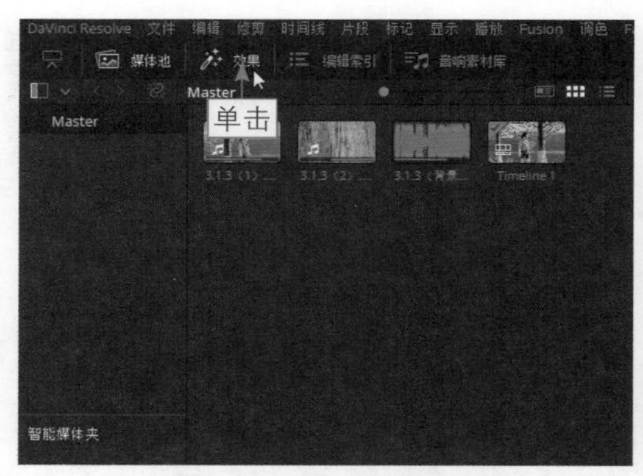

图 3-6　单击“效果”按钮

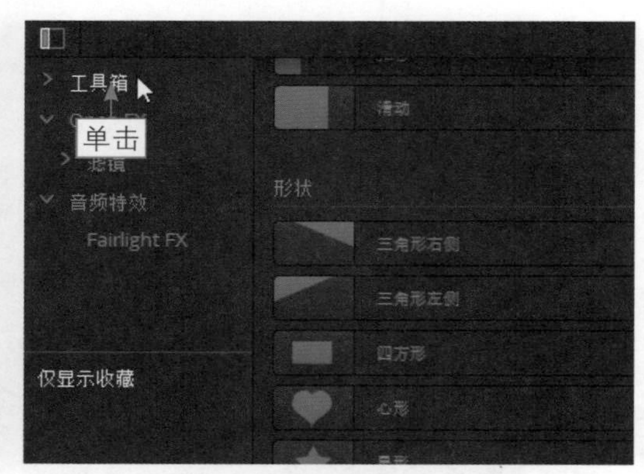

图 3-7　单击“工具箱”下拉按钮

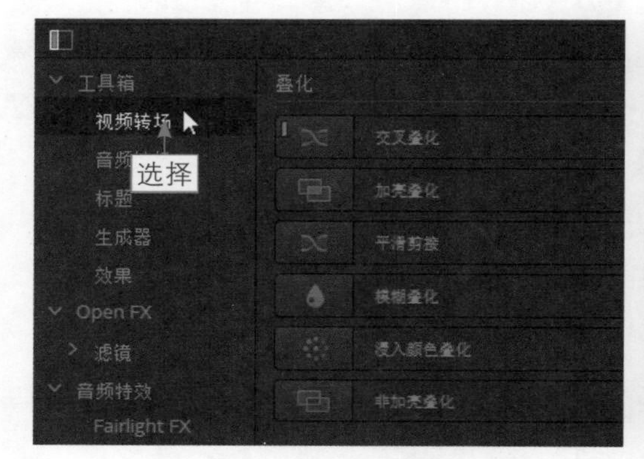

图 3-8　选择“视频转场”选项

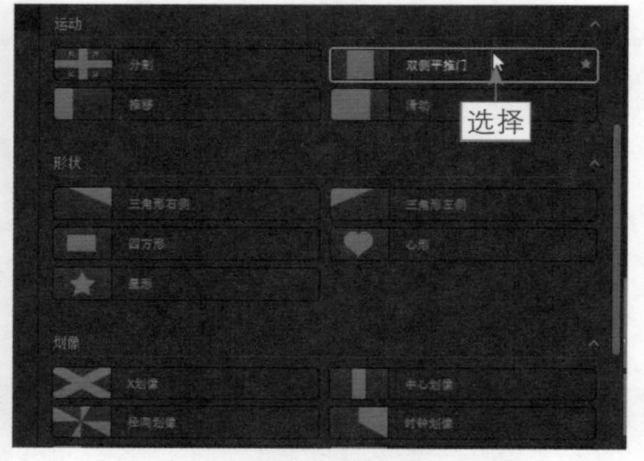

图 3-9　选择“双侧平推门”转场效果

图 3-10　拖曳转场效果

3.1.4　更改转场效果的位置

扫码看教学视频

【效果展示】：在DaVinci Resolve 18中，用户可以根据实际需要对转场效果进行移动，将转场效果放置到合适的位置上，效果如图3-11所示。

图 3-11　更改转场效果的位置

下面介绍更改转场效果的位置操作方法。

步骤 01 打开一个项目文件，进入“剪辑”步骤面板，如图3-12所示。

步骤 02 在预览窗口中，可以查看打开的项目，如图3-13所示。

图 3-12　打开一个项目文件

图 3-13　查看打开的项目

步骤 03 在“时间线”面板的V1轨道上，选中第1段视频和第2段视频之间的转场，如图3-14所示。

步骤 04 按住鼠标左键，拖曳转场至第2段视频与第3段视频之间，释放鼠标左键，即可移动转场位置，如图3-15所示。在预览窗口中，查看移动转场位置后的视频效果。

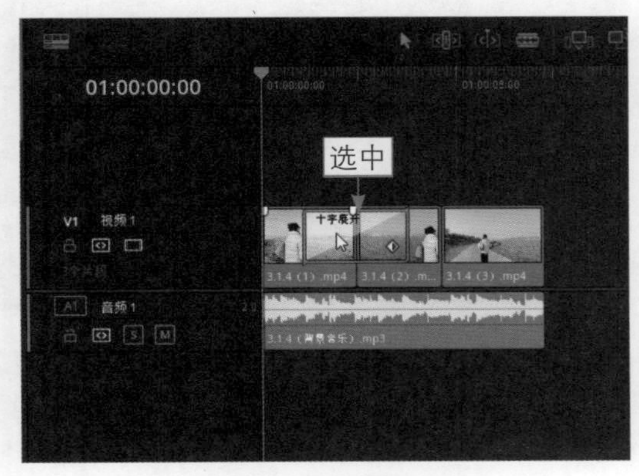

图 3-14　选中转场效果

图 3-15　移动转场位置

3.2 应用转场效果

DaVinci Resolve 18提供了多种转场效果，某些转场效果独具特色，可以为视频添加非凡的视觉效果。本节主要向读者介绍转场效果的精彩应用。

3.2.1 制作椭圆光圈转场效果

扫码看教学视频

【效果展示】：在DaVinci Resolve 18的“光圈”转场组中共有3个转场效果，应用其中的“椭圆展开”转场效果，可以从素材A画面中心以椭圆形光圈的形式过渡展开显示素材B，效果如图3-16所示。

图 3-16 椭圆光圈转场效果展示

下面介绍制作椭圆光圈转场效果的操作方法。

步骤 01 打开一个项目文件，进入“剪辑”步骤面板，如图3-17所示。

步骤 02 在“视频转场”|“光圈”选项面板中，选择“椭圆展开”转场，如图3-18所示。

图 3-17 打开一个项目文件

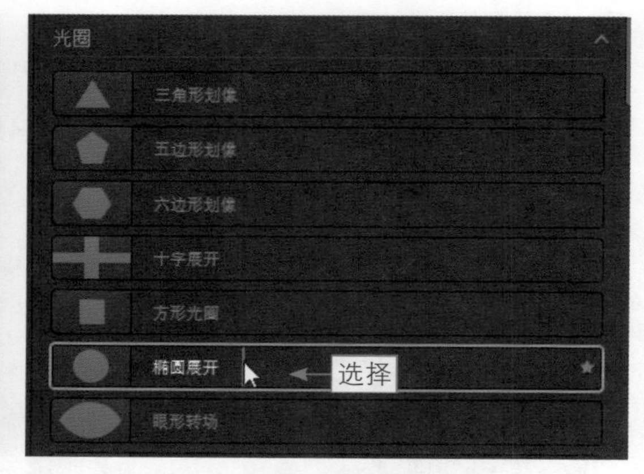

图 3-18 选择“椭圆展开”转场

步骤 03 按住鼠标左键，将选择的转场拖曳至视频轨中的两个素材之间，如图3-19所示。

步骤 04 释放鼠标左键即可添加“椭圆展开”转场效果。双击转场效果，展开“检查器”面板，在“转场”选项面板中，设置“时长”为1.6秒，如图3-20所示，在预览窗口中，可以查看椭圆光圈转场效果。

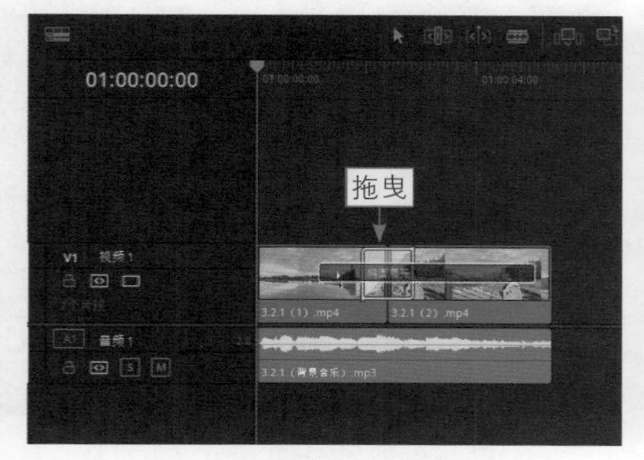

图3-19　拖曳转场效果

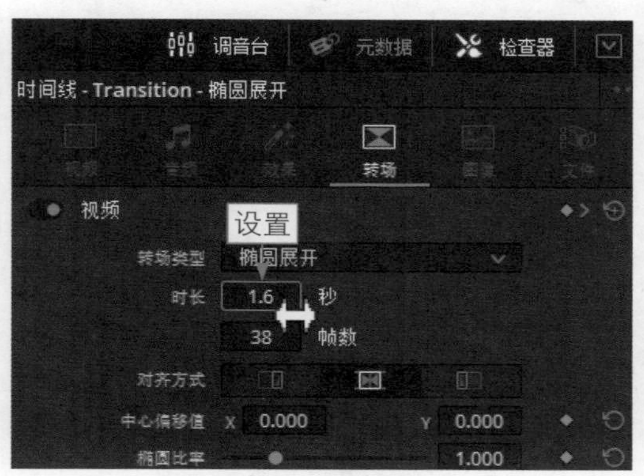

图3-20　设置时长

3.2.2　制作百叶窗划像转场效果

扫码看教学视频

【效果展示】：在DaVinci Resolve 18中，“百叶窗划像”转场效果是“划像”转场类型中最常用的一种，是指素材以百叶窗翻转的方式进行过渡，效果如图3-21所示。

图3-21　百叶窗划像转场效果展示

下面介绍制作百叶窗划像转场效果的操作方法。

步骤 01 打开一个项目文件，进入“剪辑”步骤面板，如图3-22所示。

步骤 02 在“视频转场”|“划像”选项面板中，选择“百叶窗划像”转场，如图3-23所示。

步骤 03 按住鼠标左键，将选择的转场拖曳至视频轨中的两个素材之间，如图3-24所示。

步骤 04 释放鼠标左键，即可添加“百叶窗划像”转场效果。选择添加的转场，将鼠标指针移至转场右边的边缘线上，当鼠标指针呈左右双向箭头形状时，按住鼠标左键并向右拖曳至合适的位置，如图3-25所示，释放鼠标左键，即可增加转场时长。在预览窗口中，可以查看百叶窗划像转场效果。

图 3-22　打开一个项目文件

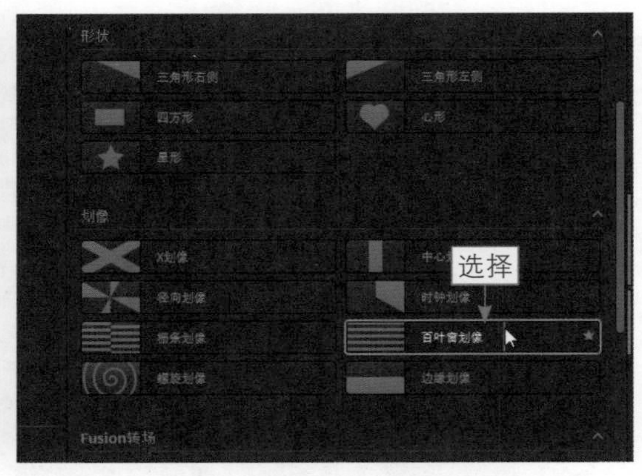

图 3-23　选择“百叶窗划像”转场

图 3-24　拖曳转场效果

图 3-25　拖曳转场时长

3.2.3　制作爱心形状转场效果

扫码看教学视频

【效果展示】：在DaVinci Resolve 18中，应用“形状”转场组中的“心形”转场效果，即可制作爱心形状的转场效果，如图3-26所示。

图 3-26　爱心形状转场效果展示

下面介绍添加爱心形状转场效果的操作方法。

步骤 01 打开一个项目文件，进入“剪辑”步骤面板，如图3-27所示。

步骤 02 在“视频转场”|“形状”选项面板中，选择“心形”转场效果，如图3-28所示。

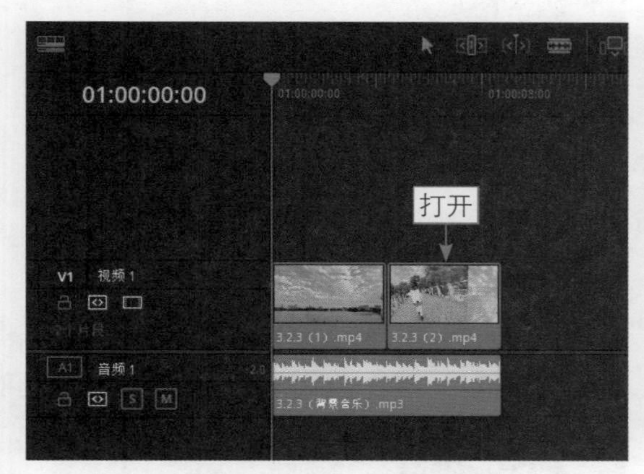

图 3-27　打开一个项目文件

图 3-28　选择“心形”转场

步骤 03 按住鼠标左键，将选择的转场拖曳至视频轨中的两个素材之间，释放鼠标左键，即可添加“心形”转场效果，如图3-29所示。在预览窗口中，可以查看爱心形状转场效果。

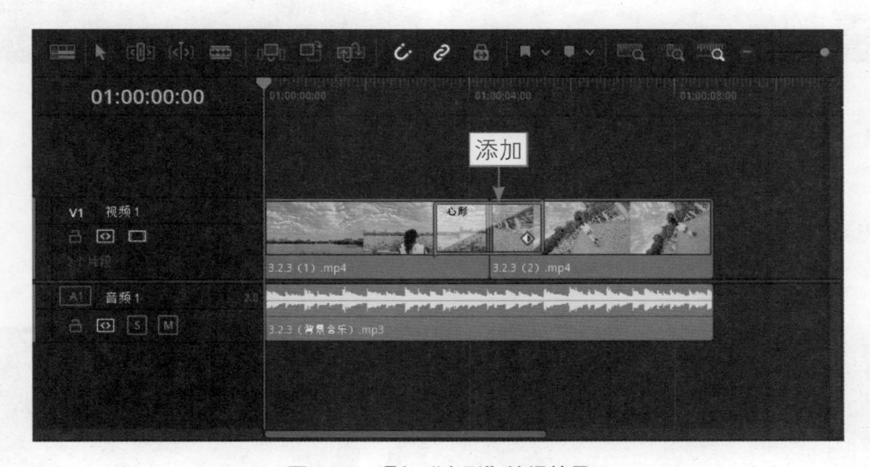

图 3-29　添加“心形”转场效果

3.2.4　制作单向滑动转场效果

扫码看教学视频

【效果展示】：在DaVinci Resolve 18中，应用“运动”转场组中的“滑动”转场效果，即可制作单向滑动转场视频效果，如图3-30所示。

下面介绍制作单向滑动转场效果的操作方法。

步骤 01 打开一个项目文件，进入“剪辑”步骤面板，如图3-31所示。

图 3-30 单向滑动转场效果展示

步骤 02 在“视频转场”|“运动”选项的面板中，选择“滑动”转场，如图3-32所示。

图 3-31 打开一个项目文件

图 3-32 选择“滑动”转场

步骤 03 按住鼠标左键，将选择的转场拖曳至视频轨中的两个素材之间，如图3-33所示。

步骤 04 释放鼠标左键即可添加“滑动”转场效果，双击转场效果，展开“检查器”面板，在“视频”选项面板中，单击“预设”下拉按钮，如图3-34所示。

图 3-33 拖曳转场效果

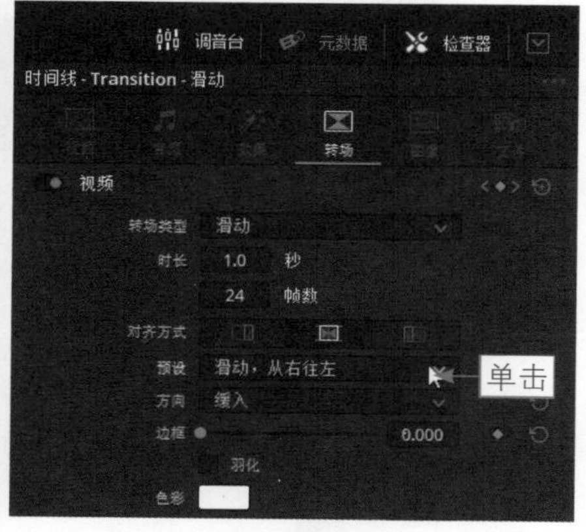

图 3-34 单击“预设”下拉按钮

步骤 05 在弹出的列表框中，选择“滑动，从左往右”选项，如图3-35所示。在预览窗口中，可以查看单向滑动转场效果。

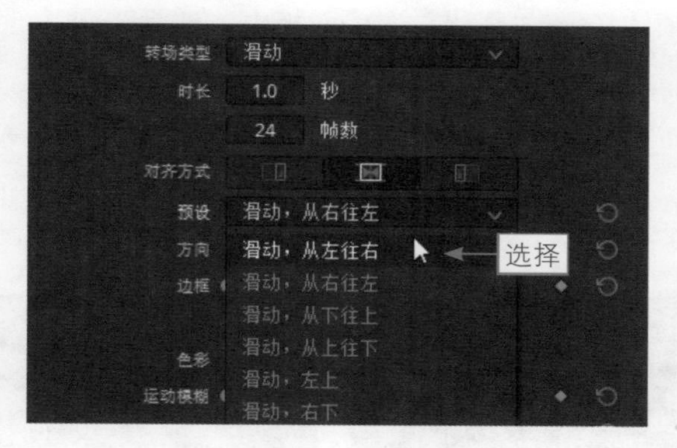

图 3-35　选择“滑动，从左往右”选项

3.2.5　制作交叉叠化转场效果

扫码看教学视频

【效果展示】：在DaVinci Resolve 18中，“交叉叠化”转场效果是素材A的不透明度由100%转变到0，素材B的不透明度由0转变到100%的一个过程。效果如图3-36所示。

图 3-36　交叉叠化转场效果展示

下面介绍制作交叉叠化效果的操作方法。

步骤01 打开一个项目文件，进入“剪辑”步骤面板，如图3-37所示。

步骤02 在“视频转场”|“叠化”选项面板中，选择“交叉叠化”转场，如图3-38所示。

步骤03 按住鼠标左键，将选择的转场拖曳至视频轨中的两个素材之间，释放鼠标左键，调整相应的时长，如图3-39所示，即可添加“交叉叠化”转场效果。在预览窗口中，可以查看交叉叠化转场效果。

图 3-37 打开一个项目文件

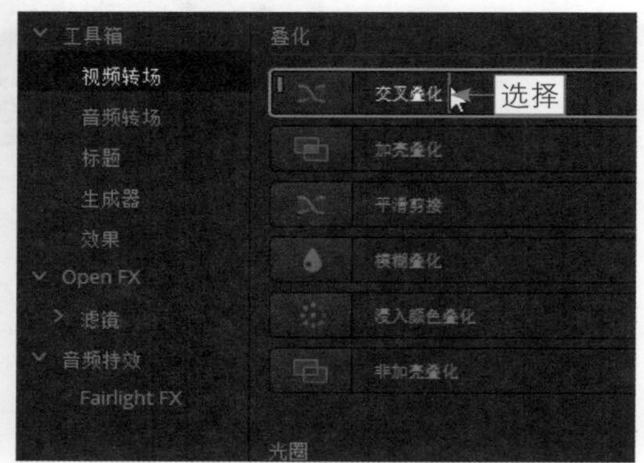

图 3-38 选择“交叉叠化”转场

图 3-39 拖曳转场效果

★ 专家指点 ★

在 DaVinci Resolve 18 中，为两个视频素材添加转场特效时，视频素材需要经过剪辑才能应用转场，否则转场只能添加到素材的开始位置或结束位置，不能放置在两个素材的中间。

本章小结

本章主要向读者介绍达芬奇转场的相关基础知识，帮助读者了解硬切换与软切换、认识“视频转场”选项面板、替换需要的转场特效，以及更改转场特效的位置等，并掌握应用转场效果的操作方法。希望大家通过对本章的学习，能够对转场的基本方法有很好的掌握。

课后习题

鉴于本章知识的重要性，为了帮助大家可以更好地掌握所学知识，本节将通过上机习题，进行简单的知识回顾和补充。

本习题需要掌握在达芬奇中如何为转场添加边框效果，效果如图3-40所示。

图 3-40　添加边框效果

第4章

字幕制作

本章要点：

标题和字幕在视频编辑中是不可缺少的，它是影片的重要组成部分。在影片中加入一些说明性的文字，能够有效地帮助观众理解影片的含义。本章主要介绍设置字幕属性及制作动态字幕的各种方法，帮助大家轻松制作出各种精美的字幕效果。

4.1 设置字幕属性

字幕制作在视频编辑中是一项重要的工作，好的标题字幕不仅可以传达画面以外的信息，还可以增强影片的艺术效果。DaVinci Resolve 18提供了便捷的字幕编辑功能，可以使用户在短时间内制作出专业的标题字幕效果。为了让字幕的整体效果更加具有吸引力和感染力，需要用户对字幕属性进行精心调整。本节将介绍字幕属性的作用与调整的技巧。

4.1.1 设置标题字幕显示时长

扫码看教学视频

【效果展示】：在达芬奇中，当用户在轨道面板中添加相应的字幕后，可以调整标题字幕的时间长度，也可以控制标题字幕文本的播放时间，效果如图4-1所示。

图 4-1　设置标题字幕显示时长效果展示

下面介绍设置标题字幕时长的操作方法。

步骤 01 打开一个项目文件，进入“剪辑”步骤面板，如图4-2所示。

步骤 02 在“剪辑”步骤面板的左上角，单击“效果”按钮，如图4-3所示。

图 4-2　打开一个项目文件

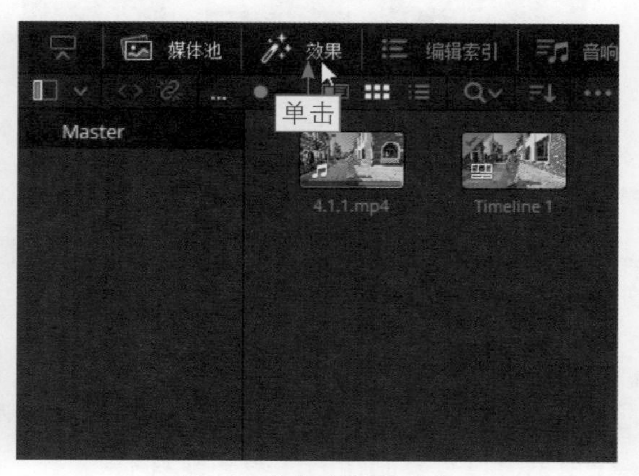

图 4-3　单击“效果”按钮

步骤 03 在“媒体池”面板下方展开“效果”面板，单击“工具箱”下拉按钮，展开选项列表，选择“标题”选项，如图4-4所示。

步骤04 展开“标题”选项面板，在选项面板的“字幕”选项区中，选择“文本”选项，如图4-5所示。

步骤05 按住鼠标左键将“文本”字幕样式拖曳至V1轨道上方，“时间线”面板会自动添加一条V2轨道，在合适的位置释放鼠标左键，即可在V2轨道上添加一个标题字幕文件，如图4-6所示。

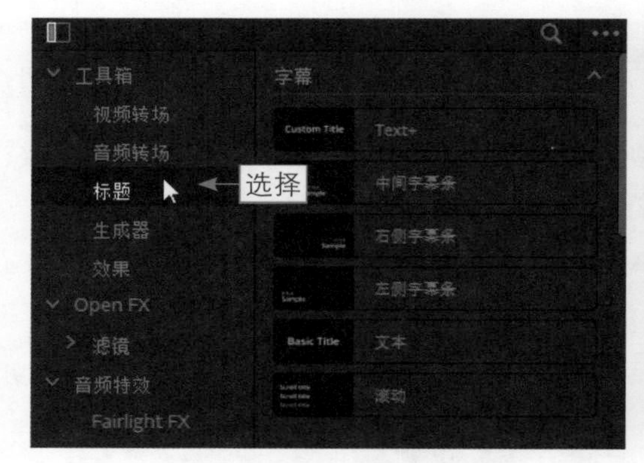

图 4-4 选择“标题”选项

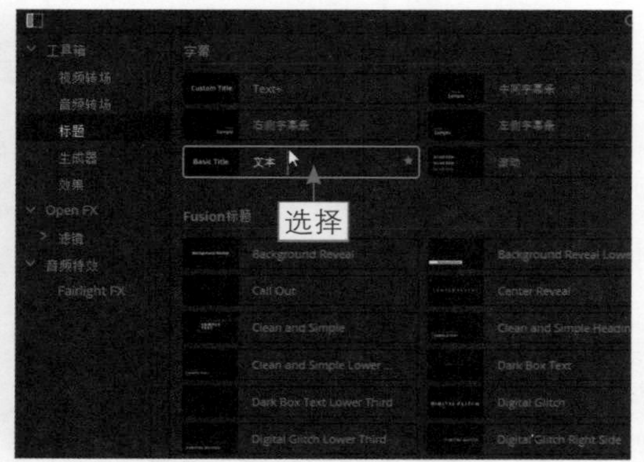

图 4-5 选择“文本”选项

步骤06 双击添加的“文本”字幕，展开“检查器”|“视频”|“标题”选项卡，如图4-7所示。

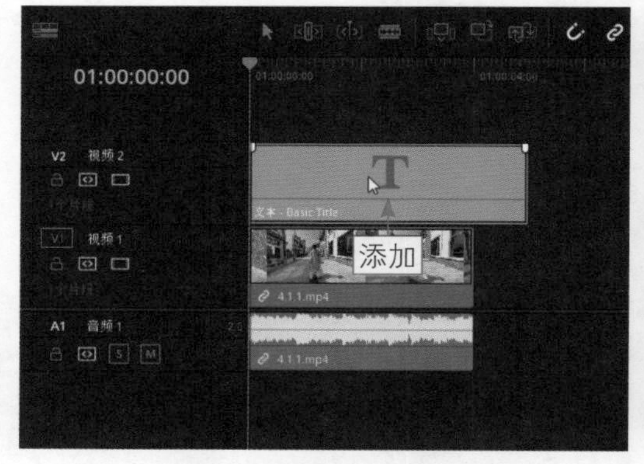

图 4-6 查看添加的字幕文件

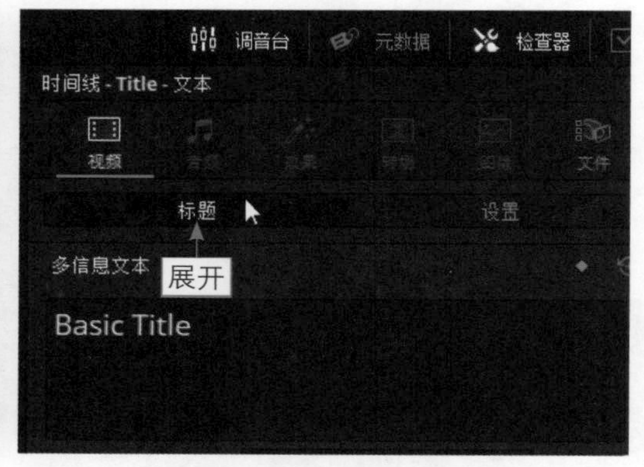

图 4-7 展开“标题”选项卡

步骤07 在“多信息文本”下方的编辑框中输入相应的文字，设置字体，并设置“颜色”为白色，设置“大小”为99，如图4-8所示。

步骤08 在面板下方，设置“位置”的*X*值为141.000、*Y*值为444.000，在“笔画”选项区中，设置“色彩”为“黑色”，设置“大小”为4，如图4-9所示。执行上述操作后，在预览窗口查看制作的标题字幕效果。

步骤09 选中V2轨道中的字幕文件，将鼠标打针移至字幕文件的末端，按住鼠标左键并向左拖曳至合适的位置后释放鼠标左键，即可设置标题字幕的显示时长，如图4-10所示。

图 4-8　设置“大小”参数（1）

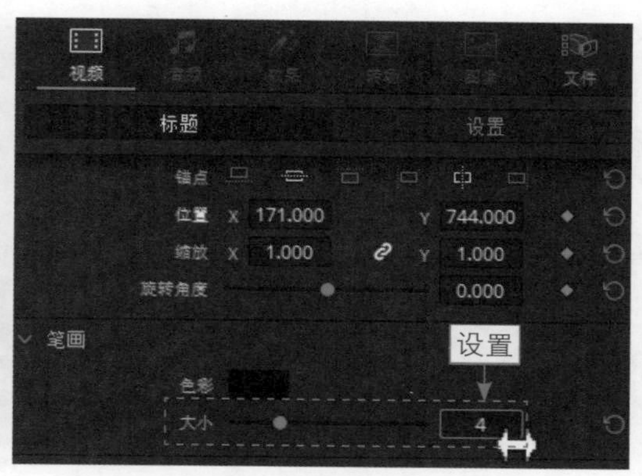

图 4-9　设置“大小”参数（2）

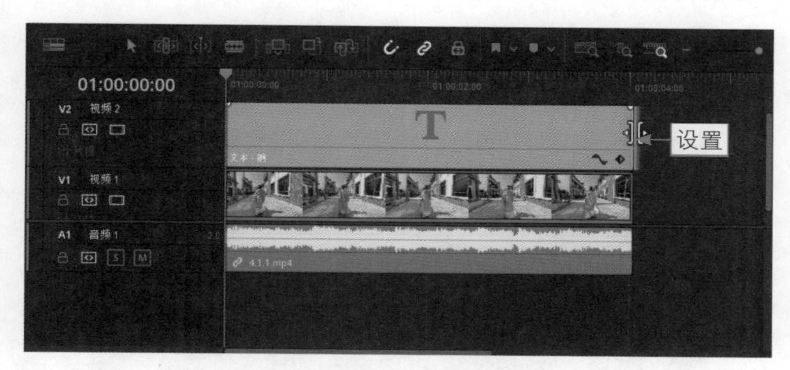

图 4-10　设置标题字幕的显示时长

4.1.2　设置字体大小

扫码看教学视频

【效果展示】：字号是指文本的大小，不同的字体大小对视频的美观程度有一定的影响。下面介绍在达芬奇中更改标题字号大小的操作方法，原图与效果图对比如图4-11所示。

图 4-11　原图与效果图对比展示

下面介绍设置字体大小的操作方法。

步骤 01 打开一个项目文件，进入“剪辑”步骤面板，如图4-12所示。

步骤 02 在预览窗口中，可以查看打开的项目效果，如图4-13所示。

图 4-12 打开一个项目文件

图 4-13 查看打开的项目效果

步骤 03 双击V2轨道中的字幕文件，展开“检查器”|“标题”选项卡，设置“大小”参数值为111，如图4-14所示。执行操作后，即可设置字体大小。在预览窗口中，可以查看设置字体大小的效果。

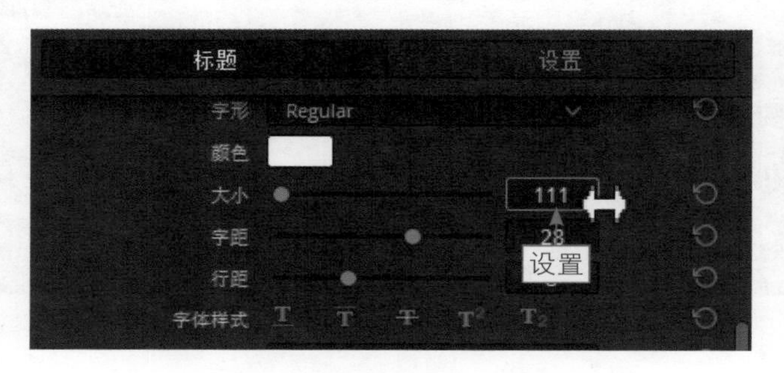

图 4-14 设置“大小”参数

★ 专家指点 ★

当标题字幕的间距比较小时，用户可以通过拖曳“字距”右侧的滑块或在“字距”右侧的文本框中输入参数来调整标题字幕的字间距。

4.1.3 设置字体颜色

扫码看教学视频

【效果展示】：在达芬奇中，用户可根据素材与标题字幕的匹配程度，更改标题字体的颜色，使制作的影片更加具有观赏性，原图与效果图对比如图4-15所示。

下面介绍设置字体颜色的操作方法。

步骤 01 打开一个项目文件，进入“剪辑”步骤面板，如图4-16所示。

步骤 02 在预览窗口中，可以查看打开的项目，如图4-17所示。

步骤 03 双击V2轨道中的字幕文件，展开“检查器”|“视频”|“标题”选项卡，单击“颜色”右侧的色块，如图4-18所示。

图 4-15　原图与效果图对比展示

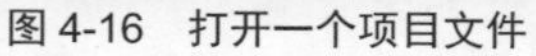
图 4-16　打开一个项目文件

图 4-17　查看打开的项目

步骤 04 弹出"选择颜色"对话框，在"基本颜色"选项区中，选择第2排第4个色块，如图4-19所示，单击OK按钮，返回"标题"选项卡。更改标题字幕的字体颜色后，在预览窗口中可以查看设置字体颜色的效果。

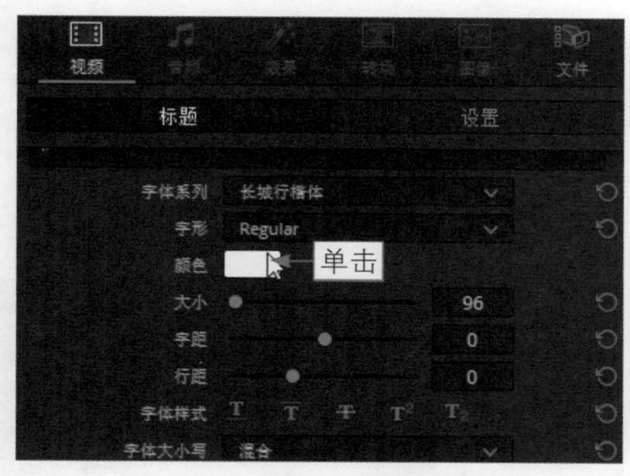

图 4-18　单击"颜色"右侧的色块

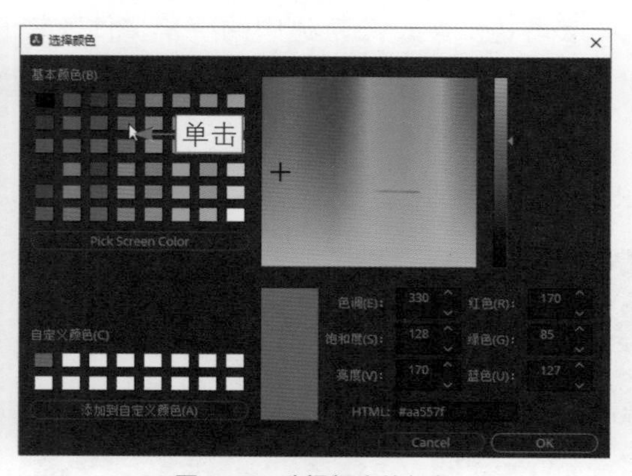

图 4-19　选择相应的颜色

4.1.4　设置背景颜色

扫码看教学视频

【效果展示】：在达芬奇中，用户可以根据需要设置标题字幕的背景颜色，使字幕更加显眼，原图与效果图对比如图4-20所示。

图 4-20　原图与效果图对比展示

下面介绍设置背景颜色的操作方法。

步骤 01 打开一个项目文件，进入“剪辑”步骤面板，如图4-21所示。

步骤 02 在预览窗口中，可以查看打开的项目，如图4-22所示。

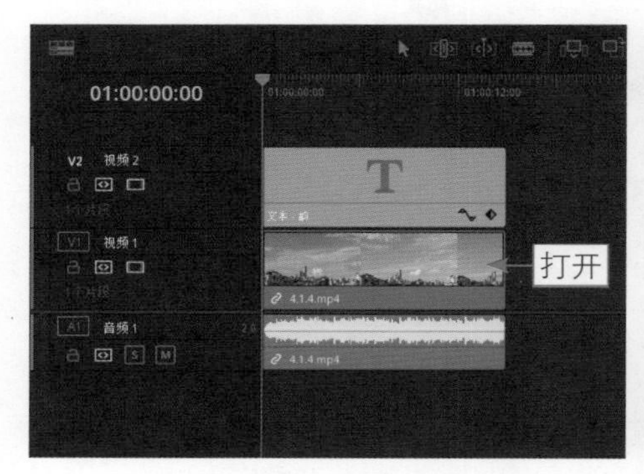

图 4-21　打开一个项目文件

图 4-22　查看打开的项目

步骤 03 双击V2轨道中的字幕文件，展开“检查器”|“视频”|“标题”选项卡，在“背景”选项区中，单击“色彩”右侧的色块，如图4-23所示。

步骤 04 弹出“选择颜色”对话框，在“基本颜色”选项区中，选择第3排第5个色块，如图4-24所示。

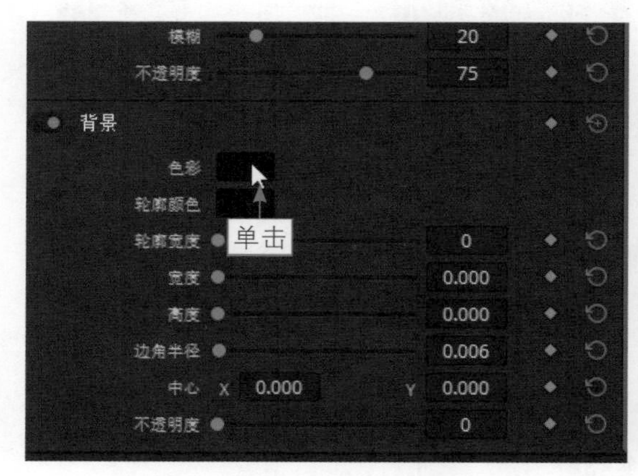

图 4-23　单击“色彩”右侧的色块

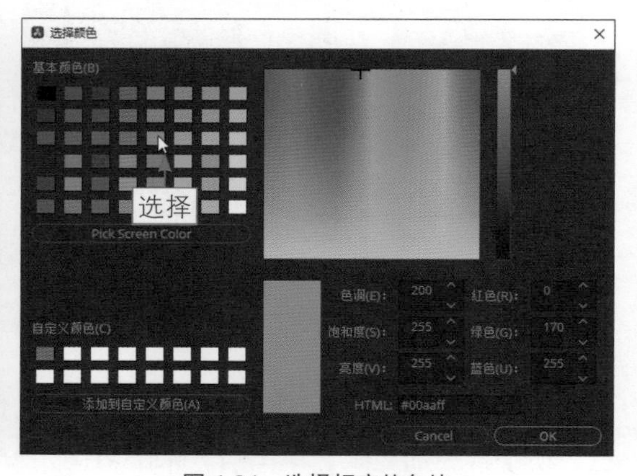

图 4-24　选择相应的色块

步骤05 单击OK按钮，返回“标题”选项面板，在“背景”选项区中，设置“宽度”为0.092，如图4-25所示。

步骤06 设置“高度”参数值为0.443，如图4-26所示。

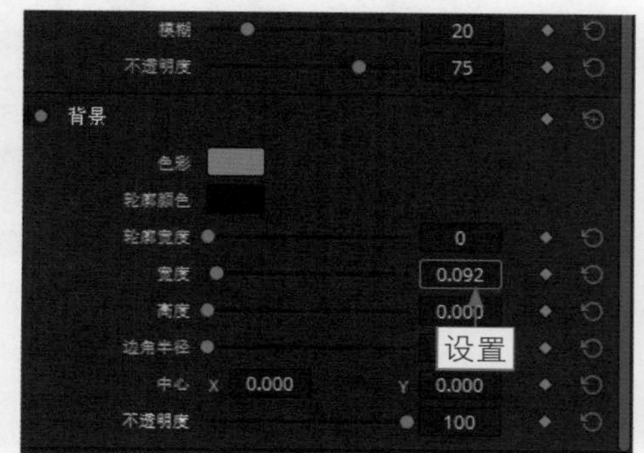

图 4-25 设置“宽度”参数

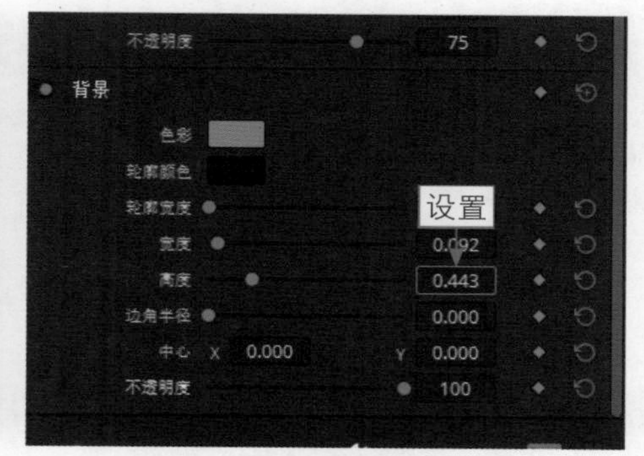

图 4-26 设置“高度”参数

步骤07 设置“边角半径”参数值为0.038，设置“不透明度”值为15，如图4-27所示，即可降低字幕的背景颜色。在预览窗口中，可以查看最终效果。

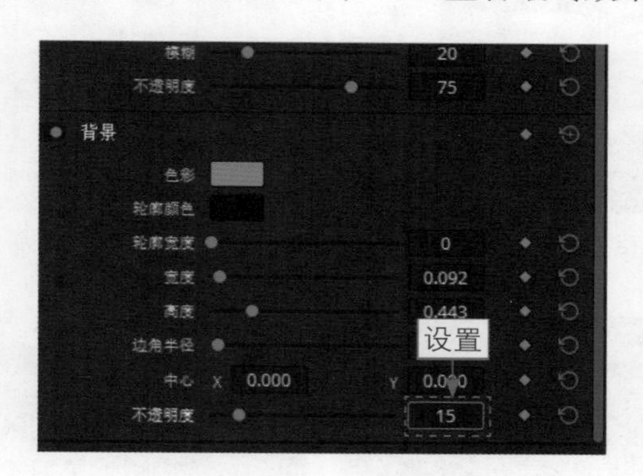

图 4-27 设置“不透明度”参数

4.1.5 设置阴影效果

扫码看教学视频

【效果展示】：在制作项目文件的过程中，如果需要强调或突出显示字幕文本，可以设置字幕的阴影效果，原图与效果图对比如图4-28所示。

下面介绍设置阴影效果的操作方法。

步骤01 打开一个项目文件，进入“剪辑”步骤面板，如图4-29所示。

步骤02 在预览窗口中，可以查看打开的项目，如图4-30所示。

步骤03 双击V2轨道中的字幕文件，展开“检查器”|“视频”|“标题”选项卡，在“投影”选项区中，单击“色彩”右侧的色块，如图4-31所示。

步骤04 弹出“选择颜色”对话框，选择黑色色块，如图4-32所示。

图 4-28　原图与效果图对比展示

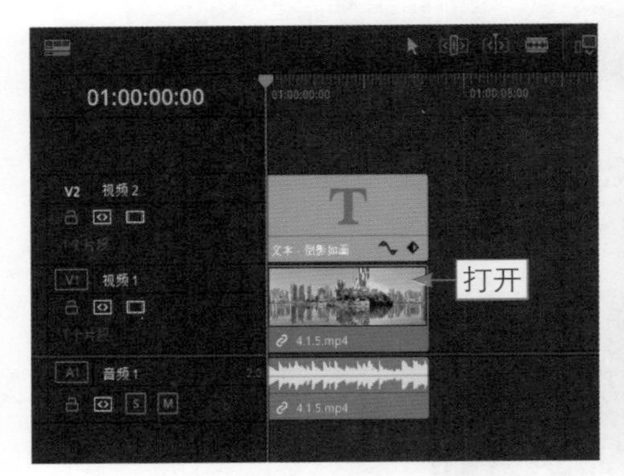

图 4-29　打开一个项目文件

图 4-30　查看打开的项目

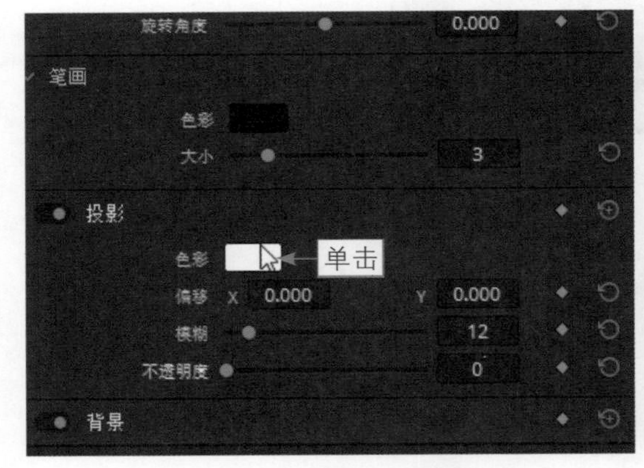

图 4-31　单击“色彩”右侧的色块

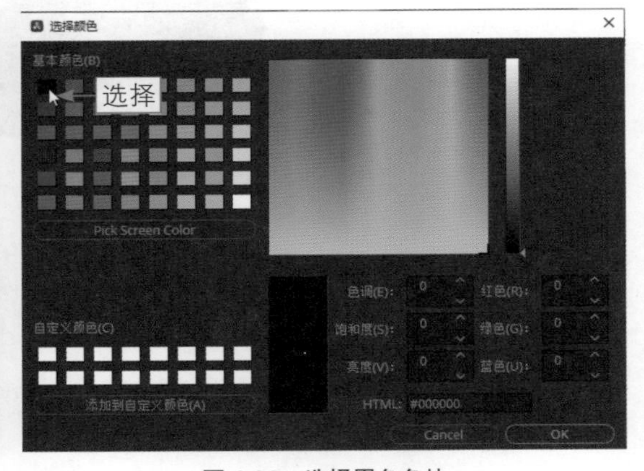

图 4-32　选择黑色色块

步骤 05 单击OK按钮，返回“标题”选项卡，在“投影”选项区中，设置“偏移”的*X*参数值为25.000、*Y*参数值为-2.000，如图4-33所示。

步骤 06 在下方向右拖曳“不透明度”右侧的滑块，直至参数值为63，如图4-34所示。执行操作后，即可为标题设置阴影效果。在预览窗口中，可以查看最终效果。

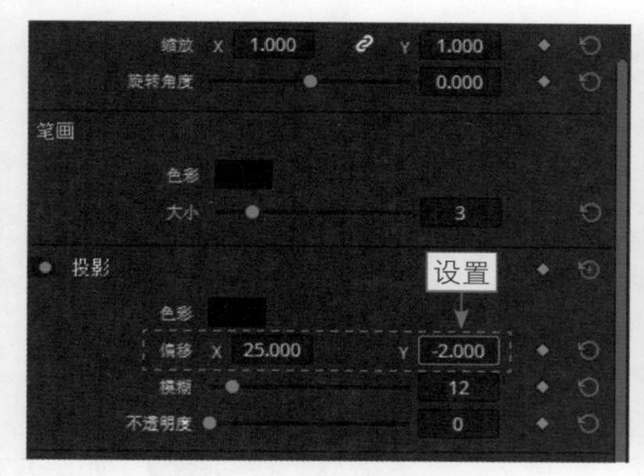

图 4-33　设置“偏移”参数

图 4-34　设置“不透明度”参数

4.2 制作动态字幕

在影片中创建标题后，在达芬奇中还可以为标题制作字幕运动效果，可以使影片更具有吸引力和感染力。本节主要介绍制作多种字幕动态效果的操作方法，增强字幕的艺术效果。

4.2.1　制作字幕动态缩放效果

扫码看教学视频

【效果展示】：在达芬奇的“检查器”|“视频”选项卡中，开启“动态缩放”功能，可以在“时间线”面板中设置素材画面的放大或缩小的运动效果。在默认状态下，“动态缩放”功能可以制作缩小运动效果，用户可以通过单击“交换”按钮，转换为放大运动效果，如图4-35所示。

图 4-35　字幕动态缩放效果展示

下面介绍制作字幕动态缩放效果的操作方法。

步骤 01 打开一个项目文件，在预览窗口中，可以查看打开的项目效果，如图4-36所示。

步骤 02 在“时间线”面板中，选择V2轨道中添加的字幕文件，如图4-37所示。

图 4-36　查看打开的项目

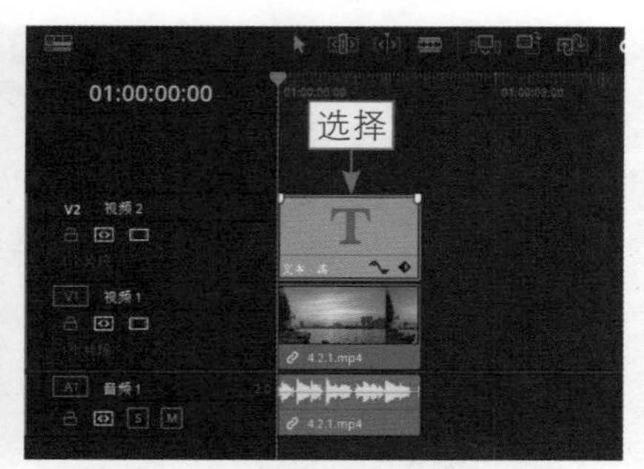

图 4-37　选择添加的字幕文件

步骤 03 切换至“检查器”|“设置”选项卡，单击“动态缩放”按钮，如图4-38所示。

步骤 04 执行操作后，即可开启“动态缩放”功能区域，在下方单击“交换”按钮，如图4-39所示。在预览窗口中可以查看字幕动态缩放效果。

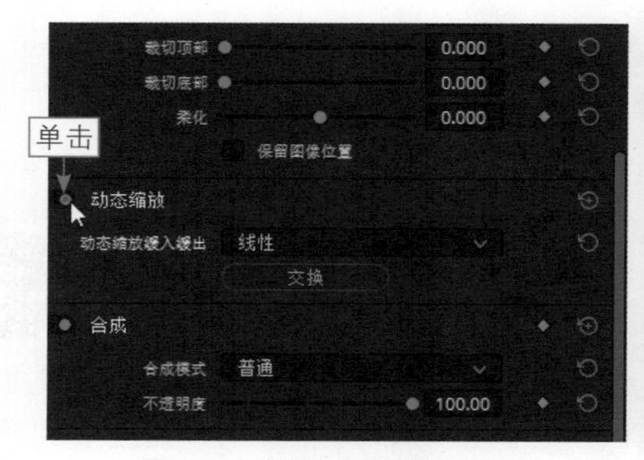

图 4-38　单击“动态缩放”按钮

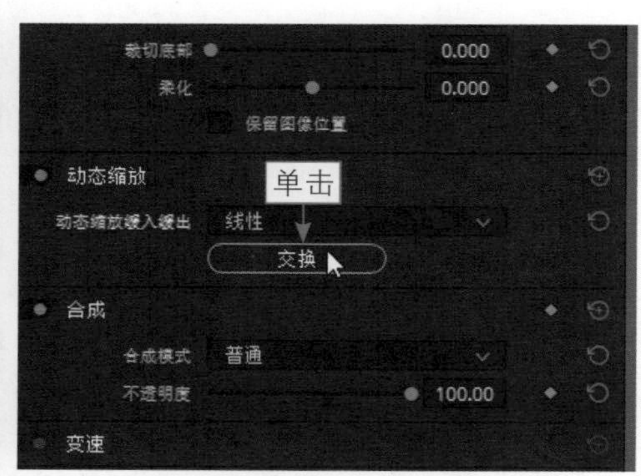

图 4-39　单击“交换”按钮

4.2.2　制作字幕淡入淡出效果

扫码看教学视频

【效果展示】：淡入淡出是指标题字幕以淡入淡出的方式显示或消失的动画效果。下面主要介绍制作淡入淡出字幕运动效果的操作方法，希望读者可以熟练掌握，效果如图4-40所示。

图 4-40　字幕淡入淡出效果展示

下面介绍制作字幕淡入淡出效果的操作方法。

步骤 01 打开一个项目文件，在预览窗口中可以查看打开的项目，如图4-41所示。

步骤 02 在“时间线”面板中，双击V2轨道中添加的字幕文件，如图4-42所示。

图 4-41　查看打开的项目

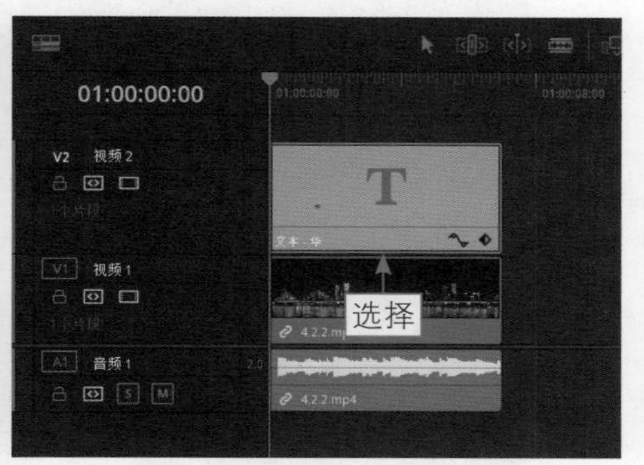

图 4-42　选择添加的字幕文件

步骤 03 执行操作后，展开“检查器”|“视频”面板，切换至“设置”选项卡，如图4-43所示。

步骤 04 在“合成”选项区中，拖曳“不透明度”右侧的滑块，直至参数值为0.00，如图4-44所示。

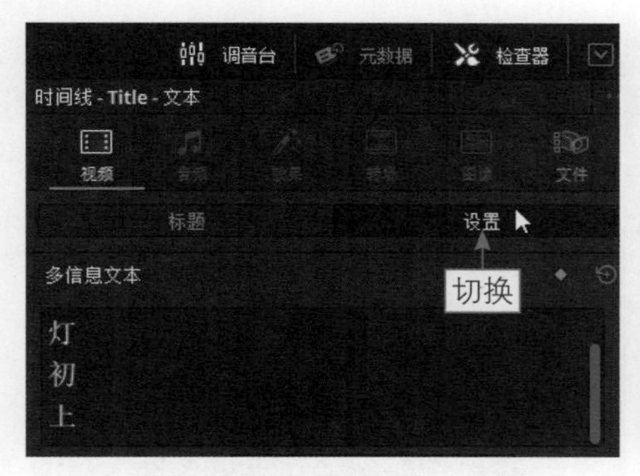

图 4-43　切换至“设置”选项卡

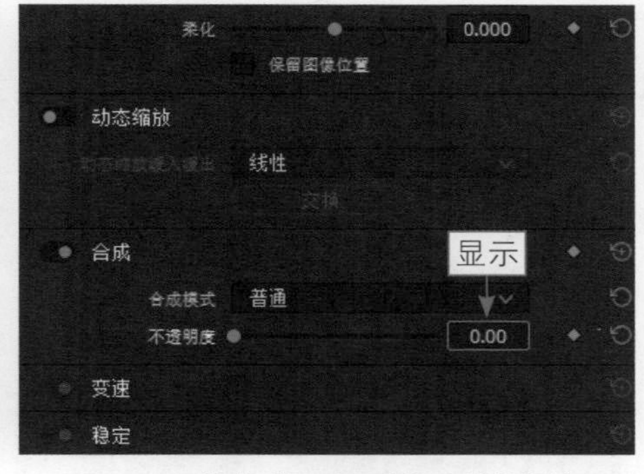

图 4-44　拖曳“不透明度”右侧的滑块

步骤 05 单击“不透明度”参数右侧的“关键帧”按钮◆，添加第1个关键帧，如图4-45所示。

步骤 06 在“时间线”面板中，将时间指示器拖曳至01:00:03:24的位置，如图4-46所示。

步骤 07 在“检查器”|“设置”选项卡中，设置“不透明度”参数值为100.00，即可自动添加第2个关键帧，如图4-47所示。

步骤 08 在“时间线”面板中，将时间指示器拖曳至01:00:05:04的位置，如图4-48所示。

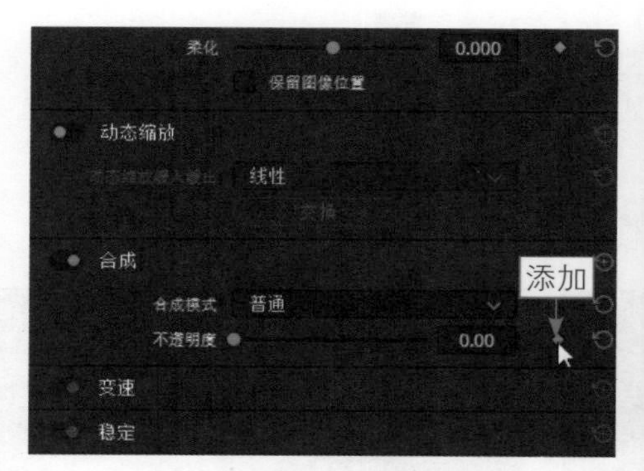

图 4-45　添加第 1 个关键帧

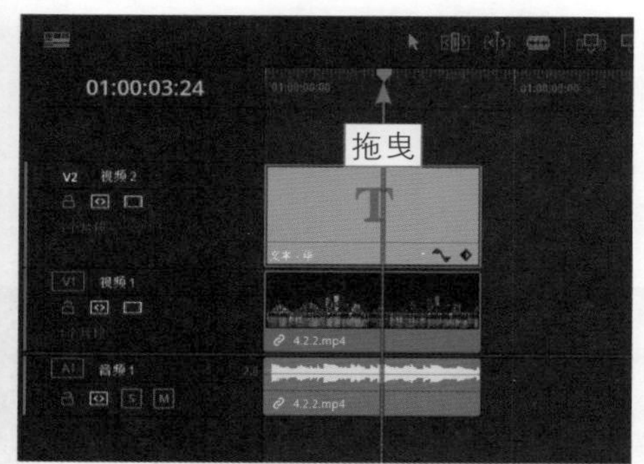

图 4-46　拖曳时间指示器至相应的位置（1）

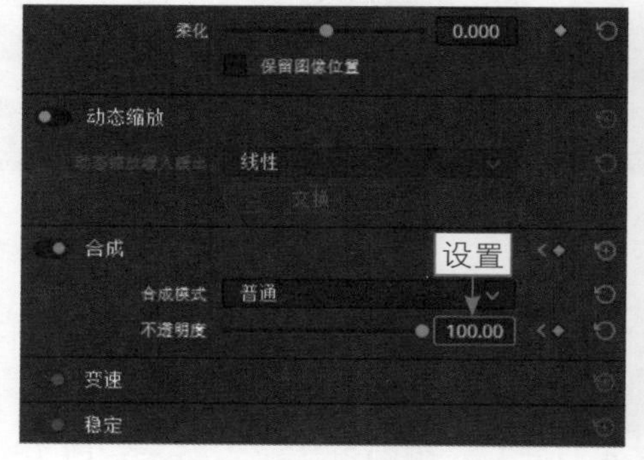

图 4-47　设置“不透明度”参数

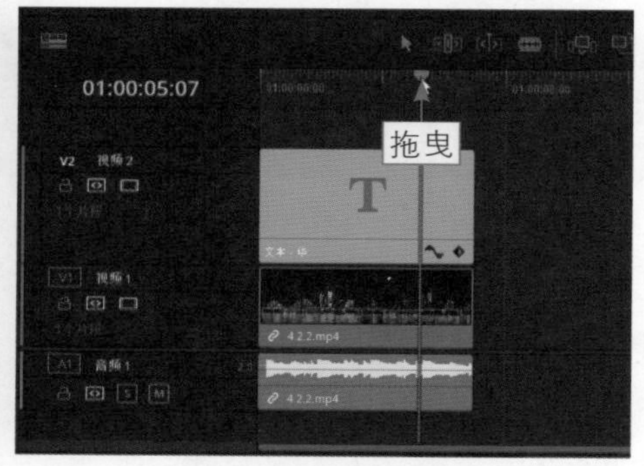

图 4-48　拖曳时间指示器至相应的位置（2）

步骤 09 在“检查器”|“设置”选项卡中，单击“不透明度”右侧的“关键帧”按钮，添加第3个关键帧，如图4-49所示。

步骤 10 在“时间线”面板中，将时间指示器拖曳至01:00:07:01的位置，如图4-50所示。

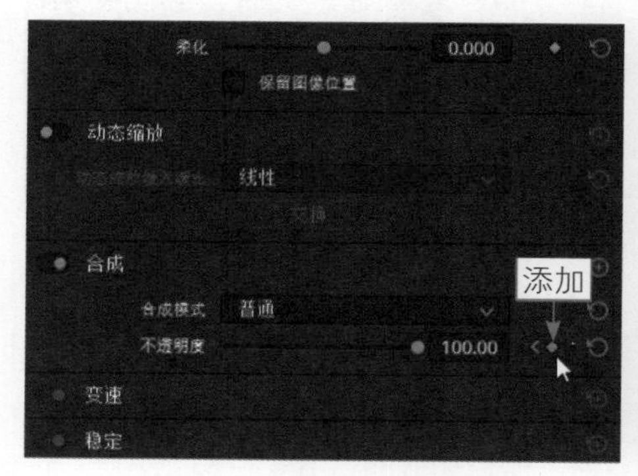

图 4-49　添加第 3 个关键帧

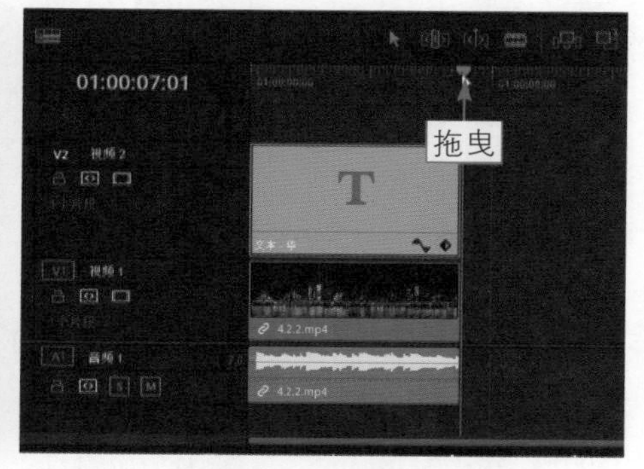

图 4-50　拖曳时间指示器至相应的位置（3）

步骤 11 在“检查器”|“设置”选项卡中，再次向左拖曳“不透明度”滑块，设置“不透明度”参数值为0.00，即可自动添加第4个关键帧，如图4-51所示。执行操作后，在预览窗口中可以查看字幕淡入淡出的效果。

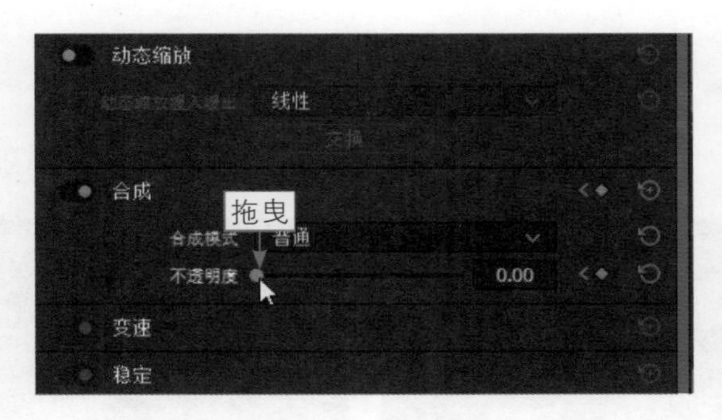

图 4-51　向左拖曳“不透明度”滑块

4.2.3　制作字幕逐字显示效果

扫码看教学视频

【效果展示】：在达芬奇的“检查器”|“视频”面板中，用户可以在“裁切”选项区中，通过调整相应参数制作字幕逐字显示的动画效果，效果如图4-52所示。

图 4-52　字幕逐字显示效果展示

下面向大家介绍制作字幕逐字显示效果的操作方法。

步骤 01 打开一个项目文件，在预览窗口中，可以查看打开的项目，如图4-53所示。

步骤 02 在“时间线”面板中，选择V2轨道中添加的字幕文件，如图4-54所示。

图 4-53　查看打开的项目

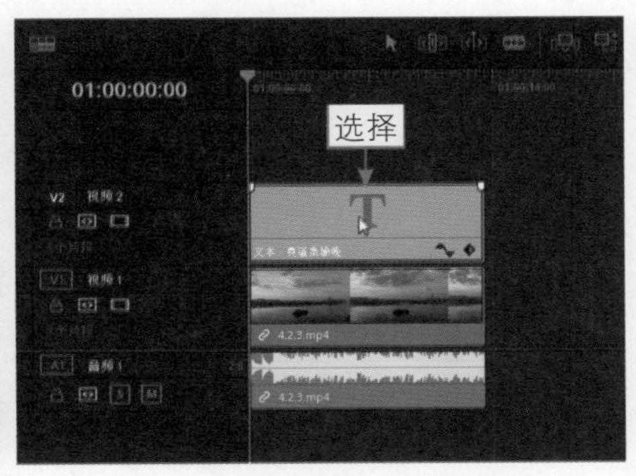

图 4-54　选择添加的字幕文件

步骤03 展开“检查器”|“设置”选项卡，在“裁切”选项区中，设置“裁切右侧”参数为1904.640，如图4-55所示。

步骤04 单击“裁切”右侧的“关键帧”按钮◆，添加第1个关键帧，如图4-56所示。

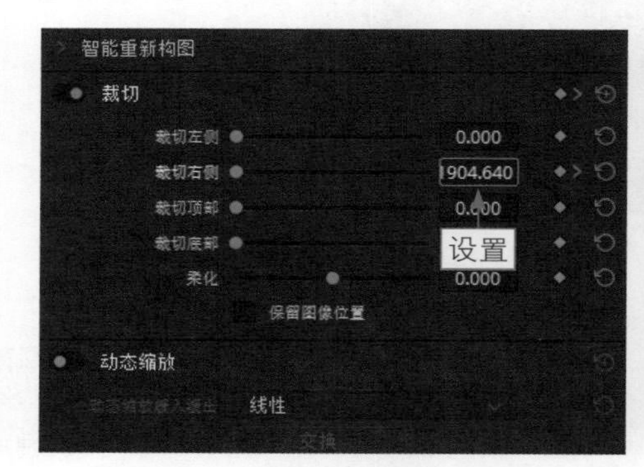

图 4-55 设置“裁切右侧”参数

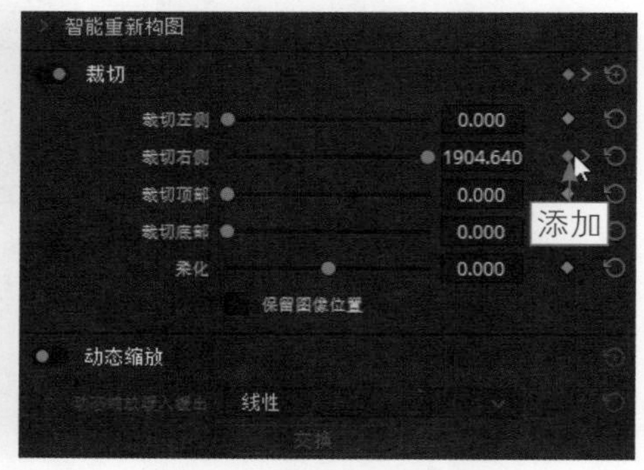

图 4-56 添加第 1 个关键帧

步骤05 在“时间线”面板中，将时间指示器拖曳至01:00:07:18的位置，如图4-57所示。

步骤06 在“检查器”|“设置”选项卡的“裁切”选项区中，拖曳“裁切”右侧的滑块至最左端，设置“裁切右侧”参数为最小值，即可自动添加第2个关键帧，如图4-58所示。执行操作后，在预览窗口中可以查看字幕逐字显示的效果。

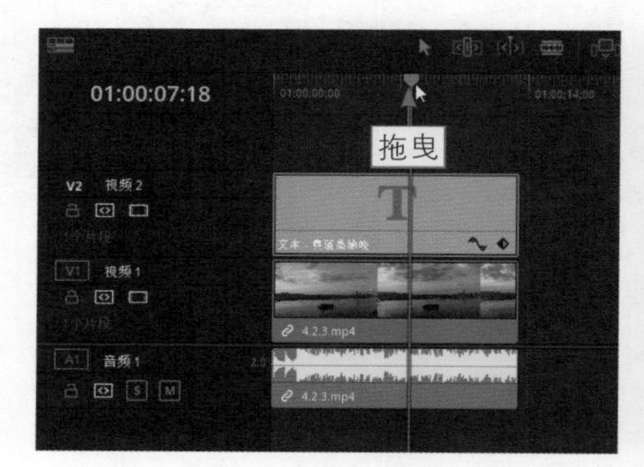

图 4-57 拖曳“时间指示器”至相应的位置

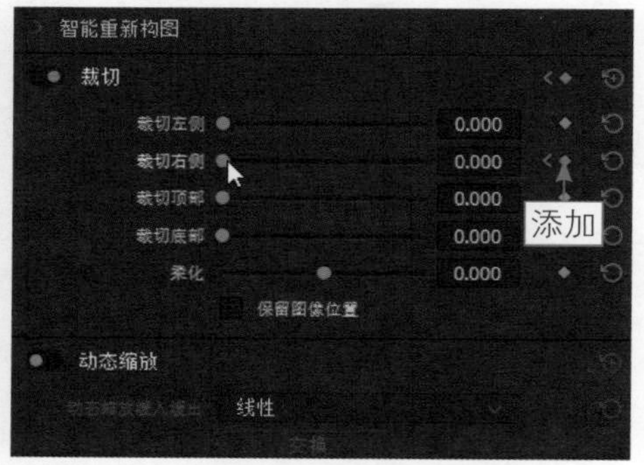

图 4-58 添加第 2 个关键帧

4.2.4 制作字幕滚屏运动效果

扫码看教学视频

【效果展示】：在影视画面中，当一部影片播放完毕后，在片尾处通常会播放这部影片的演员、制片人、导演等信息，效果如图4-59所示。

下面介绍制作字幕滚屏运动效果的操作方法。

步骤01 打开一个项目文件，进入“剪辑”步骤面板，如图4-60所示。

步骤02 在预览窗口中，可以查看打开的项目，如图4-61所示。

图 4-59　字幕滚屏运动效果展示

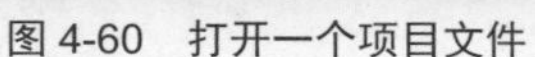

图 4-60　打开一个项目文件　　　　图 4-61　查看打开的项目

步骤 03 展开“标题”|“字幕”选项面板，选择“滚动”选项，如图4-62所示。

步骤 04 将“滚动”字幕样式添加至“时间线”面板的V2轨道上，并调整字幕显示时长，如图4-63所示。

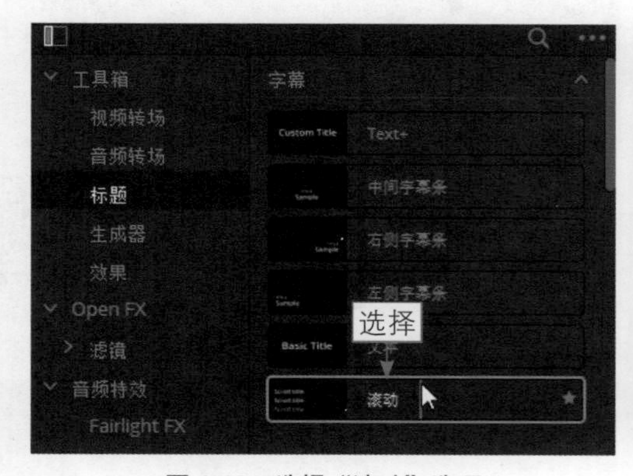

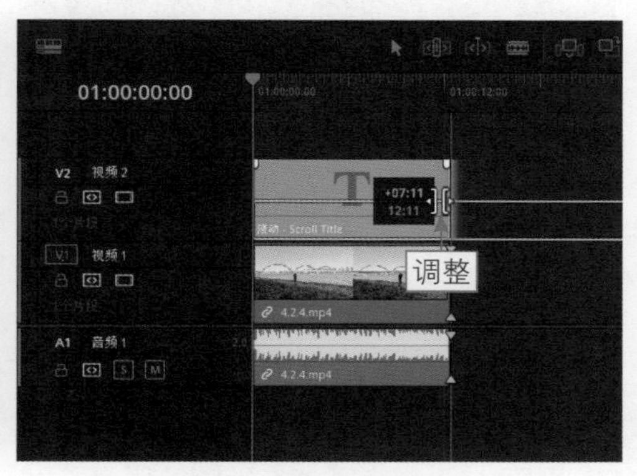

图 4-62　选择“滚动”选项　　　　图 4-63　调整字幕显示时长

步骤 05 双击添加的“文本”字幕，展开“检查器”|“视频”|“标题”选项卡，在“标题”下方的编辑框中输入滚屏字幕内容，如图4-64所示。

步骤 06 在“格式化”选项区中，设置相应的字体，设置“大小”为40、“对齐方式”为居中，如图4-65所示。

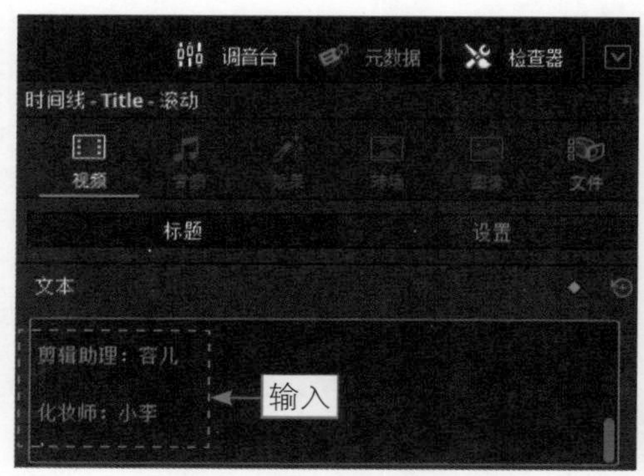

图 4-64　输入滚屏字幕内容

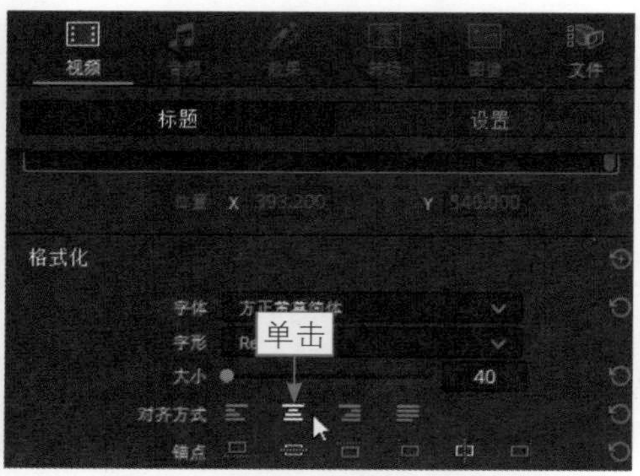

图 4-65　设置"对齐方式"为居中

步骤 07 在"背景"选项区中，设置"宽度"为0.244、"高度"为2.000，如图4-66所示。

步骤 08 设置"边角半径"为0.037，如图4-67所示。执行操作后，在预览窗口中可以查看字幕滚屏运动效果。

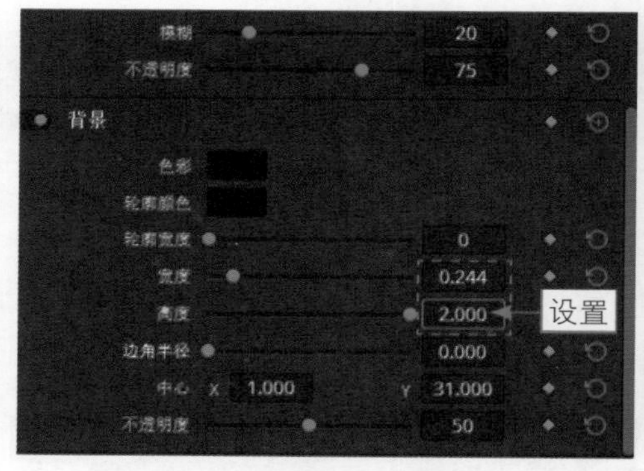

图 4-66　设置"宽度"和"高度"参数

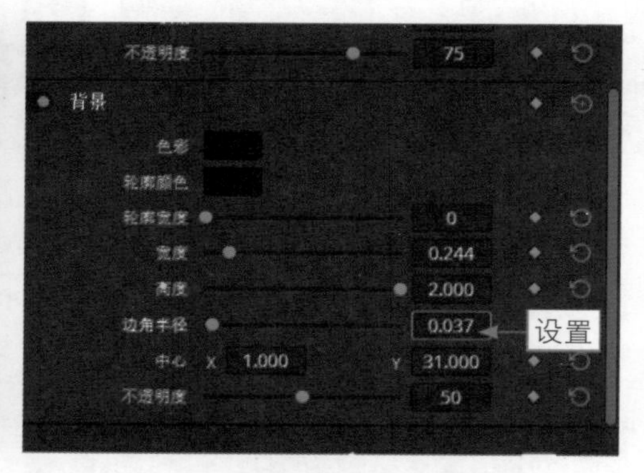

图 4-67　设置"边角半径"参数

4.2.5　制作字幕打字机效果

扫码看教学视频

【效果展示】：在DaVinci Resolve 18中也可以实现"打字机"效果，而且自带了很多文字模板，非常方便，效果如图4-68所示。

图 4-68　字幕打字机效果展示

下面介绍制作字幕打字机效果的操作方法。

步骤01 打开一个项目文件，进入“剪辑”步骤面板，如图4-69所示。

步骤02 在“剪辑”步骤面板的左上角，单击“效果”按钮，在“媒体池”面板，单击“工具箱”下拉按钮，选择“标题”选项，在选项面板的“字幕”选项区中，选择相应的选项，如图4-70所示。

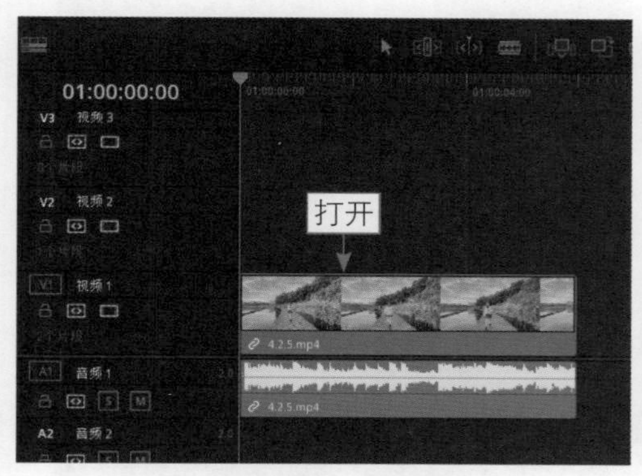

图4-69　打开一个项目文件

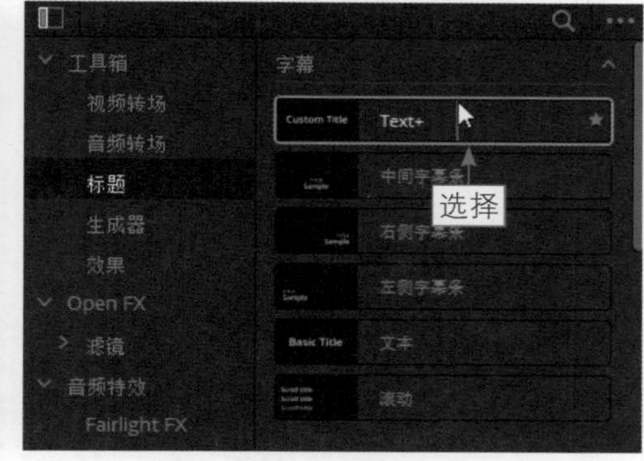

图4-70　选择相应的选项

步骤03 按住鼠标左键将Text+字幕样式拖曳至V1轨道上方，“时间线”面板会自动添加一条V2轨道，在合适的位置释放鼠标左键。选中V2轨道中的字幕文件，将鼠标指针移至字幕文件的末端，按住鼠标左键向右拖曳至合适的位置后释放鼠标左键，即可调整字幕显示时长，如图4-71所示。

步骤04 双击添加的字幕，展开“检查器”|“视频”|“标题”选项卡，在Text下方的编辑框中输入字幕内容，如图4-72所示。

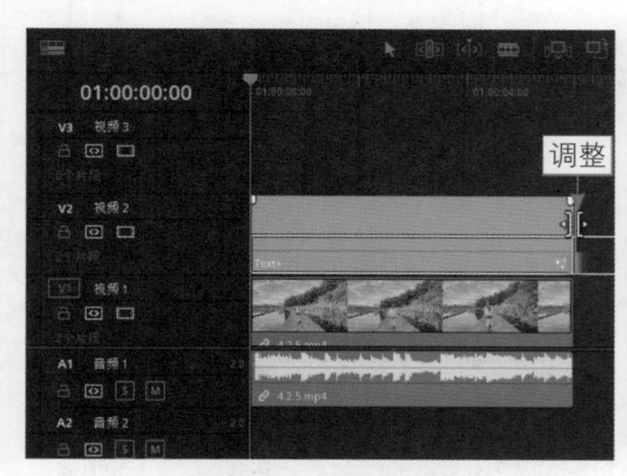

图4-71　调整字幕显示时长

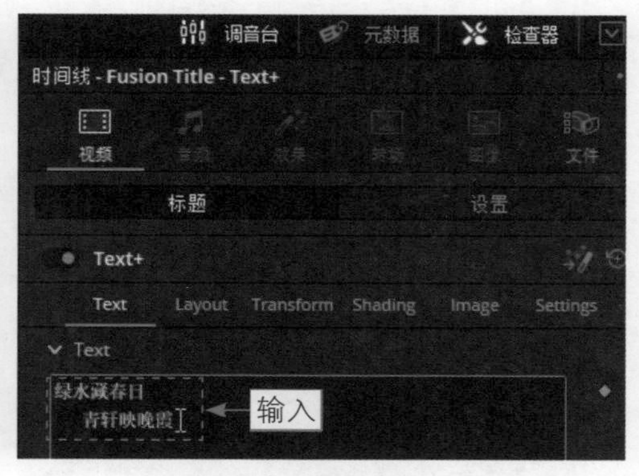

图4-72　输入字幕内容

步骤05 在Text选项区中，设置Font为Size为0.08、Tracking为1.228，V Anchor为1.0，如图4-73所示。

步骤06 在Text选项区中，拖曳Write On右侧的滑块，直至参数显示为最小值，如图4-74所示。

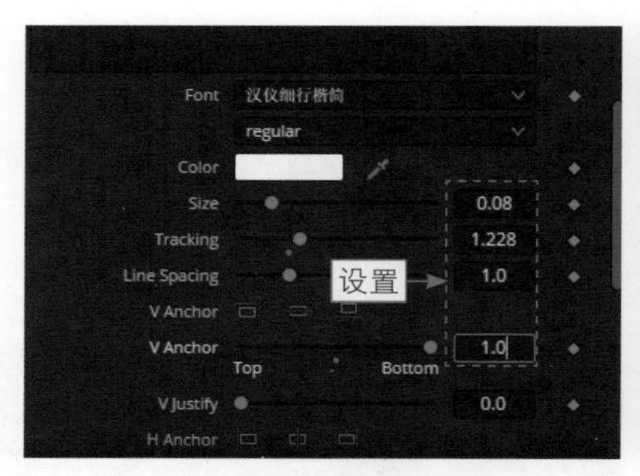

图 4-73　设置相应参数

图 4-74　拖曳相应的滑块（1）

步骤 07 在Text选项区中，单击Write On右侧的“关键帧”按钮◆，添加第1个关键帧，如图4-75所示。

步骤 08 在“时间线”面板中，将时间指示器拖曳至01:00:06:00的位置，如图4-76所示。

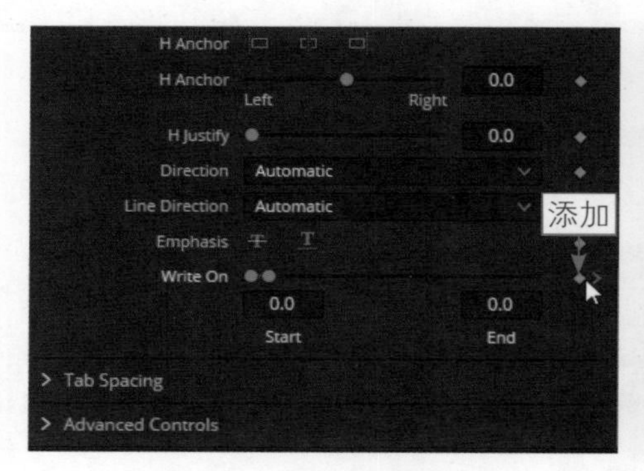

图 4-75　添加第 1 个关键帧

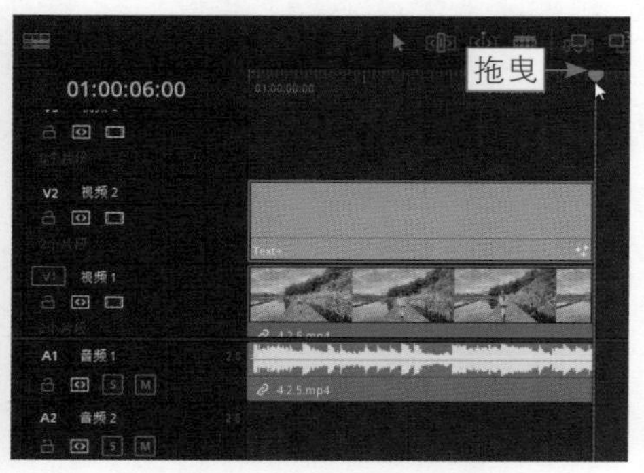

图 4-76　拖曳时间指示器

步骤 09 在Text选项区中，拖曳Write On右侧的滑块，直至参数显示为最大值，如图4-77所示。

步骤 10 在“媒体池”面板中，选择相应的音频素材，如图4-78所示，拖曳至A1轨道下方，“时间线”面板会自动添加一条A2轨道，在合适的位置释放鼠标左键。

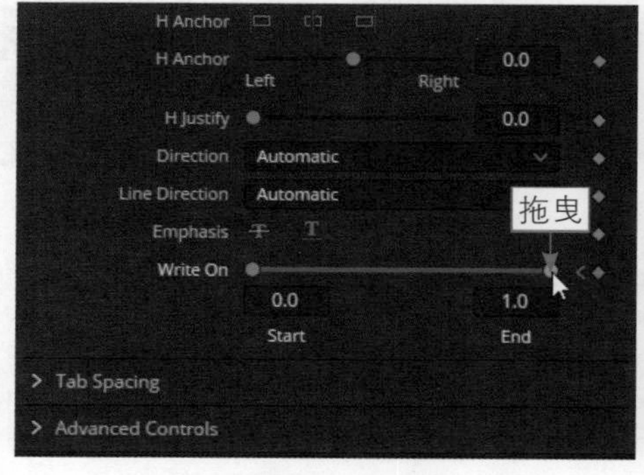

图 4-77　拖曳相应的滑块（2）

图 4-78　选择相应的音频素材

步骤 11 在“时间线”面板中，将时间指示器拖曳至01:00:00:21的位置，如图4-79所示。

步骤 12 单击“刀片编辑模式”按钮，如图4-80所示。

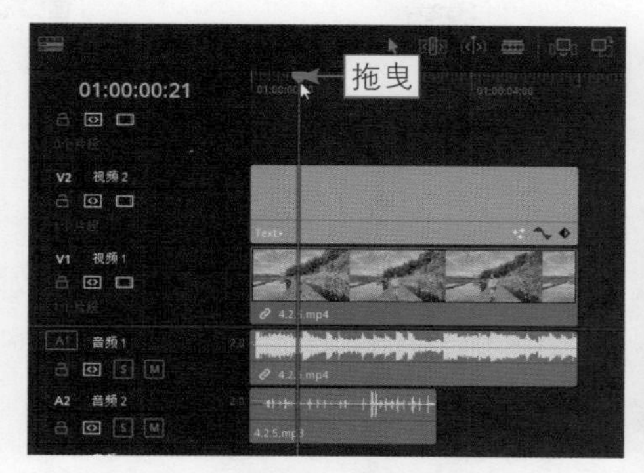

图 4-79　拖曳时间指示器至相应的位置

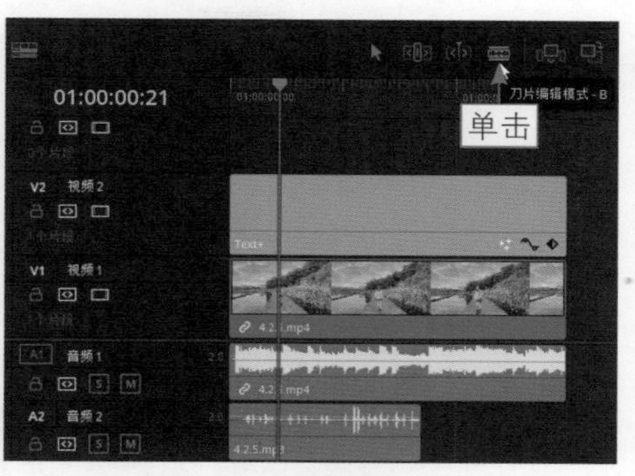

图 4-80　单击“刀片编辑模式”按钮

步骤 13 在视频轨中，应用“刀片工具”单击音频素材，即可将音频素材分割成两段，如图4-81所示。

步骤 14 再次在其他合适的位置单击，即可将音频素材分割成多个视频片段，选中需要删除的音频素材，如图4-82所示，按【Delete】键删除。

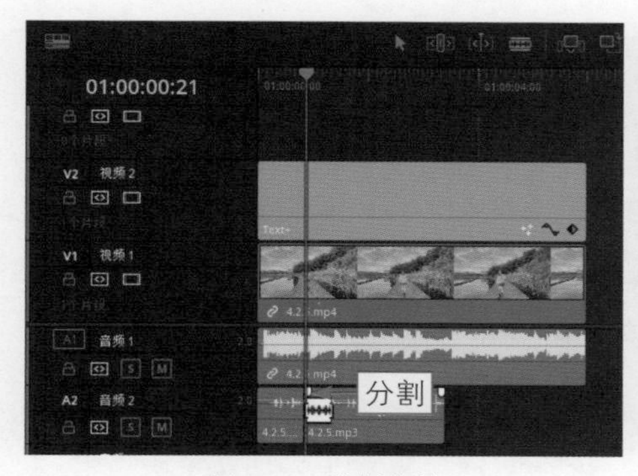

图 4-81　分割素材

图 4-82　选中需要删除的音频素材

步骤 15 将时间指示器拖曳至01:00:02:08的位置，选中相应的音频，拖曳至合适的位置释放鼠标左键，如图4-83所示，即可制作完成字幕打字机效果。

图 4-83　拖曳至合适的位置

4.2.6 制作字幕蒙版效果

扫码看教学视频

【效果展示】：在达芬奇中，在“合成模式”选项区中选择“前景”选项，也能制作出字幕蒙版效果，如图4-84所示。

图 4-84 字幕蒙版效果展示

下面介绍制作字幕蒙版效果的操作方法。

步骤 01 打开一个项目文件，进入“剪辑”步骤面板，如图4-85所示。

步骤 02 在“媒体池”面板中，选择相应的视频素材，如图4-86所示。

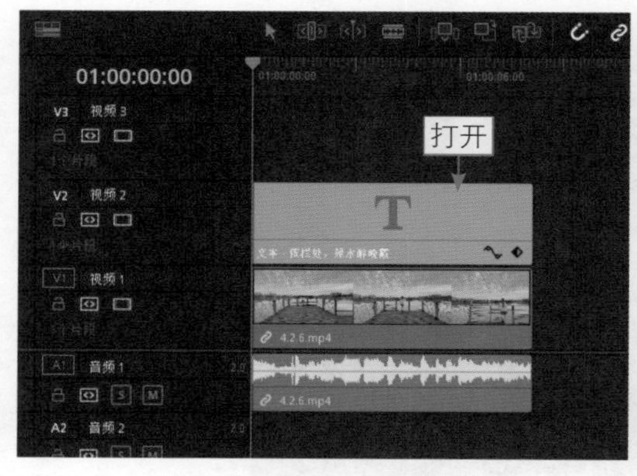

图 4-85 打开一个项目文件

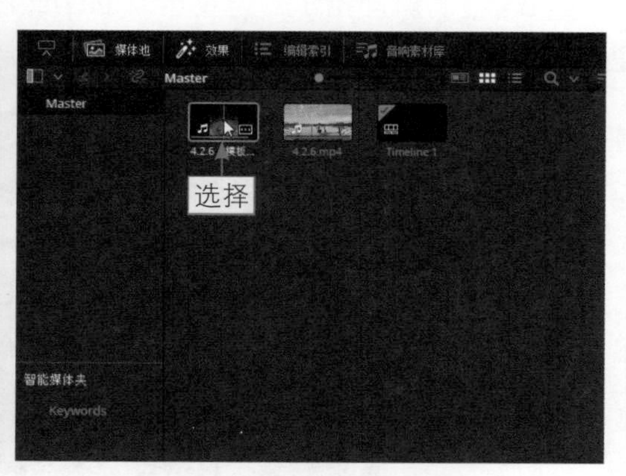

图 4-86 选择相应的视频素材

步骤 03 按住鼠标左键将素材样式拖曳至V3轨道中，并调整素材时长，如图4-87所示。

步骤 04 选择添加的素材，切换至“检查器”|“视频”选项卡，在“变换”选项区中，设置“缩放”参数的X、Y为2.580，“位置”参数的X为-26.000，Y为809.000，如图4-88所示。

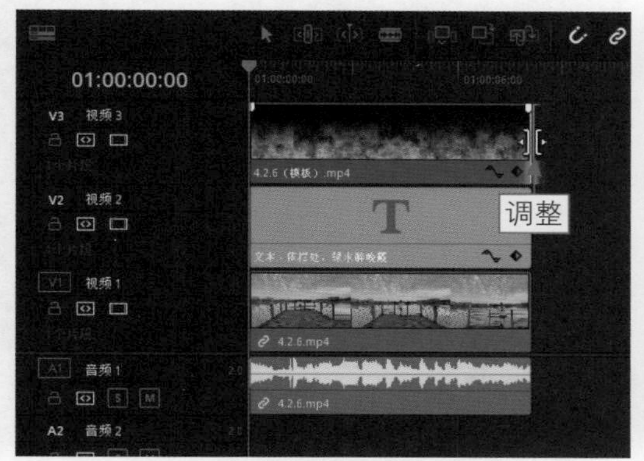

图 4-87　调整素材时长

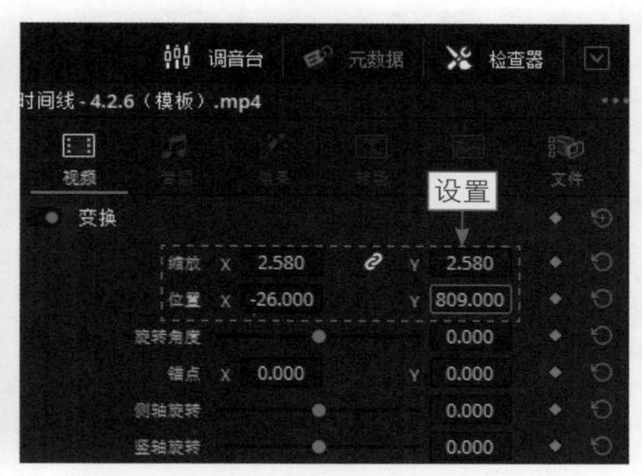

图 4-88　设置“缩放”和“位置”参数

步骤 05 执行操作后，在“合成”选项区中，单击“合成模式”右侧的下拉按钮，如图4-89所示。

步骤 06 弹出下拉列表，选择“前景”选项，如图4-90所示。在预览窗口中可以查看字幕蒙版效果。

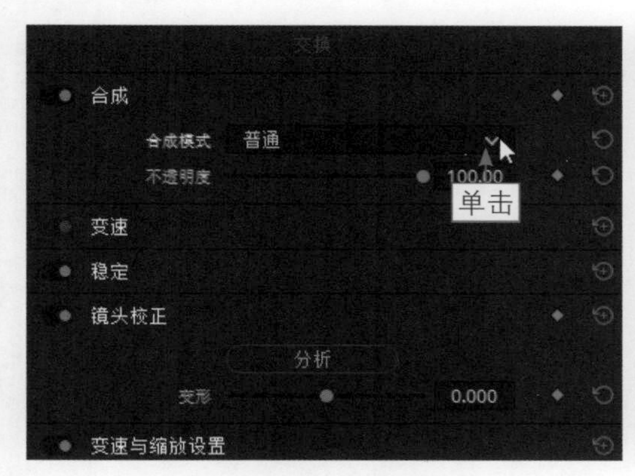

图 4-89　单击相应的按钮

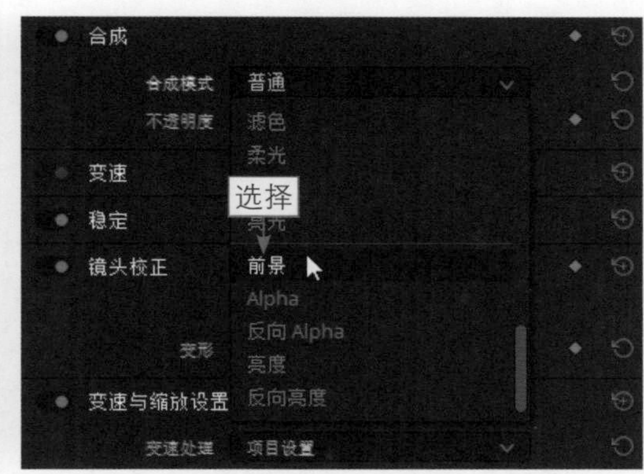

图 4-90　选择“前景”选项

本章小结

本章主要向读者介绍达芬奇软件中字幕的相关操作，帮助读者认识字幕属性，包括标题显示时长、字体大小、字体颜色、背景颜色及阴影效果等内容，并介绍制作动态字幕的操作方法。希望大家通过对本章的学习，能够熟练掌握字幕效果的制作并学以致用。

课后习题

鉴于本章知识的重要性，为了帮助大家可以更好地掌握所学知识，本节将通过上机习题，进行简单的知识回顾和补充。

本习题需要掌握在达芬奇中如何为标题字幕设置描边效果，效果如图4-91所示。

图 4-91　为标题字幕设置描边的效果

第5章
一级调色

本章要点：

一级调色就是调整画面的整体色调、对比度、饱和度及色温，以达到改善图像质量和调整色彩平衡的目的。本章将详细介绍应用达芬奇软件对视频画面进行一级调色的处理技巧。

5.1 使用一级调色工具

一级调色又叫全局调色，调整的是所有流程中重要的东西。在达芬奇“调色”步骤面板的“色轮”面板中，有3个模式面板供用户调色，分别是校色轮、校色条以及Log色轮。除此之外，用户还可以通过动态范围校色轮及示波器进行调色等，下面介绍具体的调色方法。

5.1.1 一级校色轮

扫码看教学视频

【效果展示】：在达芬奇的“色轮”面板中，在“校色轮”选项面板中一共有四个色轮，从左往右分别是暗部、中灰、亮部及偏移。顾名思义，分别用来调整图像画面的阴影部分、中间灰色部分、高光部分及色彩偏移部分。原图与效果图对比如图5-1所示。

图 5-1 原图与效果图对比展示

下面介绍一级校色轮的作用方法。

步骤 01 打开一个项目文件，进入“剪辑”步骤面板，如图5-2所示。

步骤 02 在预览窗口中，可以查看打开的项目，如图5-3所示。

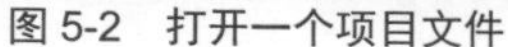

图 5-2 打开一个项目文件

图 5-3 查看打开的项目

步骤 03 切换至“调色”步骤面板，展开“色轮”|“一级-校色轮”面板，将鼠标指针移至“暗部”色轮下方的轮盘上，按住鼠标左键向右拖曳，直至色轮下方的参数值均为0.03，如图5-4所示，即可提升暗部画面的亮度。

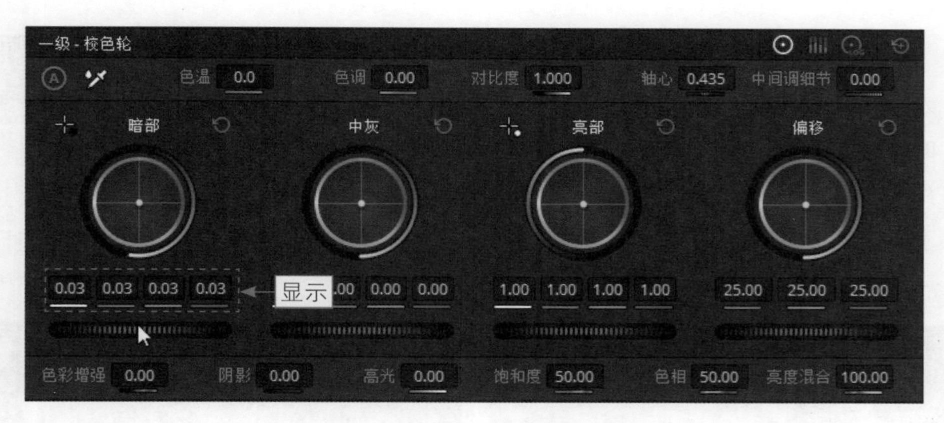

图 5-4　调整“暗部”色轮

步骤 04 将鼠标指针移至“中灰”色轮下方的轮盘上，按住鼠标左键向左拖曳，直至色轮下方的参数值均为-0.06，如图5-5所示，即可降低画面中的灰色部分。

图 5-5　调整“中灰”色轮

步骤 05 将鼠标指针移至“亮部”色轮下方的轮盘上，按住鼠标左键向右拖曳，直至色轮下方的参数值均为1.06，设置“饱和度”参数值为100.00，如图5-6所示。执行操作后，即可调整画面的整体色调，并可在预览窗口中查看效果。

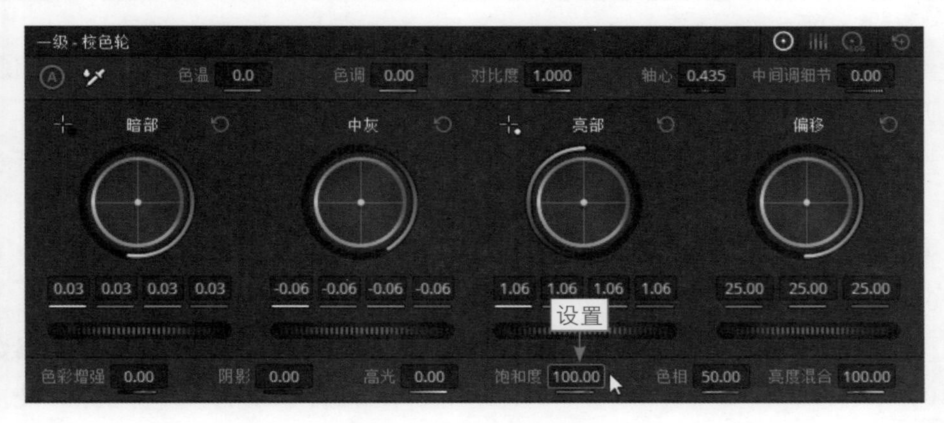

图 5-6　设置“饱和度”参数

5.1.2 一级校色条

扫码看教学视频

【效果展示】：在达芬奇软件“色轮”面板的“校色条”选项面板中，一共有四组色条，其作用与“校色轮”选项面板中色轮的作用是一样的，并且与色轮是联动关系。当用户调整色轮中的参数时，色条参数也会随之改变；反过来也是一样的，当用户调整色条参数时，色轮下方的参数也会随之改变。原图与效果图对比如图5-7所示。

图 5-7 原图与效果图对比展示

下面介绍一级校色条的使用方法。

步骤 01 打开一个项目文件，进入达芬奇的“剪辑”步骤面板，如图5-8所示。

步骤 02 在预览窗口中，可以查看打开的项目，如图5-9所示，需要将画面中的暗部调亮，并使画面偏绿色调。

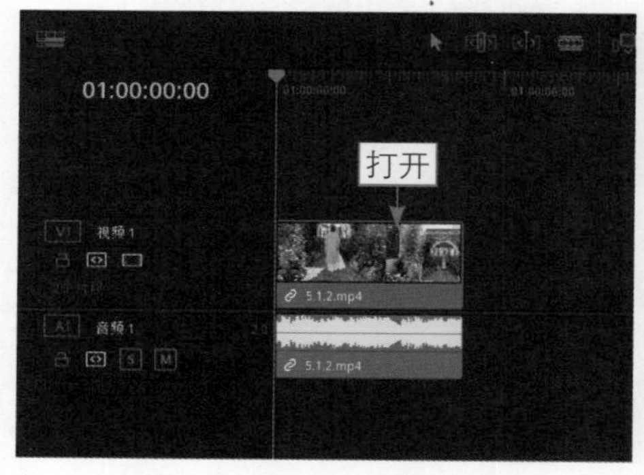

图 5-8 打开一个项目文件

图 5-9 查看打开的项目

步骤 03 切换至“调色”步骤面板，在“色轮”面板中，单击“校色条”按钮，如图5-10所示。

步骤 04 将鼠标指针移至“暗部”色条中的通道上，按住鼠标左键拖曳，直至参数值分别为-0.08、-0.10、-0.09、-0.06，如图5-11所示，即可降低暗部画面的亮度。

步骤 05 将鼠标指针移至“中灰”色条中的通道上，按住鼠标左键拖曳，直至参数值分别为0.07、-0.00、0.00、-0.01，如图5-12所示，即可使中灰部分的亮度整体偏高。

步骤 06 将鼠标指针移至“亮部”色条中的通道上，按住鼠标左键拖曳，直至参数值分别为1.10、1.30、1.19、1.20，如图5-13所示，即可提升画面亮部的亮度，在预览窗口中可以查看最终效果。

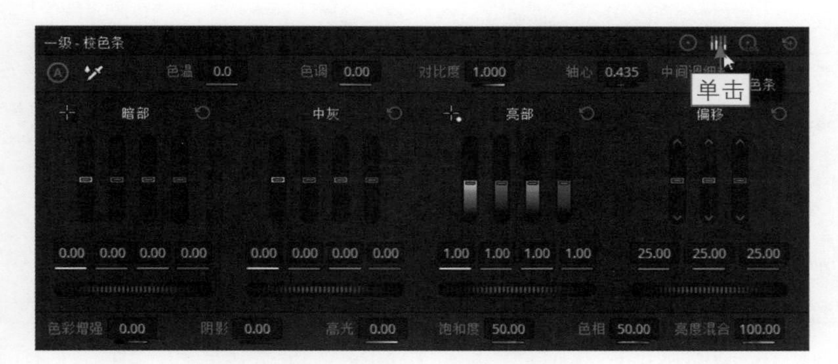

图 5-10　单击“校色条”按钮

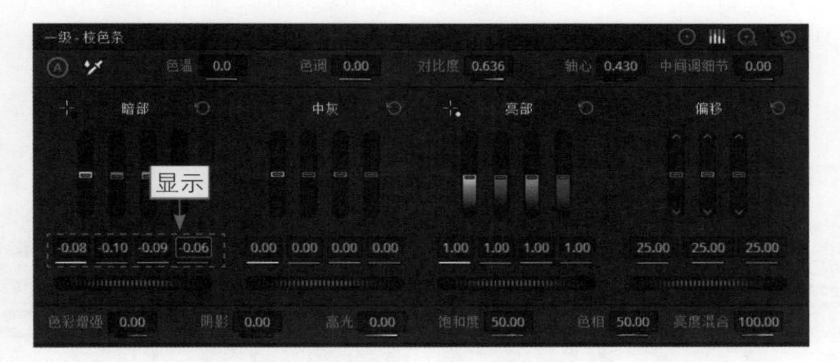

图 5-11　调整“暗部”色条参数

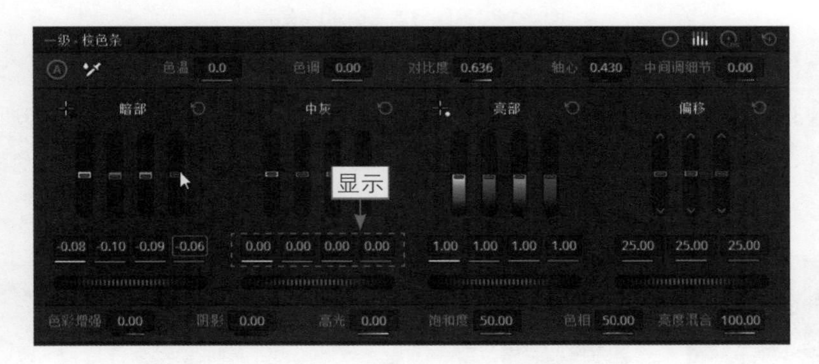

图 5-12　调整“中灰”色条参数

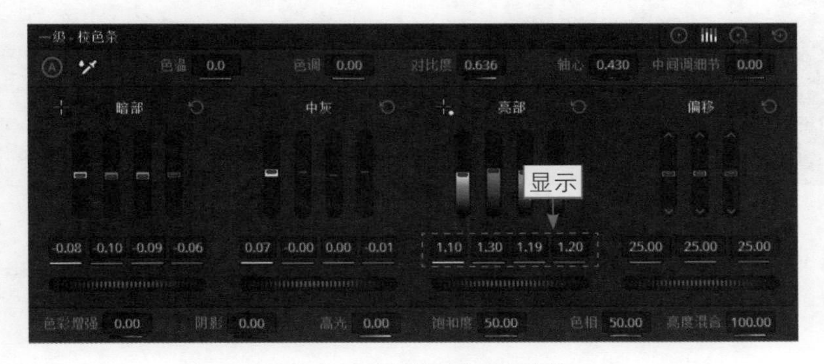

图 5-13　调整“亮部”色条参数

★ 专家指点 ★

用户在调整参数时，如需恢复数据重新调整，可以单击每组色条（或色轮）右上角的重置按钮，快速恢复素材的原始参数。

5.1.3 Log调色

扫码看教学视频

【效果展示】：利用Log色轮可以保留图像画面中暗部和亮部的细节，为用户后期调色提供了很大的空间。在达芬奇“色轮”面板的“Log色轮”选项面板中，一共有4个色轮，分别是阴影、中间调、高光及偏移，用户在应用Log色轮调色时，可以展开示波器面板查看图像的波形状况，配合示波器对图像素材进行调色处理，原图与效果图对比如图5-14所示。

图 5-14 原图与效果图对比展示

下面介绍Log调色的方法。

步骤 01 打开一个项目文件，进入达芬奇的“剪辑”步骤面板，如图5-15所示。

步骤 02 在预览窗口中，可以查看打开的项目，如图5-16所示，可以发现画面整体偏灰。

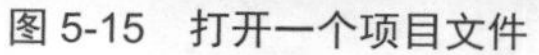

图 5-15 打开一个项目文件

图 5-16 查看打开的项目

步骤 03 切换至“调色”步骤面板，在“色轮”面板中，单击“Log色轮”按钮，如图5-17所示。

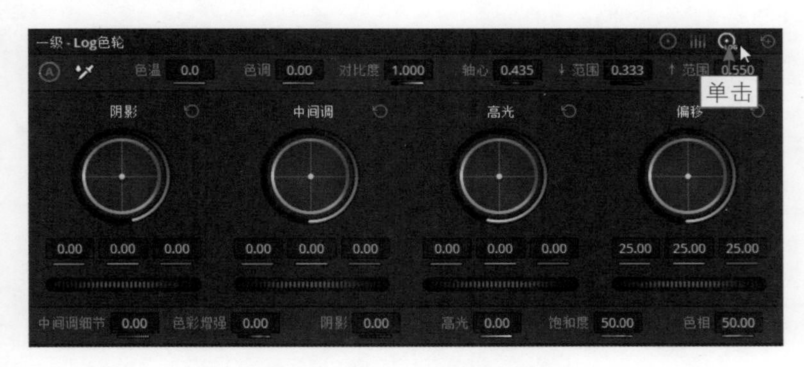

图 5-17　单击“Log 色轮”按钮

步骤04 切换至“一级-Log色轮”选项面板，首先降低素材阴影部分的亮度，将鼠标指针移至“阴影”色轮下方的轮盘上，按住鼠标左键向左拖曳，直至色轮下方的参数值均显示为-0.49，如图5-18所示。

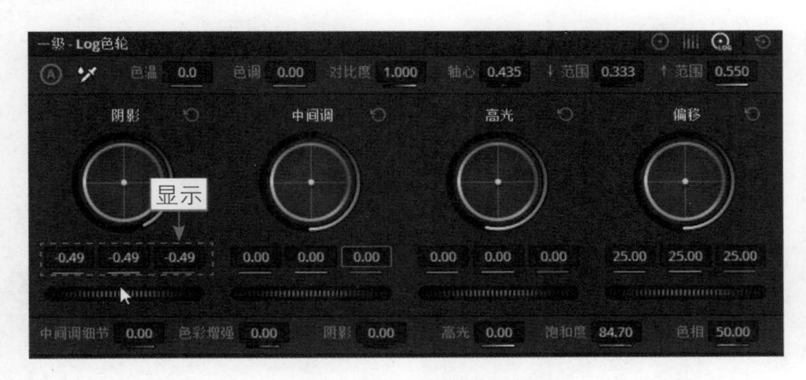

图 5-18　调整“阴影”参数

步骤05 按住“中间调”色轮下方的轮盘向右拖曳，直至参数值均为0.13，如图5-19所示，即可提亮画面中的橙色。

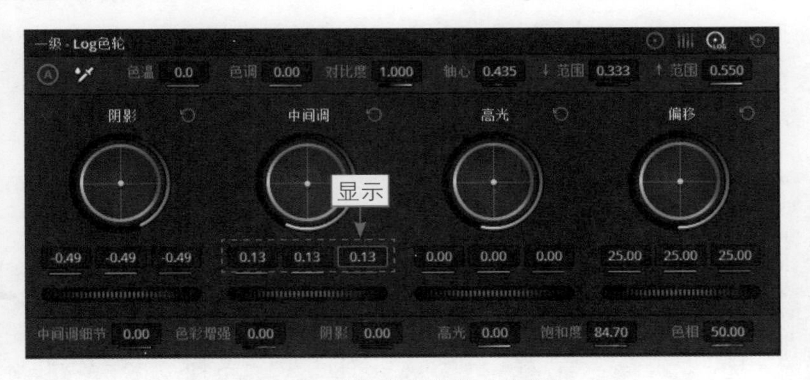

图 5-19　调整“中间调”色轮参数

步骤06 执行操作后，单击“高光”色轮中间的圆圈，并向上拖曳，直至参数值分别为0.10、0.04、0.04，设置“饱和度”参数值为84.70，如图5-20所示，即可调整画面的整体色调。在预览窗口中，可以查看最终效果。

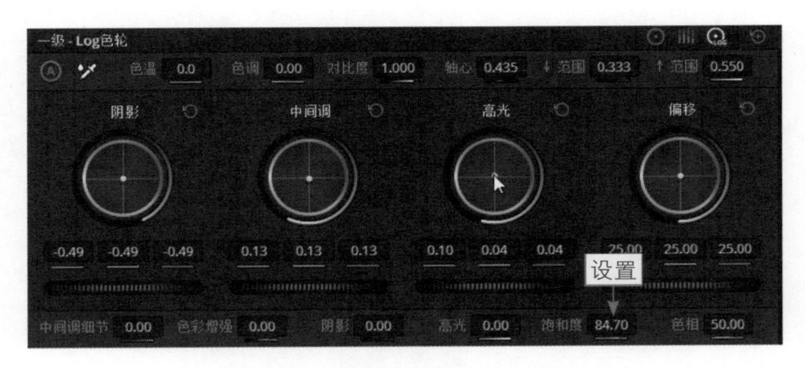

图 5-20　设置“饱和度”色轮参数

5.1.4　动态范围校色轮

扫码看教学视频

【效果展示】：在达芬奇的一级校色轮面板，对“亮部”调整的分界不是非常明确，而在HDR面板中，“亮部”范围分得更加精细。动态范围校色原图与效果图对比如图5-21所示。

图 5-21　原图与效果图对比展示

下面介绍动态范围校色轮的使用方法。

步骤 01 打开一个项目文件，进入达芬奇的“剪辑”步骤面板，如图5-22所示。

步骤 02 在预览窗口中，可以查看打开的项目，如图5-23所示，需要将画面中的暗部调亮，并使画面偏蓝色调。

图 5-22　打开一个项目文件

图 5-23　查看打开的项目

步骤 03 切换至“调色”步骤面板，在“HDR调色”面板中，单击“高动态范围-校色轮”按钮，如图5-24所示。

图 5-24　单击“高动态范围 - 校色轮”按钮

步骤 04 在面板上方，单击第5个圆圈，在Highlight下方的色轮上，向下拖曳色轮左边的白色圆点，直至参数值为0.56，如图5-25所示，此时即可扩大范围。如果向上拖曳白色的圆点就缩小范围（如果双击白色圆点就可以恢复默认值）。

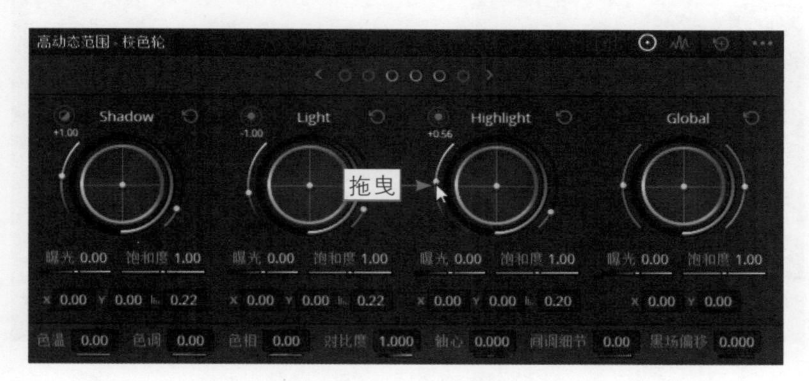

图 5-25　拖曳相应的色轮（1）

步骤 05 在Highlight下方的色轮上，向上拖曳色轮左边的白色圆点，直至参数值为0.11，如图5-26所示，即可使画面效果更柔和。

图 5-26　拖曳相应的色轮（2）

步骤06 在Highlight色轮下方，设置“曝光”参数值为-0.12，如图5-27所示，即可降低画面的曝光度。

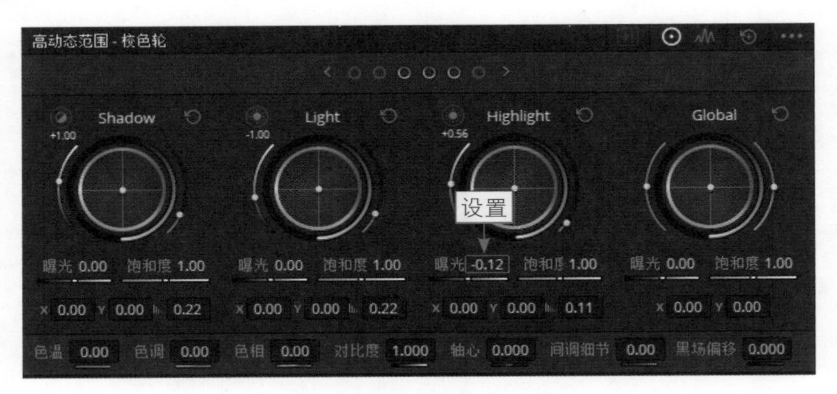

图 5-27 设置“曝光”参数

步骤07 在Highlight色轮下方，设置“饱和度”参数值为1.09，如图5-28所示，即可提高画面的色彩饱和度。

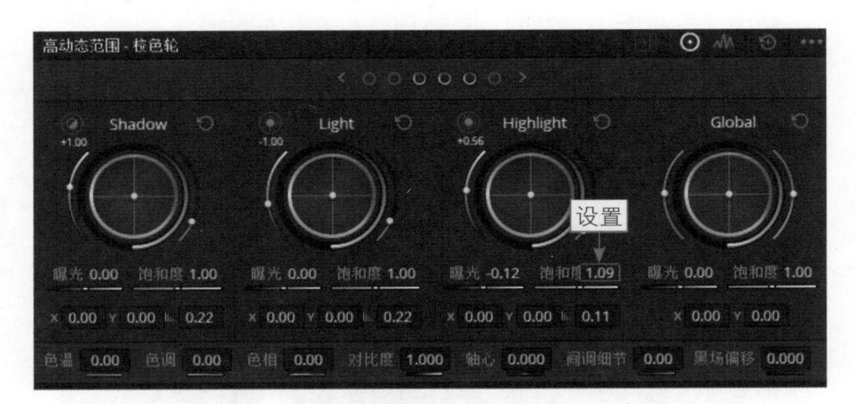

图 5-28 设置“饱和度”参数

步骤08 在Global下方的色轮上，向下拖曳色轮左边白色的圆点，直至“色温”参数值为-1484.3，如图5-29所示，即可使画面偏蓝。

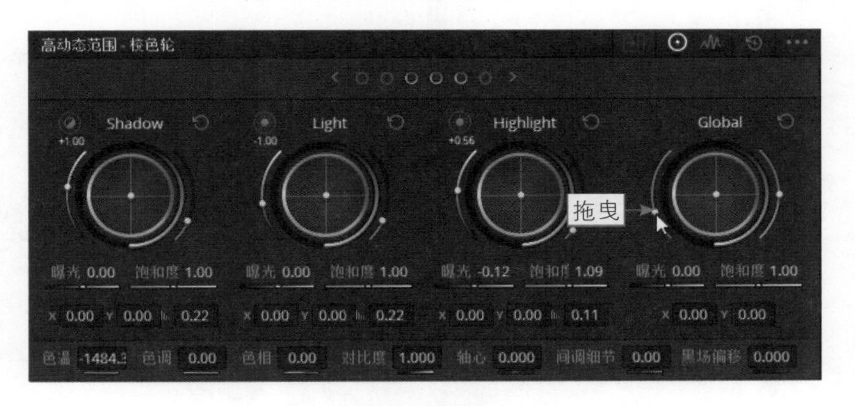

图 5-29 拖曳相应的色轮（3）

★ 专家指点 ★

Global是指调整画面整体的颜色偏向，右侧环块指的色温，而左侧环块指的色调。

步骤 09 在Global下方的色轮上，向下拖曳色轮左边白色的圆点，直至“色调”参数显示为-17.45，如图5-30所示，即可使画面的整体色调偏蓝。在预览窗口中，可以查看动态范围校色轮效果。

图 5-30　拖曳相应的色轮（4）

5.1.5　示波器调色

扫码看教学视频

【效果展示】：波形图示波器主要用于检测视频信号的幅度和单位时间内的所有脉冲扫描图形，让用户看到当前画面亮度信号的分布情况，用来分析画面的明暗和曝光情况。

波形图示波器的横坐标表示当前帧的水平位置，纵坐标在NTSC制式下表示图像每一列的色彩密度，单位是IRE；在PAL制式下，则表示视频信号的电压值。在NTSC制式下，以消隐电平0.5V为0IRE，将0.5～1V进行10等分，每一等份定义为10IRE，效果如图5-31所示。

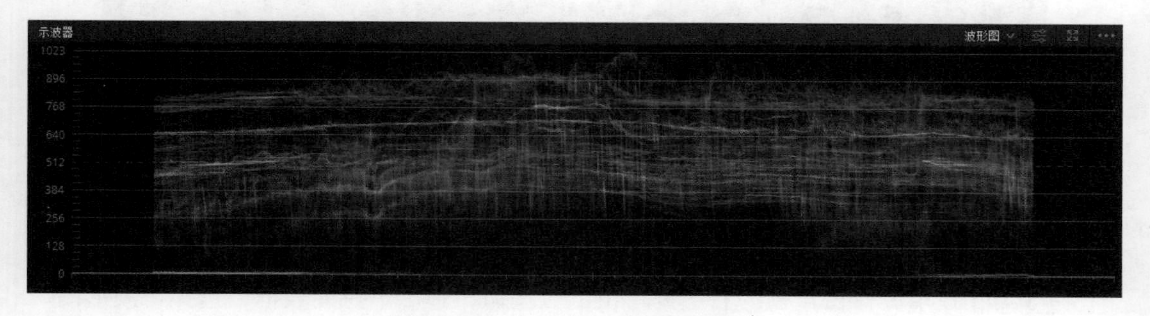

图 5-31　认识波形图示波器效果展示

下面介绍示波器调色的操作方法。

步骤 01 打开一个项目文件，在预览窗口中，可以查看打开的项目，如图5-32所示。

图 5-32　查看打开的项目

步骤 02 在步骤面板中，单击“调色”按钮，如图5-33所示。

步骤 03 在工具栏中，单击“示波器”按钮，如图5-34所示。

图 5-33　单击“调色”按钮

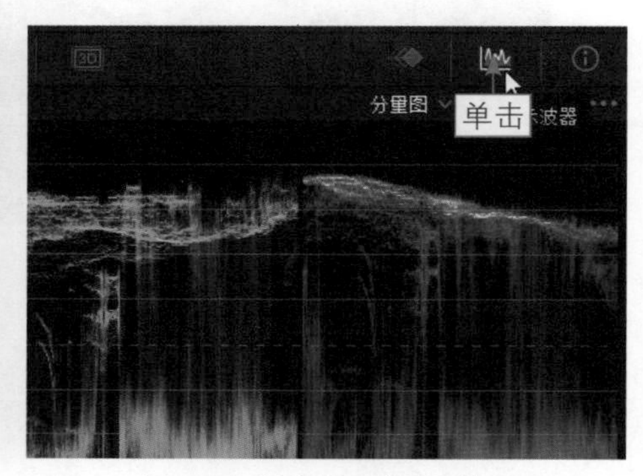

图 5-34　单击“示波器”按钮

步骤 04 执行操作后，即可切换至“示波器”显示面板，如图5-35所示。

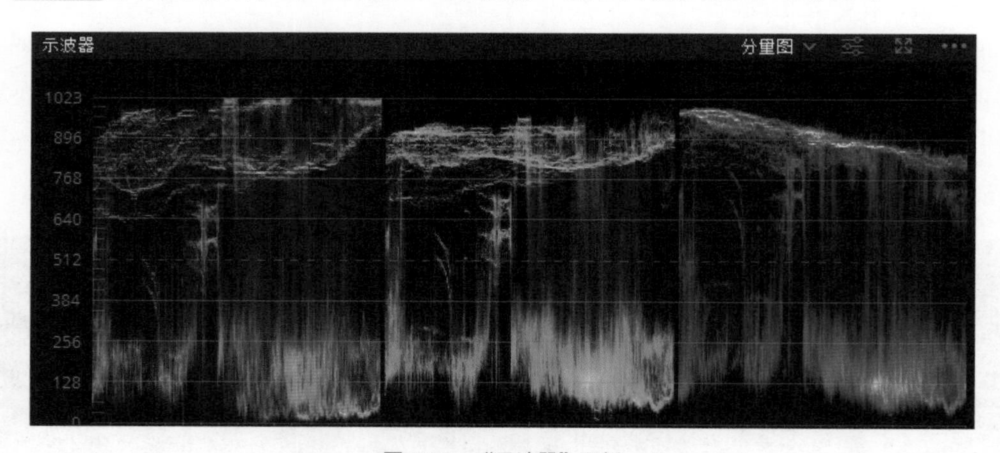

图 5-35　“示波器”面板

步骤 05 在示波器窗口栏的右上角单击下拉按钮，弹出下拉列表框，选择“波形图”选项，如图5-36所示。

步骤 06 执行上述操作后，即可在面板下方查看和检测视频画面的颜色分布情况，如图5-37所示。

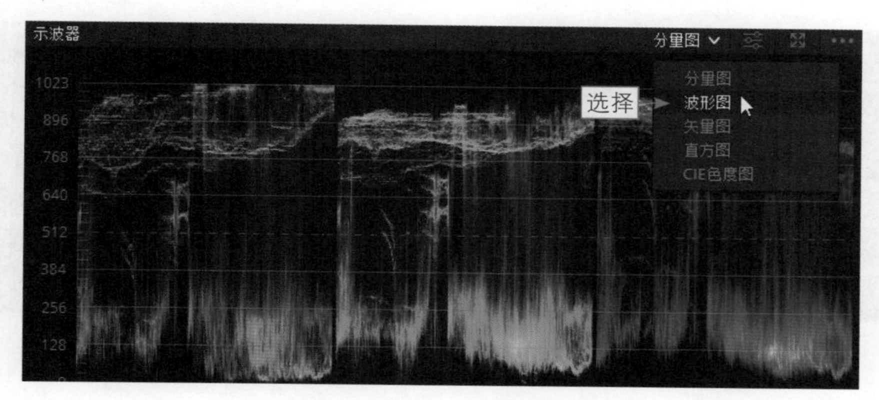

图 5-36　选择“波形图”选项

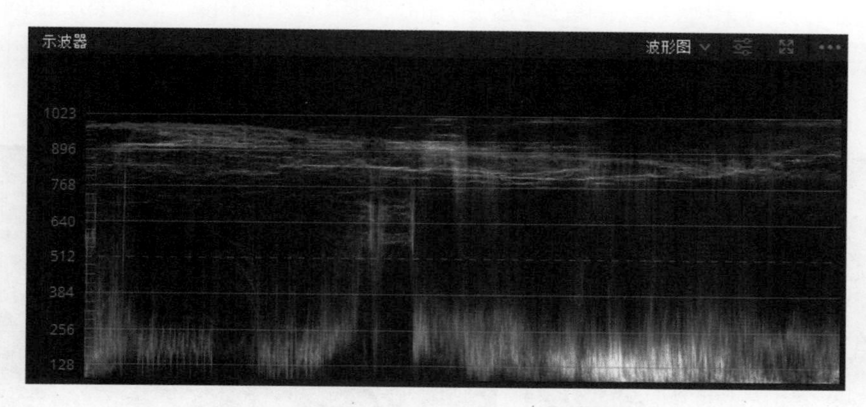

图 5-37　查看和检测视频画面的颜色分布情况

5.2 RGB混合调色

在“调色”步骤面板中，RGB混合器非常实用。在RGB混合器中，有红色输出、绿色输出及蓝色输出3组颜色通道，每组颜色通道都有3个滑块控制条，可以帮助用户针对图像画面中的某一种颜色进行准确调节时不影响画面中的其他颜色。RGB混合器还具有为黑白单色图像调整RGB比例参数的功能，并且在默认状态下，会自动开启“保留亮度”功能，保持颜色通道调节时亮度值不变，为用户后期调色提供了很大的创作空间。

5.2.1　红色输出

扫码看教学视频

【效果展示】：在RGB混合器中，红色输出颜色通道的5个滑块控制条的默认比例为1：0：0，当增加红色滑块控制条的参数值时，面板中绿色和蓝色滑块控制条的参数并不会发生变化，但用户可以在示波器中看到绿色和蓝色的波形等比例混合下降。原图与效果图对比如图5-38所示。

图 5-38　原图与效果图对比展示

下面介绍红色输出的在操作方法。

步骤 01 打开一个项目文件，进入达芬奇的“剪辑”步骤面板，如图5-39所示。

步骤 02 在预览窗口中，可以查看打开的项目，如图5-40所示，需要加重图像中的红色色调。

图 5-39　打开一个项目文件

图 5-40　查看打开的项目

步骤 03 切换至“调色”步骤面板，在示波器中查看图像的波形状况，如图5-41所示，可以看到红色、绿色及蓝色波形。

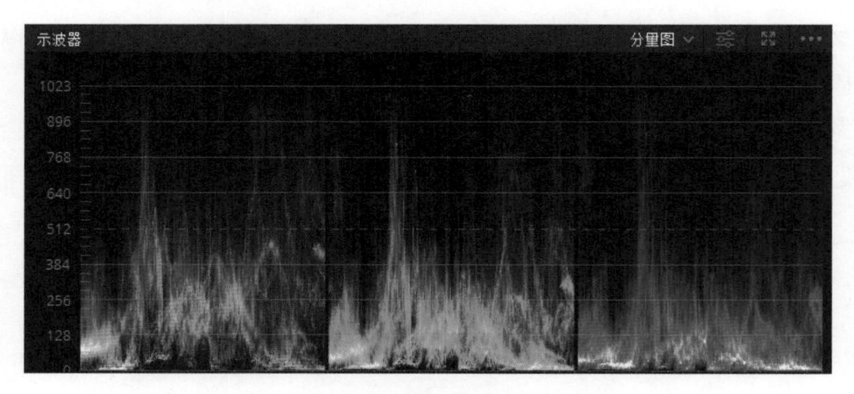

图 5-41　查看图像波形状况

步骤 04 在时间线面板下方，单击“RGB混合器”按钮，切换至“RGB混合器”面板，如图5-42所示。

图 5-42　单击“RGB 混合器”按钮

步骤 05 将鼠标指针移至“红色输出”颜色通道红色控制条的滑块上，按住鼠标左键并向上拖曳直至参数值为1.46，如图5-43所示，即可提升整体画面的红色。

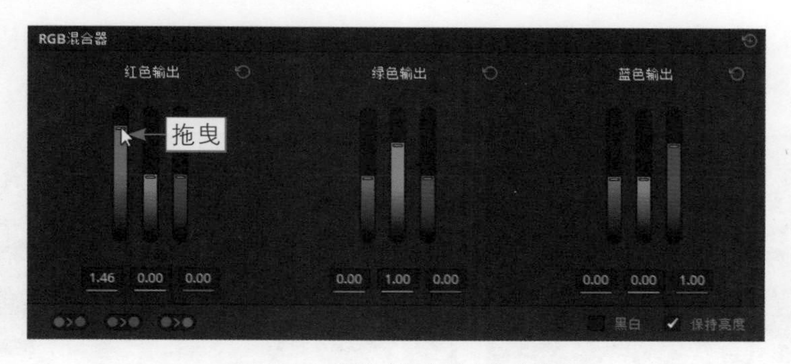

图 5-43　设置“红色输出”参数

步骤 06 在示波器中，可以看到红色波形波峰上升后，绿色和蓝色波形波峰基本持平，如图5-44所示。在预览窗口中，可以查看制作的视频效果。

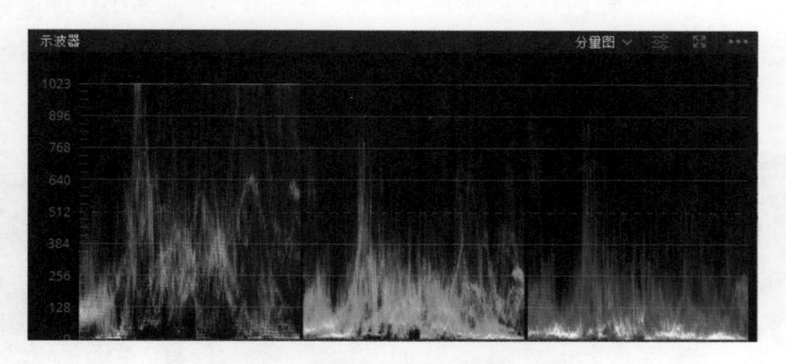

图 5-44　查看调整后显示的波形状况

5.2.2　绿色输出

【效果展示】：在RGB混合器中，绿色输出颜色通道的5个滑块控制条的默认比例为0：1：0，当图像中的绿色成分过多或需要在画面中增加绿色时，便可以通过RGB混合器中的绿色输出通道调节画面的色彩。原图与效果

图对比如图5-45所示。

图 5-45　原图与效果图对比展示

下面介绍绿色输出的操作方法。

步骤 01 打开一个项目文件，进入达芬奇的“剪辑”步骤面板，如图5-46所示。

步骤 02 在预览窗口中，可以查看打开的项目，如图5-47所示，画面中绿色的成分过少，需要增加绿色输出。

图 5-46　打开一个项目文件

图 5-47　查看打开的项目

步骤 03 切换至“调色”步骤面板，在示波器面板中查看图像的波形状况，如图5-48所示。

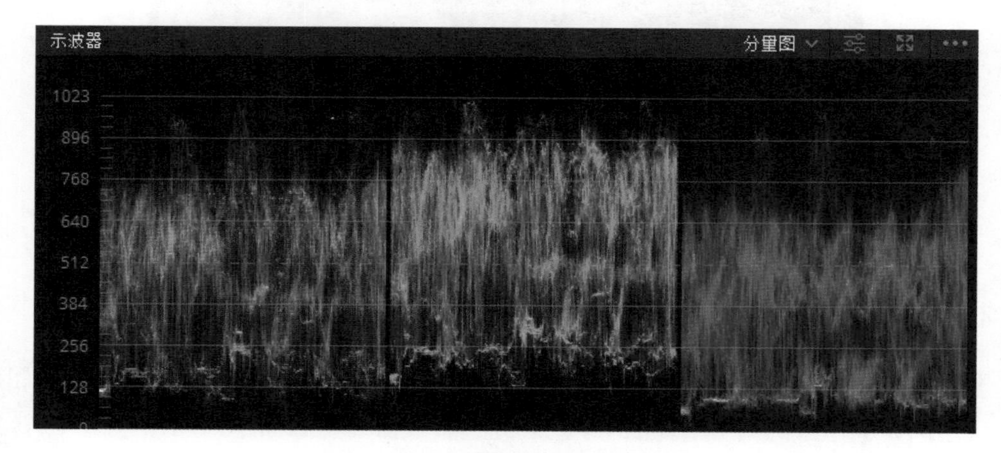

图 5-48　查看图像的波形状况

步骤04 切换至“RGB混合器”面板，将鼠标指针移至“绿色输出”颜色通道绿色控制条的滑块上，按住鼠标左键向上拖曳，直至参数显示为1.08，如图5-49所示，即可增加画面中的绿色。

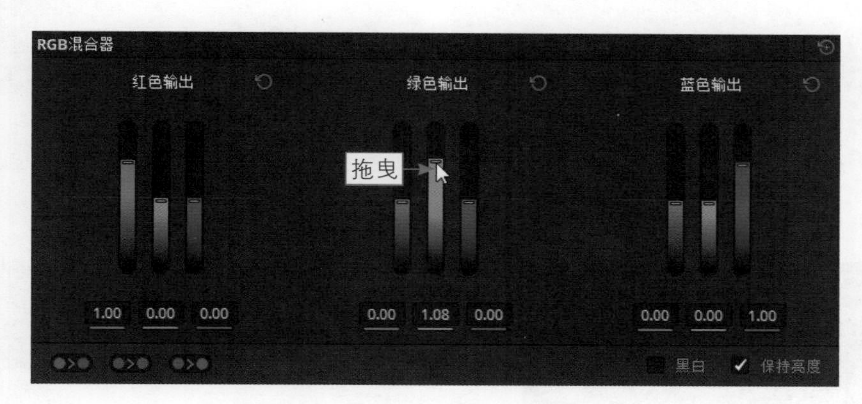

图 5-49　设置“绿色输出”参数

步骤05 执行操作后，在示波器中，可以看到在增加绿色后，红色和蓝色波明显降低，如图5-50所示。在预览窗口中，查看调整后的效果。

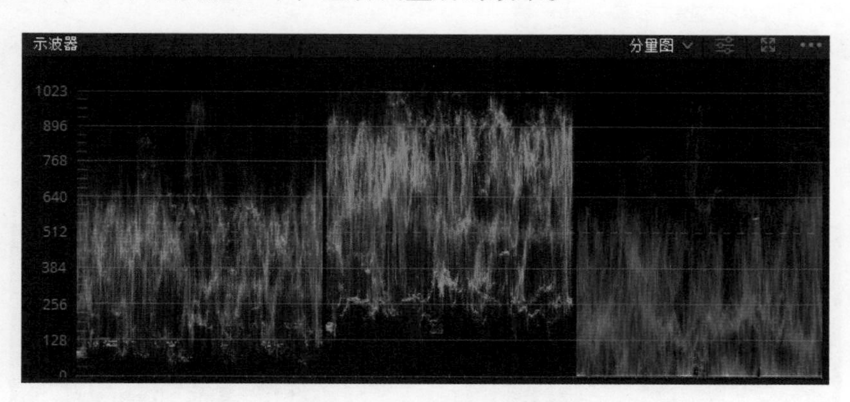

图 5-50　示波器中的波形状况

5.2.3　蓝色输出

扫码看教学视频

【效果展示】：在RGB混合器中，蓝色输出颜色通道的5个滑块控制条的默认比例为0：0：1。红、绿、蓝三色，不同的搭配可以调配出多种自然色彩。例如，红绿搭配会变成黄色，若想降低黄色的浓度，可以适当提高蓝色的比例。原图与效果图对比如图5-51所示。

下面介绍蓝色输出的操作方法。

步骤01 打开一个项目文件，进入达芬奇的“剪辑”步骤面板，如图5-52所示。

步骤02 在预览窗口中，可以查看打开的项目，如图5-53所示，此时的画面偏暗，需要提高蓝色输出以平衡画面的色彩。

图 5-51 原图与效果图对比展示

图 5-52 打开一个项目文件

图 5-53 查看打开的项目效果

步骤 03 切换至“调色”步骤面板，在示波器中，查看图像的波形状况，如图5-54所示，可以看到红色波与绿色波基本持平，而蓝色波部分明显比红绿两道波要低。

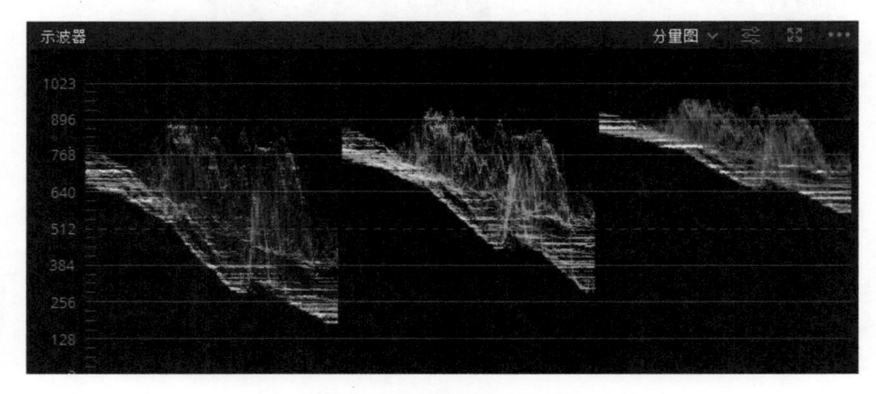

图 5-54 查看图像的波形状况

步骤 04 切换至“RGB混合器”面板，将鼠标指针移至“蓝色输出”颜色通道控制条的滑块上，按住鼠标左键向上拖曳，直至参数值为1.15，如图5-55所示，即可增加画面中的蓝色。

步骤 05 执行操作后，在示波器中可以查看蓝色波形的涨幅状况，如图5-56所示。在预览窗口中，可以查看制作的视频效果。

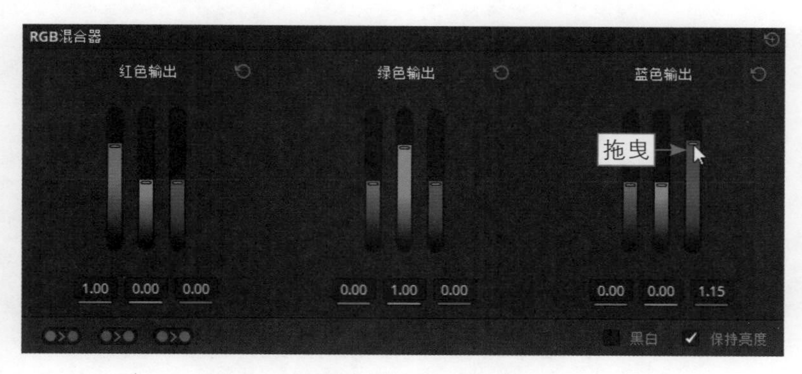

图 5-55　设置“蓝色输出”参数

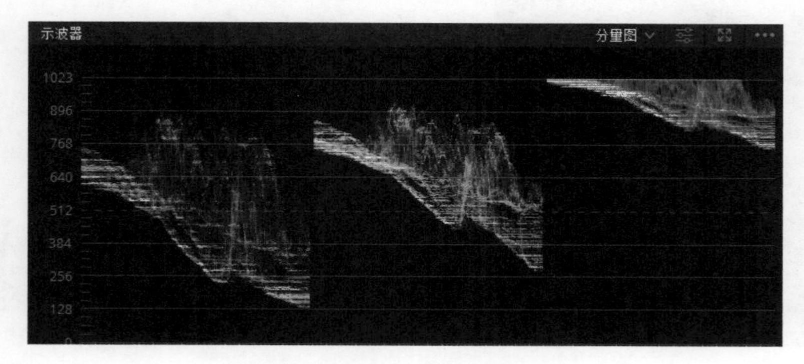

图 5-56　查看蓝色波形的涨幅状况

5.3 一级色彩校正

在视频的制作过程中，由于电视系统能显示的亮度范围要小于计算机显示器的显示范围，一些在电脑屏幕上看起来鲜亮的画面也许在电视机上将出现细节缺失等影响画质的问题，因此专业的制作人员必须根据播出要求来控制画面的色彩。本节主要向读者介绍运用达芬奇对视频画面进行色彩校正的方法。

5.3.1　白平衡效果

扫码看教学视频

【效果展示】：当图像出现色彩不平衡的情况时，有可能是摄影机的白平衡参数设置错误，或者是天气、灯光等因素造成了色偏。在达芬奇中，用户可以根据需要应用“自动平衡”功能，调整图像的色彩平衡。原图与效果图对比如图5-57所示。

下面介绍调整白平衡的方法。

步骤 01 打开一个项目文件，进入达芬奇的“剪辑”步骤面板，如图5-58所示。

步骤 02 在预览窗口中，可以查看打开的项目，如图5-59所示，画面的整体色调偏暗。

图 5-57　原图与效果图对比展示

图 5-58　打开一个项目文件

图 5-59　查看打开的项目

步骤 03 切换至“调色”步骤面板，打开“色轮”面板，在面板下方单击“自动平衡”按钮Ⓐ，设置“饱和度”参数值为74.40，如图5-60所示，即可调整图像色彩平衡。在预览窗口中，可以查看调整后的图像效果。

图 5-60　设置“饱和度”参数

5.3.2　调整曝光

扫码看教学视频

【效果展示】：当素材画面过暗或者太亮时，用户可以在达芬奇中，通过调节“亮度”参数调整素材的曝光。原图与效果图对比如图5-61所示。

图 5-61　原图与效果图对比展示

下面介绍调整曝光的操作方法。

步骤 01 打开一个项目文件，进入达芬奇的“剪辑”步骤面板，如图5-62所示。

步骤 02 在预览窗口中，可以查看打开的项目效果，如图5-63所示，此时整体画面有点偏灰白。

图 5-62　打开一个项目文件

图 5-63　查看打开的项目

步骤 03 切换至“调色”步骤面板，在左上角单击LUT按钮 LUT，展开LUT滤镜面板，如图5-64所示。

步骤 04 在下方的选项面板中，选择Sony选项，展开相应的选项卡，在其中选择相应的滤镜样式，如图5-65所示。

步骤 05 按住鼠标左键将滤镜拖曳至预览窗口的图像画面上，释放鼠标左键，即可将选择的滤镜样式添加至视频素材上，如图5-66所示。

步骤 06 执行操作后，即可在预览窗口中查看色彩校正后的效果，如图5-67所示，此时画面还是有着明显的过曝现象。

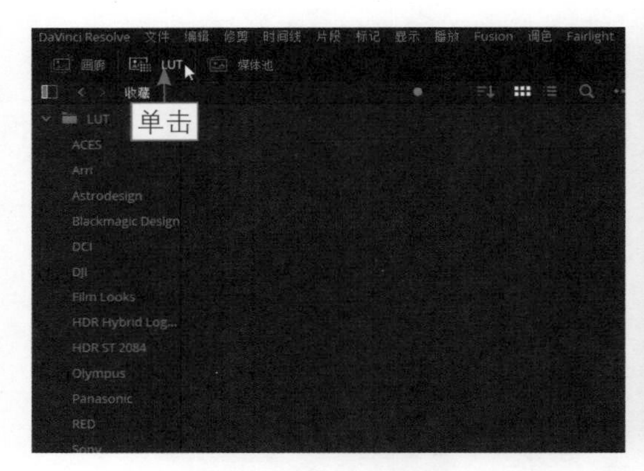

图 5-64　单击 LUT 按钮

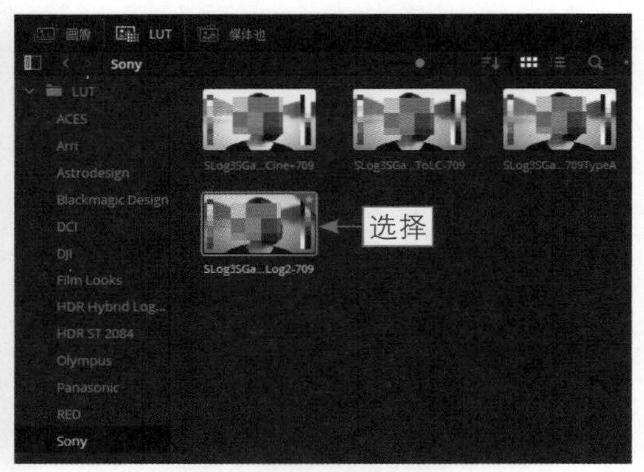

图 5-65　选择相应的滤镜样式

图 5-66　拖曳滤镜样式

图 5-67　查看色彩校正后的效果

步骤 07 在时间线下方，单击“色轮”按钮，展开“色轮”面板，如图5-68所示。

步骤 08 按住“亮部”下方的色轮盘向左拖曳，直至参数值均为0.84，如图5-69所示，即可降低亮度值，调整画面曝光，在预览窗口可以查看最终效果。

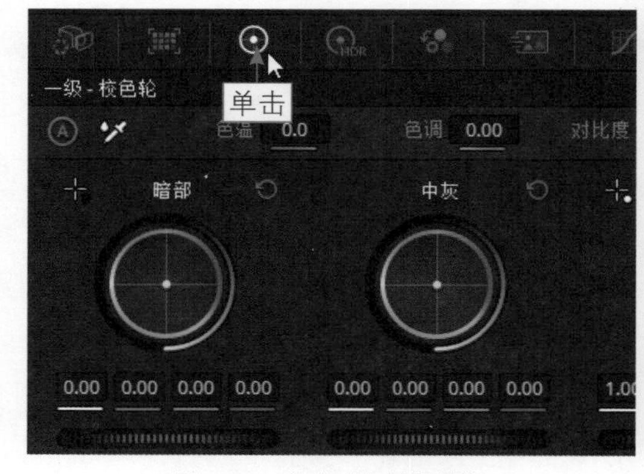

图 5-68　单击“色轮”按钮

图 5-69　调整“亮部”各参数的值

5.3.3　镜头匹配

扫码看教学视频

【效果展示】：达芬奇拥有镜头自动匹配功能，可以对两个片段进行色调分析，自动匹配效果较好的视频片段。镜头匹配是每一个调色师必学的基础课，也是一个调色师经常会遇到的难题。对一个单独的视频镜头调色可能还算容易，但要对整个视频色调进行统一调色就相对较难了，这时就会用到镜头匹配功能进行辅助调色。原图与效果图对比如图5-70所示。

图 5-70　原图与效果图对比展示

下面介绍镜头匹配的操作方法。

步骤01 打开一个项目文件，进入达芬奇的“剪辑”步骤面板，如图5-71所示。

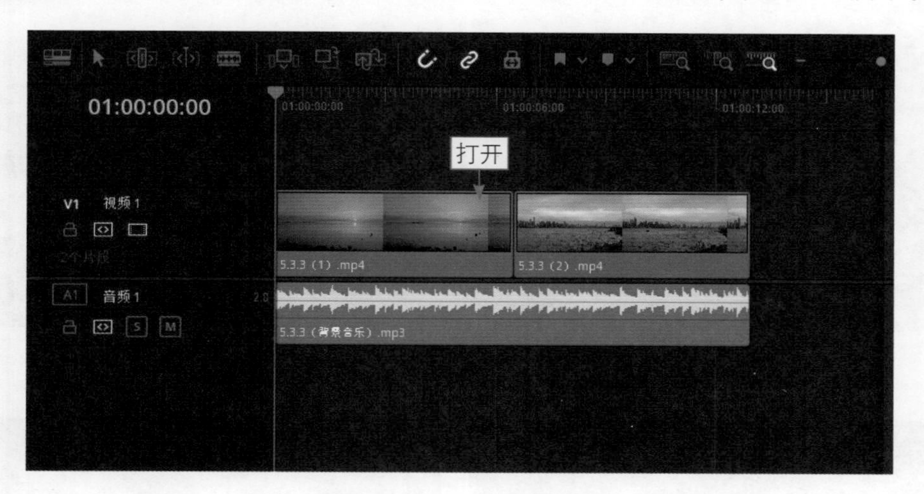

图 5-71　打开一个项目文件

步骤02 在预览窗口中，可以查看打开的项目，如图5-72所示，第1个视频素材的画面色彩已经调整完成，可以将其作为要匹配的目标片段。

步骤03 切换至“调色”步骤面板，在“片段”面板中，选择需要进行镜头匹配的第2个视频片段，如图5-73所示。

步骤04 在第1个视频片段上单击鼠标右键，弹出快捷菜单，选择“与此片段进行镜头匹配”命令，如图5-74所示。

图 5-72　查看打开的项目

图 5-73　选择第 2 个视频片段

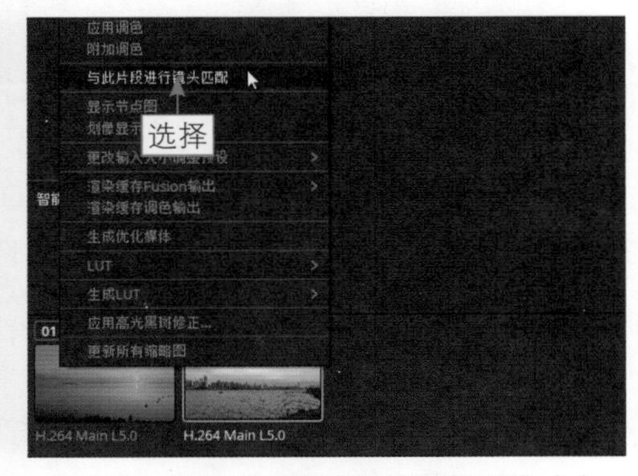

图 5-74　选择“与此片段进行镜头匹配”命令

步骤 05 执行操作后，即可在预览窗口中预览第2个视频片段进行镜头匹配后的画面效果。如图5-75所示，此时画面饱和度偏高，可以适当降低饱和度。

步骤 06 展开“色轮”面板，在面板的下方设置“饱和度”参数值为40.80，如图5-76所示，即可降低一点画面的整体色调。在预览窗口中，即可查看最终效果。

图 5-75　预览第 2 个视频片段

图 5-76　设置“饱和度”参数

5.3.4　空域降噪

扫码看教学视频

【效果展示】：空域降噪主要是对画面空间进行降噪分析，不同于时域降噪会根据时间对一整段素材画面进行统一处理，空域降噪只对当前画面进行降噪，当下一帧画面播放时，再对下一帧进行降噪。原图与效果图对比如图5-77所示。

图 5-77　原图与效果对比展示

下面介绍空域降噪的操作方法。

步骤 01 打开一个项目文件，进入达芬奇的“剪辑”步骤面板，如图5-78所示。

步骤 02 在预览窗口中，可以查看打开的项目，如图5-79所示，可以发现画面中有许多噪点。

步骤 03 切换至“调色”步骤面板，展开“运动特效”面板，在“空域阈值”选项区下方的“亮度”和“色度”数值框中，分别输入参数值100.0，如图5-80所示，即可降低画面噪点。

步骤 04 在预览窗口中，可以预览画面效果，如图5-81所示。

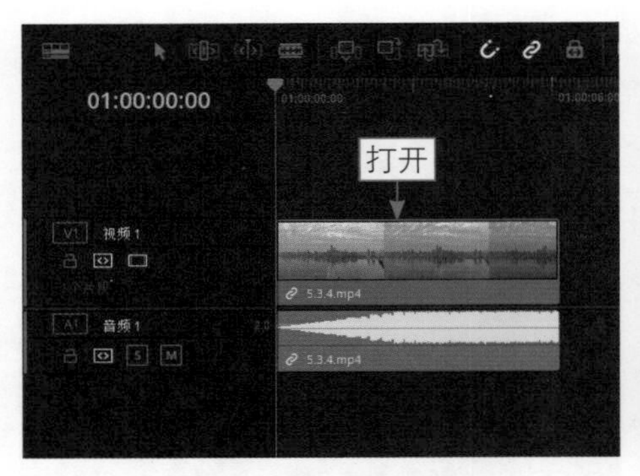

图 5-78　打开一个项目文件

图 5-79　预览画面效果（1）

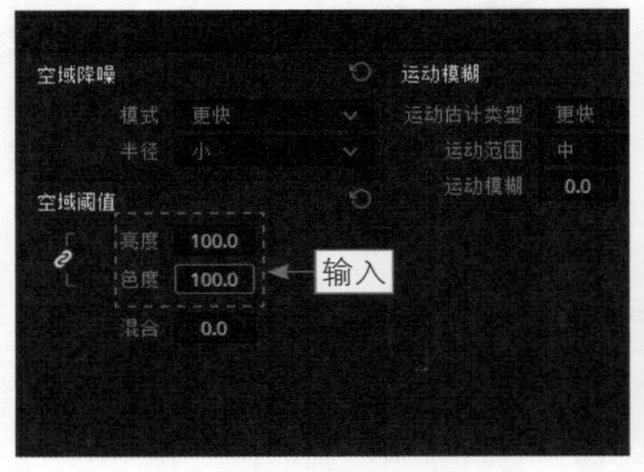

图 5-80　输入参数

图 5-81　预览画面效果（2）

步骤 05 单击“模式”右侧的下拉按钮，弹出下拉列表，选择“更强”选项，如图5-82所示，即可预览使用空域降噪的“更强”模式降噪后的画面效果。

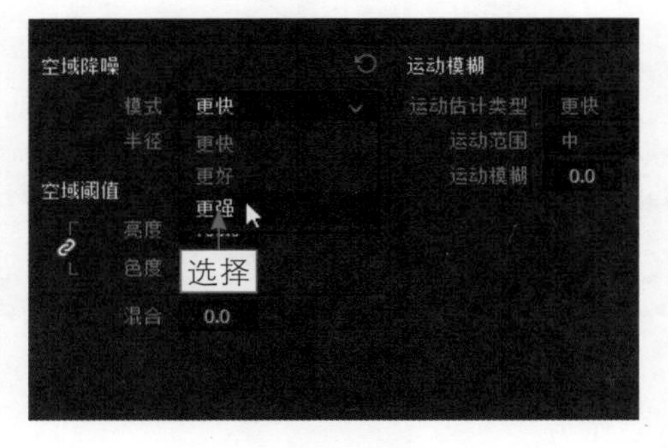

图 5-82　选择“更强”选项

本章小结

本章主要向读者介绍达芬奇软件中一级调色的相关操作。首先介绍使用一级调色工具的方法；然后介绍RGB混合调色的方法，包括红色输出、绿色输出及蓝色输出等内容；最后介绍一级色彩校正的方法。希望大家通过对本章的学习，能够熟练掌握达芬奇软件一级调色的操作，并举一反三、学以致用。

课后习题

鉴于本章知识的重要性，为了帮助大家可以更好地掌握所学知识，本节将通过上机习题，进行简单的知识回顾和补充。

本习题需要掌握在达芬奇中如何使用时域降噪并进行统一处理，效果如图5-83所示。

图 5-83　原图与效果图对比展示

第 6 章

二级调色

本章要点：

二级调色是对画面的限定区域进行细节性的调色，也就是局部调色，比如对视频画面进行个性化、风格化的调色。本章主要介绍对素材图像的局部画面进行二级调色的具体步骤，相对于一级调色，二级调色更注重画面的细节处理。

6.1 使用曲线调色

在DaVinci Resolve 18的“曲线”面板中共有7个调色模式，如图6-1所示。其中，“曲线-自定义”模式是在图像色调的基础上进行调节的，而另外6种曲线调色模式则主要通过“曲线-色相 对 色相”“曲线-色相 对 饱和度”“曲线-色相 对 亮度”以及亮度4种元素来对图像色调进行调节的。下面介绍应用曲线功能调色的操作方法。

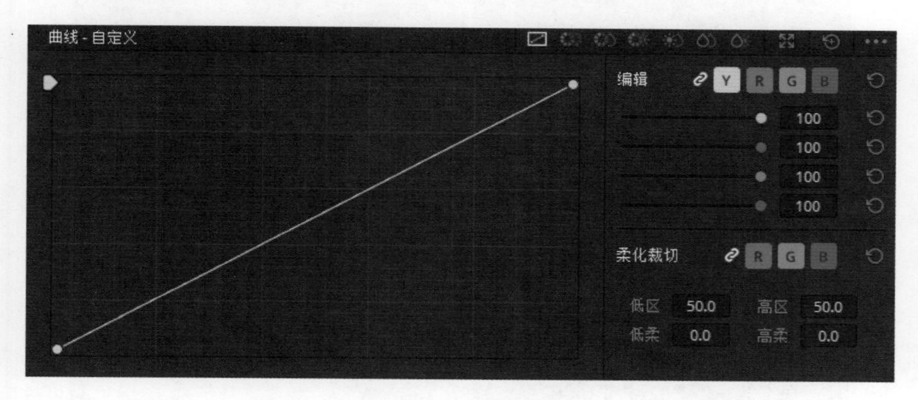

“曲线 - 自定义”模式面板

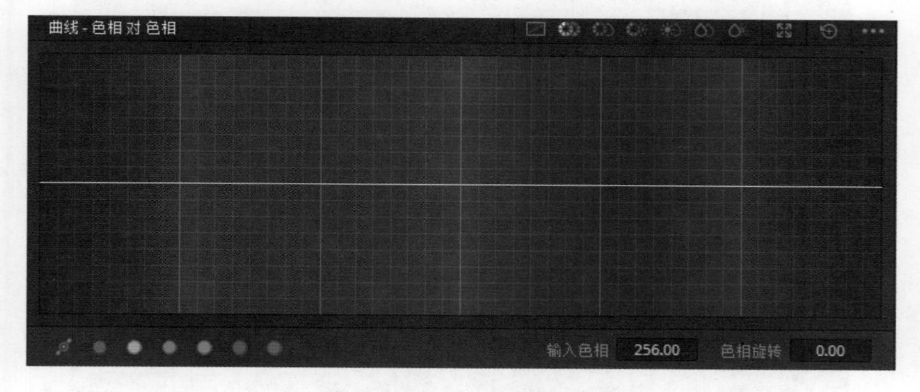

“曲线 - 色相 对 色相”模式面板

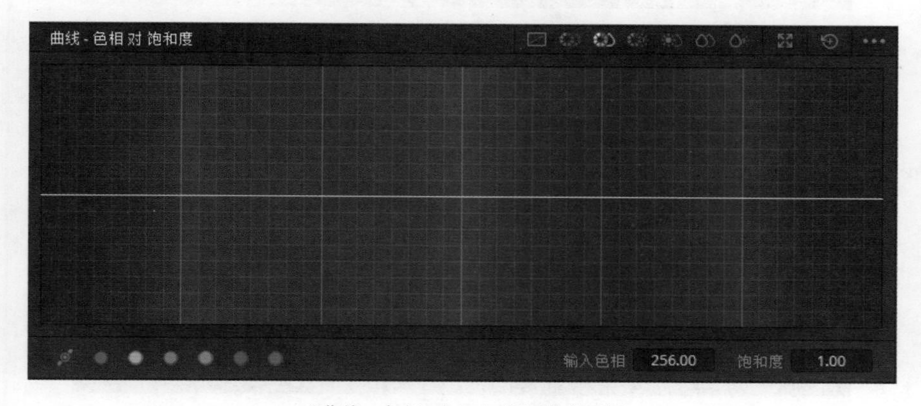

“曲线 - 色相 对 饱和度”模式面板

图 6-1

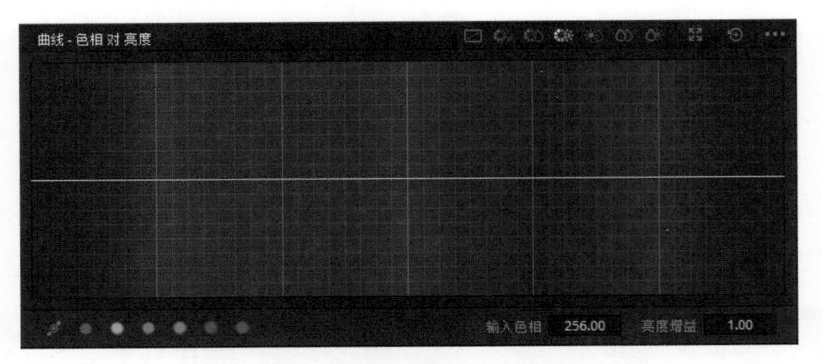

“曲线 - 色相 对 亮度”模式面板

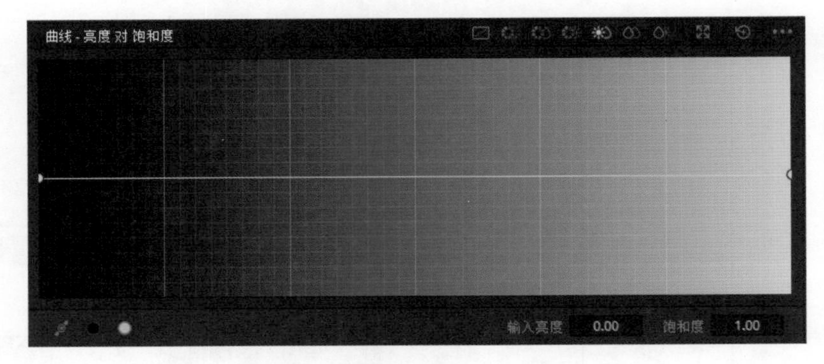

“曲线 - 亮度 对 饱和度”模式面板

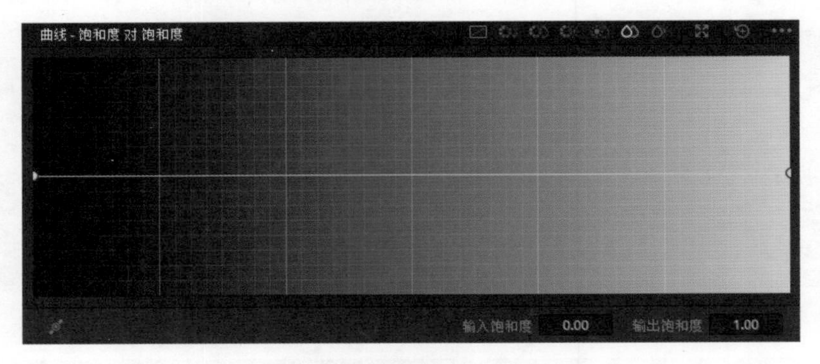

“曲线 - 饱和度 对 饱和度”模式面板

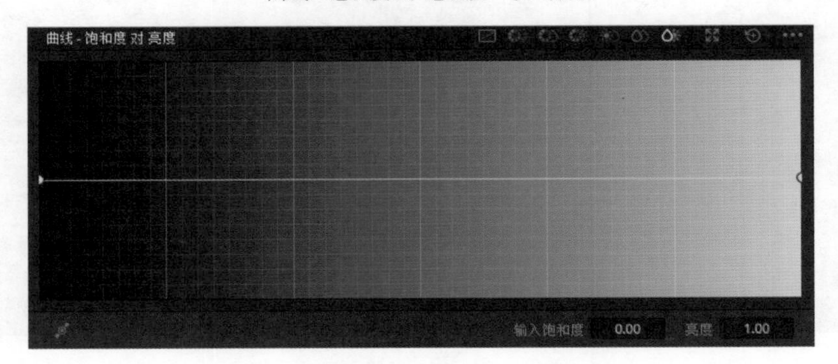

“曲线 - 饱和度 对 亮度”模式面板

图 6-1　7 个模式面板

6.1.1　使用自定义调色

“曲线-自定义”模式面板主要由两个板块组成，即曲线编辑器和曲线参数控制器。

- **曲线编辑器**。横坐标表示图像的明暗程度，最左边为暗（黑色），最右边为明（白色），纵坐标表示色调。编辑器中有一条对角白线，在白线上单击可以添加控制点，以此线为界限，往左上范围拖曳控制点，可以提高图像画面的亮度，往右下范围拖曳控制点，可以降低图像画面的亮度，用户可以理解为左上为明，右下为暗。当用户需要删除控制点时，在控制点上单击鼠标右键即可。
- **曲线参数控制器**。在曲线参数控制器中，有Y、R、G和B这4个颜色按钮，分别对应按钮下方的4个曲线调节通道，用户可以通过左右拖曳Y、R、G、B通道上的圆点滑块调整色彩参数。在面板中有一个联动按钮，默认状态下该按钮是开启的，当用户拖曳任意一个通道上的滑块时，会同时改变其他4个通道的参数，用户只有将联动按钮关闭，才可以在面板中单独选择某一个通道进行调整。在下方的柔化裁切区，用户可以通过输入参数值，或者单击参数文本框后向左拖曳降低数值或向右提高数值，调节RGB柔化程度的高低。

【效果展示】：在“曲线”面板中拖曳控制点，只会影响到与控制点相邻的两个控制点之间的那段曲线，用户通过调节曲线位置，便可以调整图像画面中的色彩浓度和明暗对比度。原图与效果图对比如图6-2所示。

图6-2　原图与效果图对比展示

下面向大家介绍自定义调色的方法。

步骤01 打开一个项目文件，进入达芬奇的“剪辑”步骤面板，如图6-3所示。

步骤02 在预览窗口中，查看打开的项目，需要将画面中的色调调浓，如图6-4所示。

步骤03 切换至“调色”步骤面板，在左上角单击LUT按钮，展开LUT面板，在下方的选项面板中，展开Sony选项卡，选择相应的样式，如图6-5所示。

步骤04 按住鼠标左键将选择的样式拖曳至预览窗口的画面上，释放鼠标左键，即可将选择的样式添加至视频素材上，效果如图6-6所示，可以看到画面有点曝光。

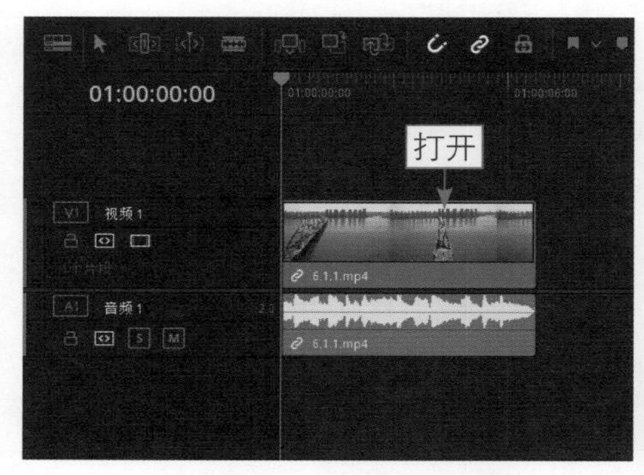

图 6-3　打开一个项目文件

图 6-4　查看打开的项目

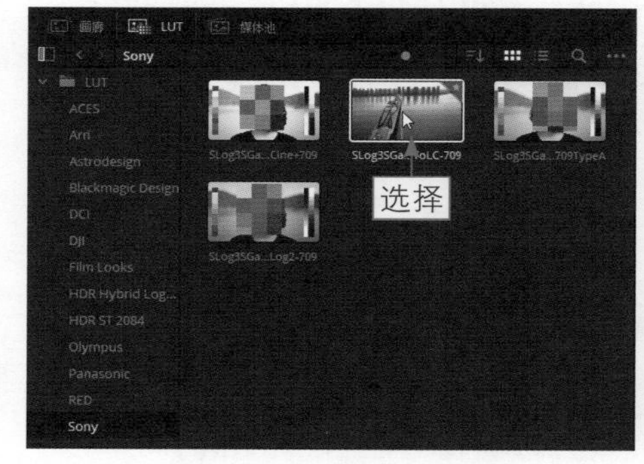

图 6-5　选择相应的样式

图 6-6　色彩校正效果

步骤 05 展开“曲线”面板，在“曲线-自定义”模式面板的曲线编辑器中，按住控制点将其拖曳至合适的位置后释放鼠标左键，如图6-7所示，即可降低画面曝光。

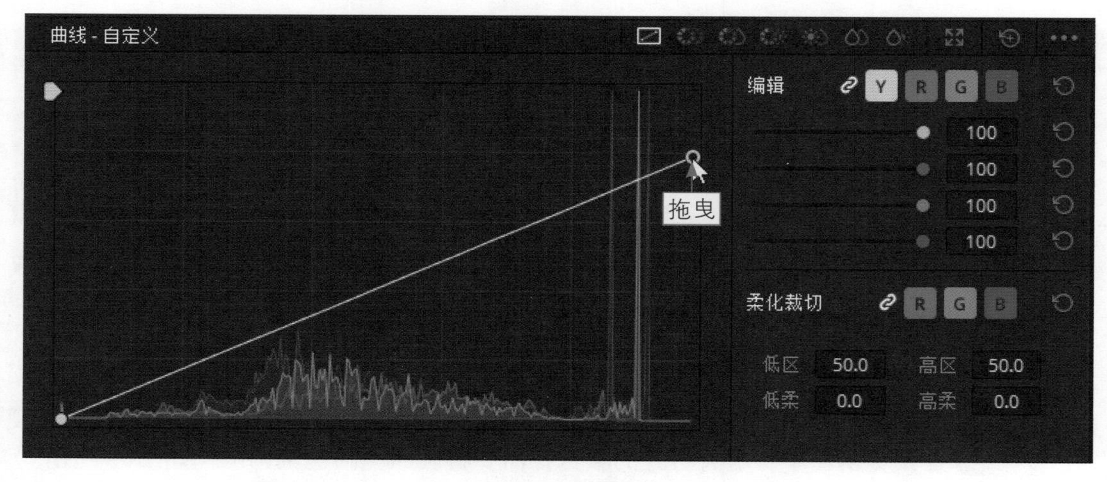

图 6-7　拖曳控制点

步骤 06 在“曲线-自定义”曲线编辑器中的合适位置，单击以添加一个控制点，按住鼠标左键向上拖曳，同时观察预览窗口中画面色彩的变化，至合适的位置后释放鼠标左键，如图6-8所示，即可降低画面整体色调。在预览窗口中，可以查看最终效果。

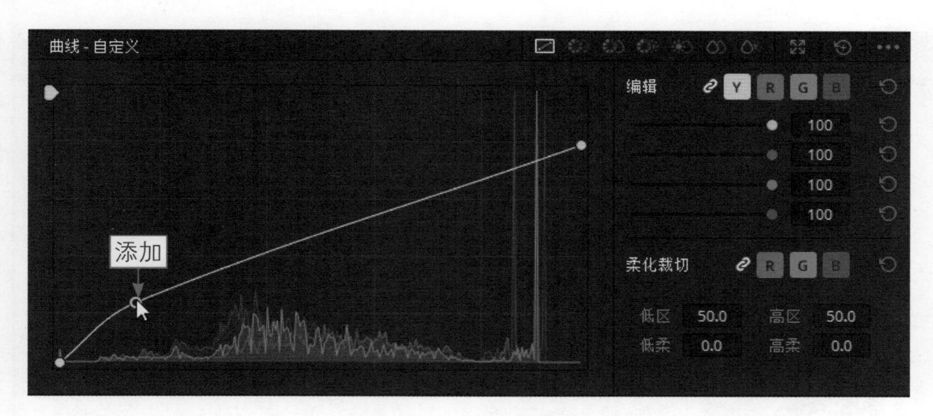

图 6-8　向上拖曳控制点

6.1.2　使用色相对饱和度调色

扫码看教学视频

【效果展示】：在“色相 对 饱和度”面板中，曲线为横向水平线，从左到右的色彩范围为红、绿、蓝、红，曲线左右两端相连为同一色相，用户可以通过调节控制点，将素材图像画面中的色相改变成另一种色相。原图与效果图对比如图6-9所示。

图 6-9　原图与效果图对比展示

下面介绍使用色相对饱和度调色的操作方法。

步骤 01 打开一个项目文件，进入达芬奇的“剪辑”步骤面板，如图6-10所示。

图 6-10　打开一个项目文件

步骤02 在预览窗口中，可以查看打开的项目，如图6-11所示，可以发现需要提高画面的饱和度，并且不影响图像画面中的其他色调。

图 6-11　查看打开的项目

步骤03 切换至“调色”步骤面板，在“曲线”面板中单击“色相 对 饱和度”按钮，如图6-12所示。

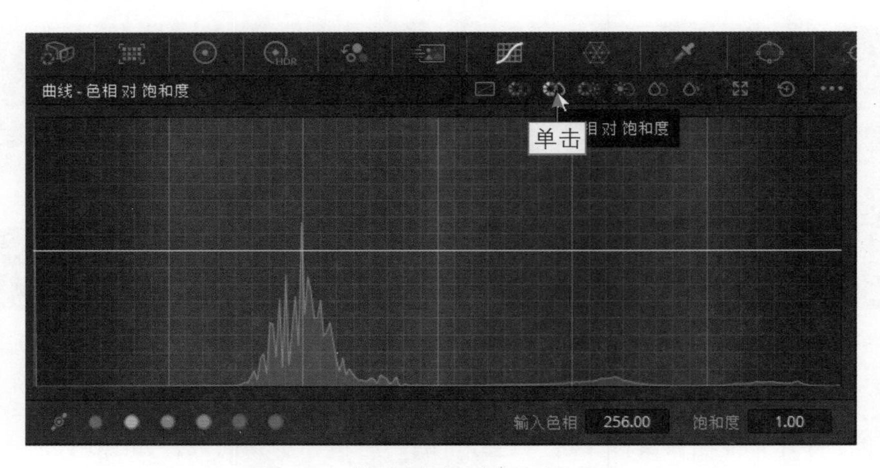

图 6-12　单击“色相 对 饱和度”按钮

步骤04 展开“曲线-色相 对 饱和度”面板，单击绿色色块，如图6-13所示。

步骤05 执行操作后，即可在曲线编辑器中的曲线上添加3个控制点，选中左边第1个控制点，如图6-14所示。

步骤06 长按鼠标左键并向上拖曳选中的控制点，至合适的位置后释放鼠标左键，如图6-15所示，即可提高画面的黄色色相与饱和度。

步骤07 再次选中右边第3个控制点，长按鼠标左键并向上拖曳选中的控制点，至合适的位置后释放鼠标左键，如图6-16所示，即可提高画面的蓝色色相与饱和度。用同样的方法调节自己想要的效果，然后可在预览窗口中，查看校正色相与饱和度后的效果。

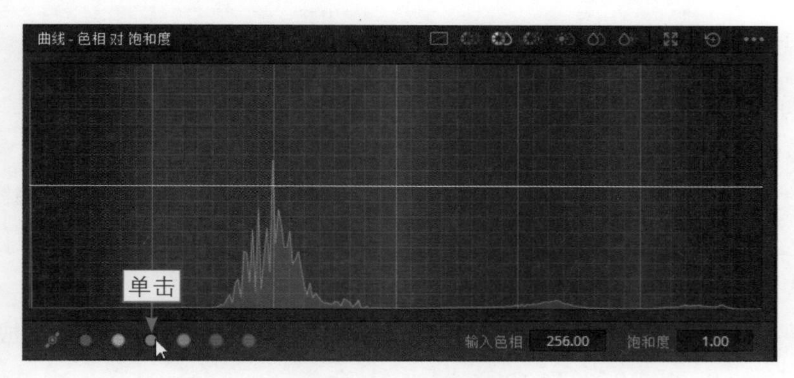

图 6-13　单击绿色色块

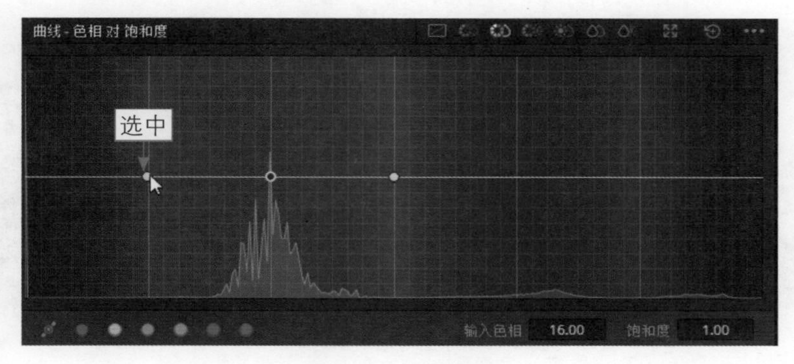

图 6-14　选中控制点

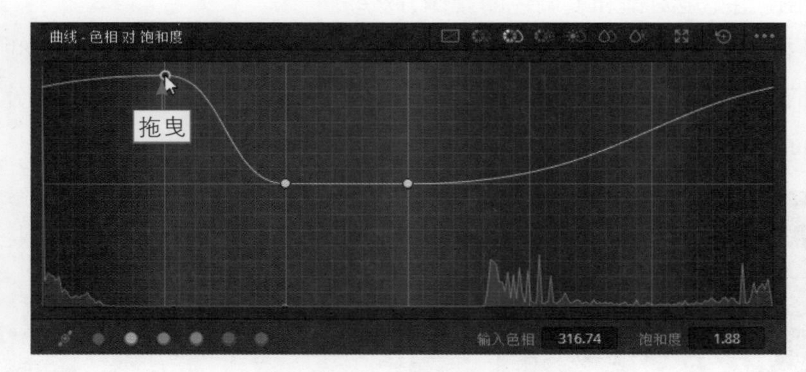

图 6-15　向上拖曳控制点（1）

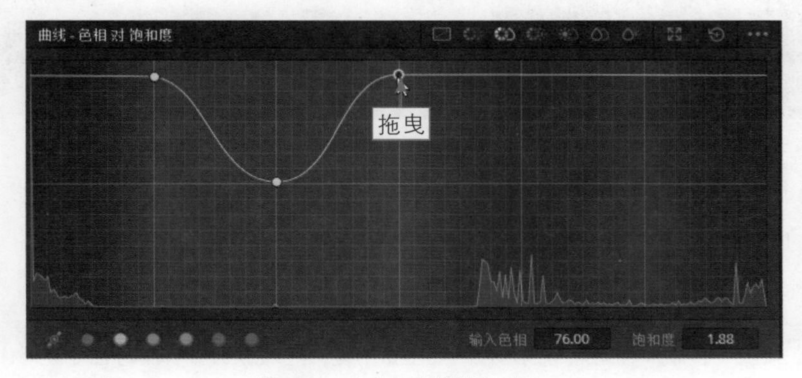

图 6-16　向上拖曳控制点（2）

6.1.3 使用亮度对饱和度调色

扫码看教学视频

【效果展示】："亮度 对 饱和度"曲线模式主要是在图像原本的色调基础上进行调整的，而不是在色相范围的基础上调整的。

在"亮度 对 饱和度"面板中，横轴的左边为黑色，表示图像画面的阴影部分；横轴的右边为白色，表示图像画面的高光位置。以水平曲线为界，上下拖曳曲线上的控制点，可以降低或提高指定位置的饱和度。

使用"亮度 对 饱和度"曲线模式调色，可以根据需求在画面的阴影处或明亮处调整饱和度。原图与效果图对比如图6-17所示。

图 6-17　原图与效果图对比展示

下面介绍使用亮度对饱和度调色的操作方法。

步骤 01 打开一个项目文件，进入达芬奇的"剪辑"步骤面板，如图6-18所示。

步骤 02 在预览窗口中，可以查看打开的项目，可以发现画面中高光部分的饱和度偏低，需要提高，如图6-19所示。

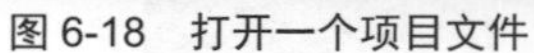
图 6-18　打开一个项目文件

图 6-19　查看打开的项目

步骤 03 切换至"调色"步骤面板，展开"曲线-亮度 对 饱和度"模式面板，按住【Shift】键的同时在水平曲线上单击，添加一个控制点，如图6-20所示。

★ 专家指点 ★

在"曲线"面板中，添加控制点的同时按住【Shift】键，可以防止添加控制点时移动位置。

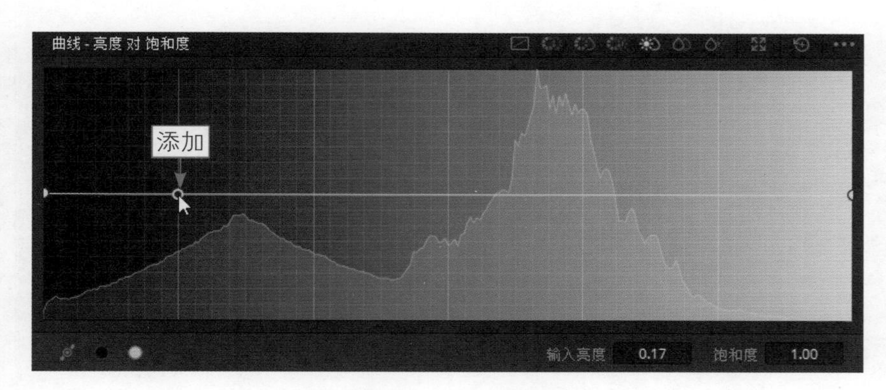

图 6-20　添加一个控制点

步骤 04 选中添加的控制点并向上拖曳，直至下方面板中的“输入亮度”参数显示为0.17、“饱和度”参数显示为1.86，如图6-21所示。调整完成后，即可在预览窗口中查看提高饱和度后的效果。

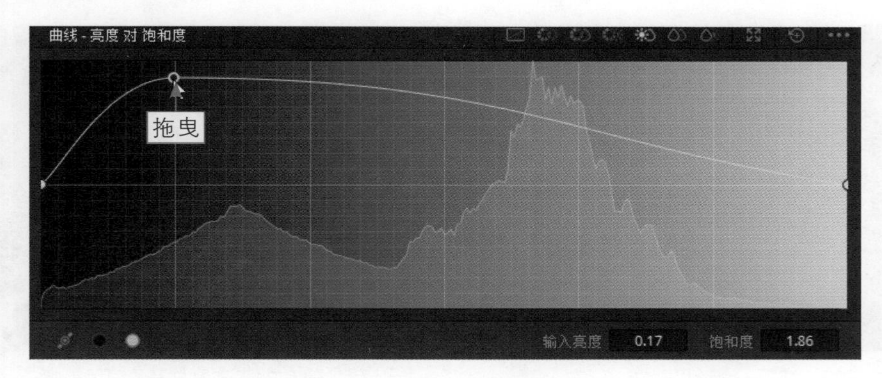

图 6-21　向上拖曳控制点

6.2 使用限定器调色

对素材图形进行抠像调色，是二级调色必学的一个技巧。DaVinci Resolve 18为用户提供了限定器功能面板，其中包含4种抠像操作模式，分别是HSL、RGB、亮度及3D限定器，可以帮助用户对素材图像创建选区，把不同亮度、不同色调的部分画面分离出来，然后根据亮度、风格、色调等需求，对分离出来的部分画面进行针对性的色彩调节。

6.2.1　HSL限定器抠像调色

扫码看教学视频

【效果展示】：HSL限定器主要是通过“拾取器”工具根据素材图像的色相、饱和度及亮度来进行抠像的。当用户使用“拾取器”工具在图像上进行色彩取样时，HSL限定器会自动对选取部分的色相、饱和度及亮度进行综合分析。原图与效果图对比如图6-22所示。

图 6-22　原图与效果图对比展示

下面通过实例操作介绍使用HSL限定器创建选区进行抠像调色的方法。

步骤 01 打开一个项目文件，进入达芬奇的“剪辑”步骤面板，如图6-23所示。

步骤 02 在预览窗口中，可以查看打开的项目，如图6-24所示。本例需要在不改变画面其他部分的情况下，对背景颜色进行更改。

图 6-23　打开一个项目文件

图 6-24　查看打开的项目

步骤 03 切换至“调色”步骤面板，单击“限定器”按钮，如图6-25所示，展开“限定器-HSL”面板。

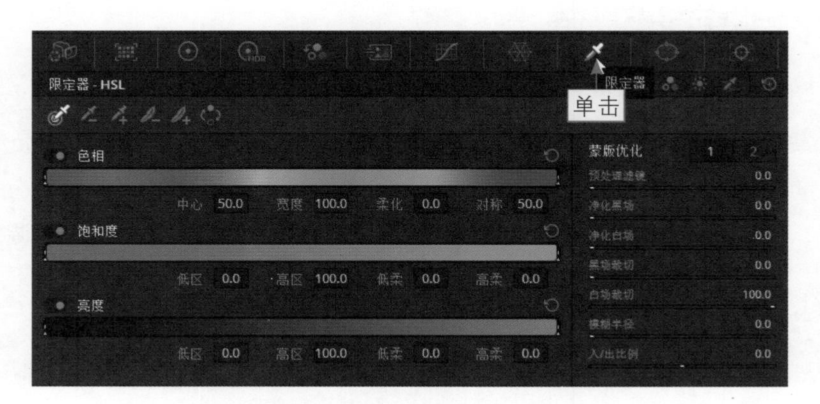

图 6-25　单击“限定器”按钮

步骤 04 在“限定器-HSL”选项区中，单击“拾取器”按钮，如图6-26所示。执行操作后，鼠标指针随即转换为滴管工具的样子。

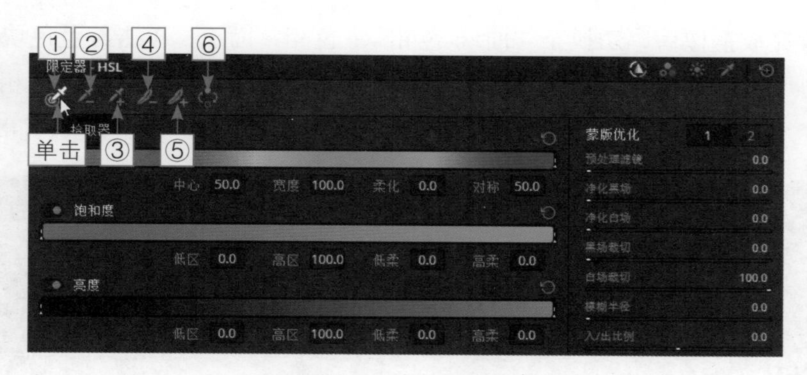

图 6-26　单击“拾取器”按钮

在“选择范围”选项区共有6个工具按钮，其作用分别如下。

①“拾取器”按钮：单击“拾取器”按钮，鼠标指针即可变为滴管工具的样子，此时可以在预览窗口中的图像上单击或拖曳，对相同的颜色进行取样抠像。

②“拾取器减”按钮：其操作方法与“拾取器”工具一样，可以在预览窗口中的图像上，通过单击或拖曳减少抠像区域。

③“拾取器加”按钮：其操作方法与“拾取器”工具一样，可以在预览窗口中的图像上，通过单击或拖曳增加抠像区域。

④“柔化减”按钮：单击该按钮，在预览窗口中的图像上，通过单击或拖曳减弱抠像区域的边缘。

⑤“柔化加”按钮：单击该按钮，在预览窗口中的图像上，通过单击或拖曳优化抠像区域的边缘。

⑥“反向”按钮：单击该按钮，在预览窗口中反选未被选中的抠像区域。

步骤05 移动鼠标指针至“检视器”面板，单击“突出显示”按钮，如图6-27所示。此时，被选取的抠像区域突出显示在画面中，未被选取的区域将会呈灰色显示。

步骤06 在预览窗口中单击，拖曳鼠标选取绿色区域，未被选取区域的画面呈灰色，如图6-28所示。

图 6-27　单击“突出显示”按钮

图 6-28　选取绿色区域

步骤07 完成抠像后，切换至“曲线-色相 对 色相”面板，单击红色色块，在曲线上添加3个控制点，选中第2个控制点，按住鼠标左键向下拖曳，直至“输入色相”参数值为316.18、“色相旋转”参数值为-34.40，如图6-29所示。

图6-29 拖曳控制点调整色相

步骤08 执行操作后，即可替换背景颜色，再次单击“突出显示”按钮，如图6-30所示，恢复未被选取区域的画面，查看最终效果。

图6-30 单击“突出显示”按钮

6.2.2 RGB限定器抠像调色

扫码看教学视频

【效果展示】：RGB限定器主要是根据红、绿、蓝3个颜色通道的范围和柔化操作来进行抠像的。它可以更好地帮助用户解决图像上RGB色彩分离的情况。原图与效果图对比如图6-31所示。

下面介绍RGB限定器抠像调色的操作方法。

步骤01 打开一个项目文件，进入达芬奇的“剪辑”步骤面板，如图6-32所示。

步骤02 在预览窗口中，可以查看打开的项目，可以发现画面中天空的饱和度偏低，需要提高，如图6-33所示。

图 6-31　原图与效果图对比展示

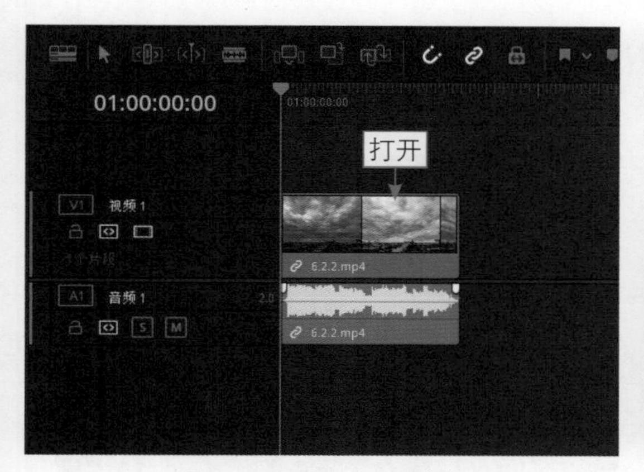

图 6-32　打开一个项目文件

图 6-33　查看打开的项目

步骤 03 切换至“调色”步骤面板，展开“限定器”面板，单击RGB按钮，如图6-34所示，展开“限定器-RGB”面板。

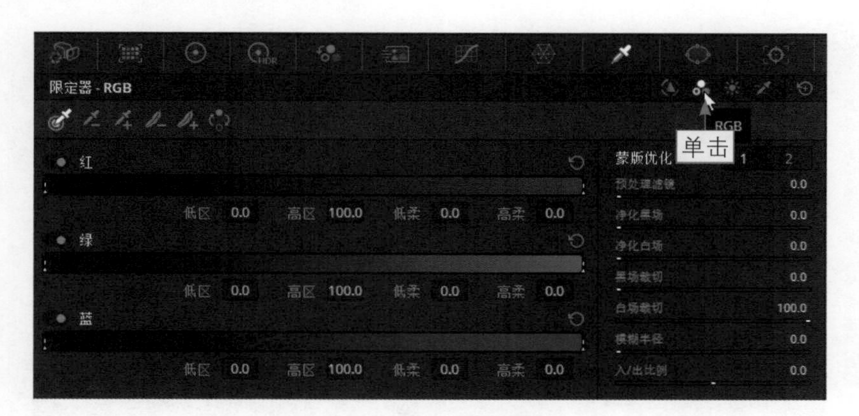

图 6-34　单击 RGB 按钮

步骤 04 在“限定器-RGB”面板中，单击“拾取器”按钮，如图6-35所示。执行操作后，鼠标指针随即转换为滴管工具的样子。

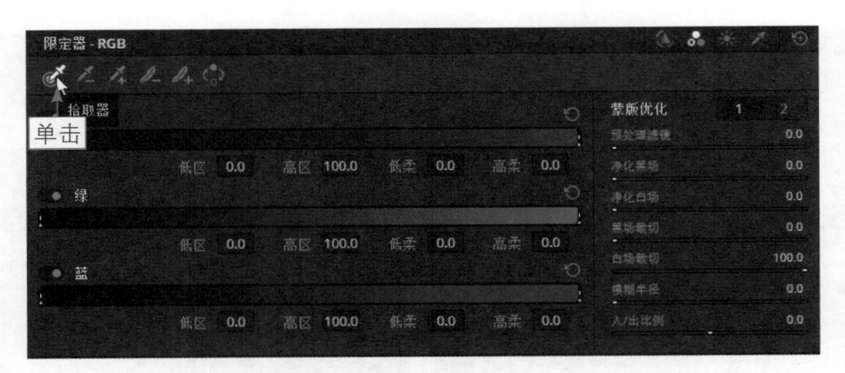

图 6-35 单击“拾取器”按钮

步骤05 执行操作后，移动鼠标指针至“检视器”面板，单击“突出显示”按钮，如图6-36所示。

步骤06 在预览窗口中，单击鼠标左键的同时并拖曳鼠标，选取天空区域，如图6-37所示，此时未被选取的区域呈灰色。

图 6-36 单击“突出显示”按钮

图 6-37 选取天空区域

步骤07 完成抠像后，展开“一级-校色轮”面板，在面板下方设置“饱和度”参数值为100.00，如图6-38所示，即可调整天空的饱和度。

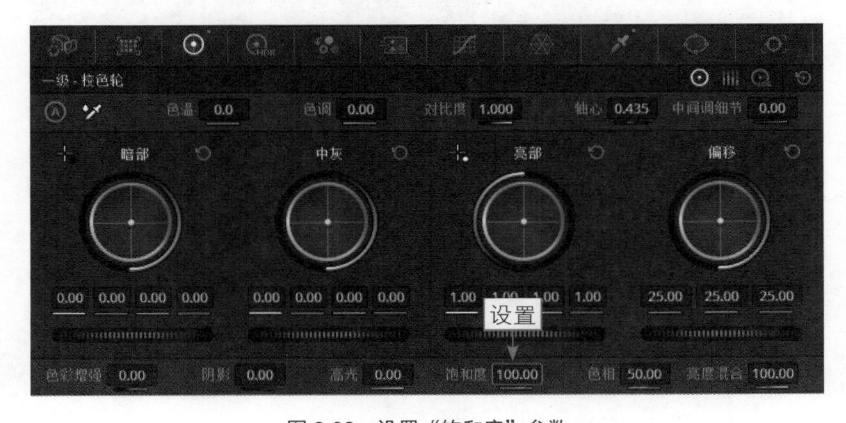

图 6-38 设置“饱和度”参数

6.3 使用窗口蒙版调色

前面向大家介绍了如何使用窗口创建选区，对素材画面进行抠像调色，本节要向大家介绍窗口面板，以及调整蒙版形状的方法。相对来说，使用蒙版调色更加方便用户对素材进行细致的处理。

6.3.1 认识窗口面板

在达芬奇的“调色”步骤面板中，“限定器”面板的右边就是“窗口”面板，如图6-39所示，用户可以使用“四边形”工具、“圆形”工具、“多边形”工具、“曲线”工具及“渐变”工具在画面中绘制蒙版遮罩，然后对蒙版遮罩区域进行局部调色。

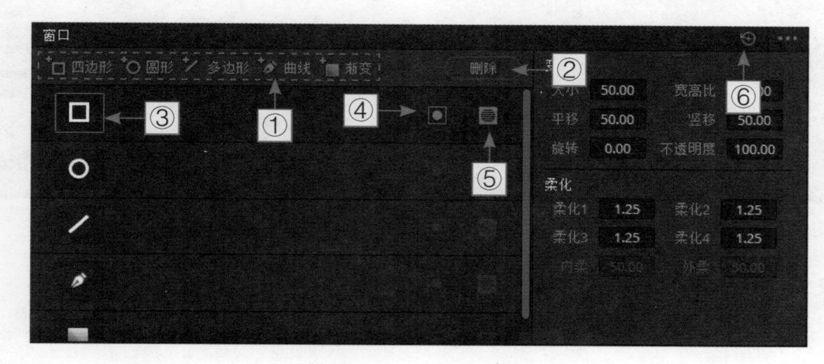

图 6-39　“窗口”面板

在面板的右侧有两个选项区，分别是“变换”选项区和“柔化”选项区。当用户绘制蒙版遮罩时，可以在这两个选项区中对遮罩大小、宽高比、边缘柔化等参数进行微调，使调色更加精准。

在“窗口”面板中，用户需要了解以下几个按钮的作用。

①形状工具按钮：在“窗口”预设面板上方，有“四边形”“圆形”“多边形”曲线”“渐变”5个形状工具按钮，单击任意一个形状工具按钮，即可在下方的“窗口”预设面板中新增一条相应的形状窗口。

②“删除”按钮：在“窗口”预设面板中选择新增的形状窗口，单击“删除”按钮，即可将形状窗口删除。

③“窗口激活”按钮：单击“窗口激活”按钮后，按钮四周会出现一个橘红色的边框，激活窗口后，即可在预览窗口中的图像上绘制蒙版遮罩，再次单击“窗口激活”按钮，即可关闭形状窗口。

④“反向”按钮：单击该按钮，可以反向选中素材图像上蒙版遮罩选区之外的画面区域。

⑤“遮罩”按钮：单击该按钮，可以将素材图像上的蒙版设置为遮罩，可以用于多个蒙版窗口进行布尔运算。

⑥“全部重置”按钮：单击该按钮，可以将在图像上绘制的形状窗口全部清除重置。

6.3.2 调整蒙版形状

扫码看教学视频

【效果展示】：应用“窗口”面板中的形状工具可以在图像上绘制选区作为蒙版，用户可以根据需要调整蒙版尺寸大小、位置以及形状，达到调色的作用，原图与效果图对比如图6-40所示。

图 6-40　原图与效果图对比展示

下面向大家介绍调整蒙版形状的操作方法。

步骤 01 打开一个项目文件，进入达芬奇的“剪辑”步骤面板，如图6-41所示。

步骤 02 在预览窗口中，可以查看打开的项目，如图6-42所示。我们可以将视频分为两个部分，一部分是河，属于阴影区域；一部分是天空，属于明亮区域。画面中天空的颜色比较淡，没有蓝天白云的光彩，需要将明亮区域的饱和度调高一些。

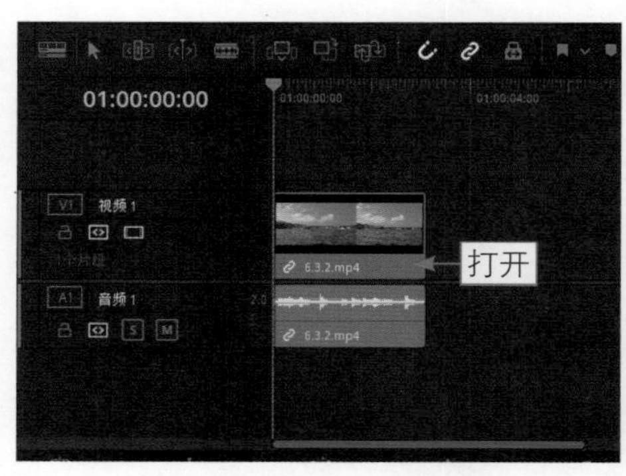

图 6-41　打开一个项目文件

图 6-42　查看打开的项目

步骤 03 切换至“调色”步骤面板，单击“窗口”按钮，切换至“窗口”面板，如图6-43所示。

步骤 04 在“窗口”面板中，单击多边形“窗口激活”按钮，如图6-44所示。

步骤 05 在预览窗口的图像上会出现一个矩形蒙版，如图6-45所示。

步骤 06 拖曳蒙版四周的控制柄，调整蒙版的位置、形状和大小，如图6-46所示。

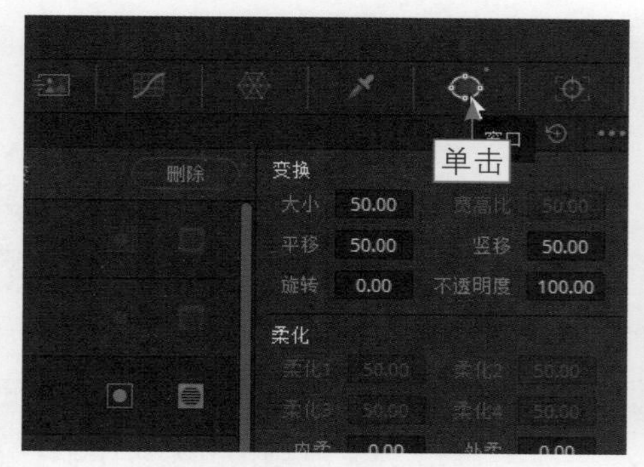

图 6-43　单击“窗口”按钮

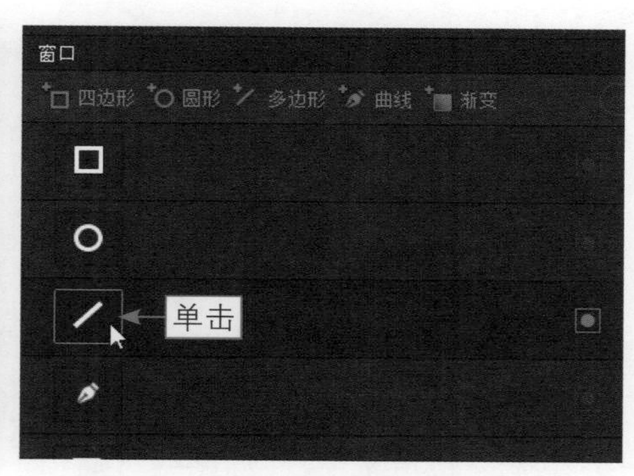

图 6-44　单击多边形“窗口激活”按钮

图 6-45　出现一个矩形蒙版

图 6-46　调整蒙版的位置、形状和大小

步骤 07 执行操作后，展开“色轮”面板，设置“饱和度”参数值为 100.00，如图 6-47 所示，即可调整蒙版画面中的饱和度。返回“剪辑”步骤面板，在预览窗口中查看蒙版遮罩调色效果。

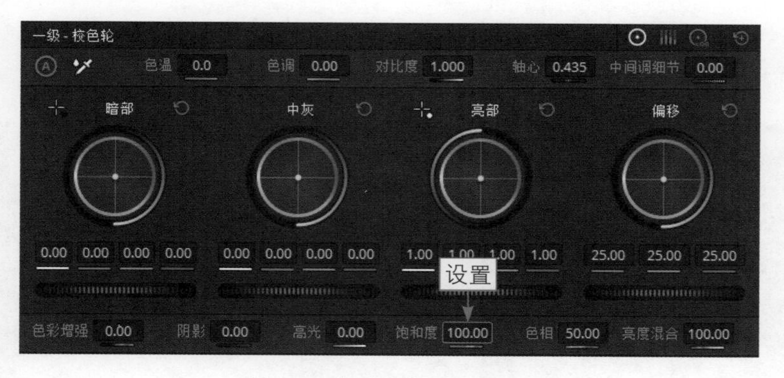

图 6-47　设置“饱和度”参数

6.4 二级调色处理

在DaVinci Resolve 18的“调色”步骤面板中，“模糊”面板中有3种不同的操作模式，分别是“模糊”“锐化”“雾化”，每种模式都有独立的操作面板，用户可以配合限

定器、窗口、跟踪器等功能对图像画面进行二级调色。下面介绍“模糊”及“锐化”处理的操作方法。

6.4.1 模糊处理

扫码看教学视频

【效果展示】：在“模糊”功能面板中，“模糊”操作模式是默认的模式，通过调整面板中的通道滑块，可以为图像制作出高斯模糊效果。

将“半径”通道的滑块往上调整，可以增加图像的模糊度，往下调整则可以降低模糊度，增强锐度。将“水平/垂直比率”通道的滑块往上调整，被模糊或锐化后的图像会沿水平方向扩大影响范围，将“水平/垂直比率”通道的滑块往下调整，被模糊或锐化后的图像则会沿垂直方向扩大影响范围。原图与效果图对比如图6-48所示。

图 6-48 原图与效果图对比展示

下面通过实例操作介绍对视频局部画面进行模糊处理的操作方法。

步骤 01 打开一个项目文件，进入达芬奇的“剪辑”步骤面板，如图6-49所示。

步骤 02 在预览窗口中，可以查看打开的项目，如图6-50所示，可以发现需要对画面中的部分画面进行模糊处理。

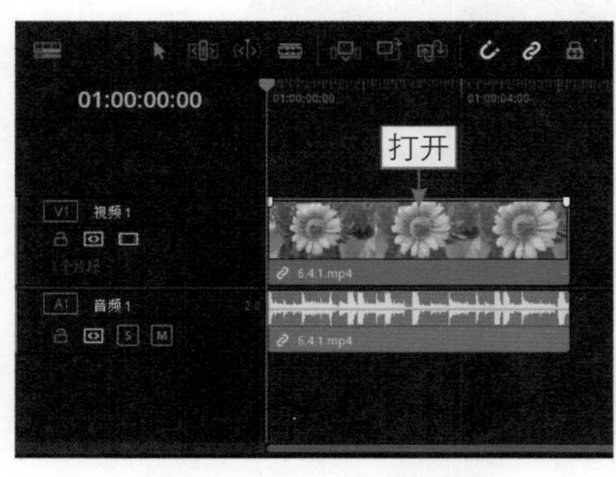

图 6-49 打开一个项目文件

图 6-50 查看打开的项目

步骤 03 切换至“调色”步骤面板，在“窗口”预设面板中，单击圆形的“窗口激活”按钮，如图6-51所示。

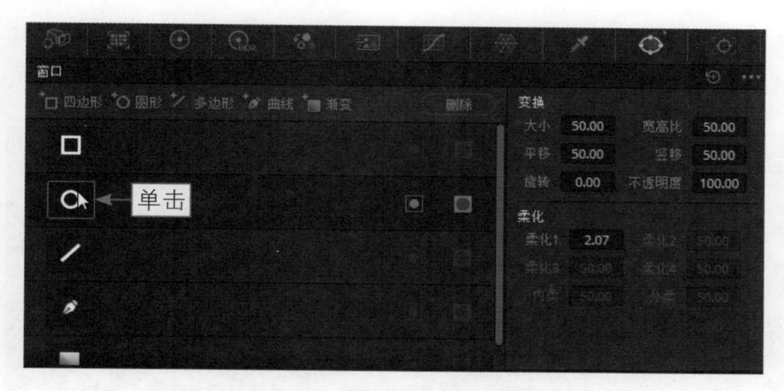

图 6-51　单击圆形的“窗口激活”按钮

步骤04 在预览窗口中创建一个圆形蒙版遮罩，选取相应的花朵，相应调整蒙版的大小，如图6-52所示。

步骤05 在“窗口”预设面板中，单击“反向”按钮，反向选取背景，如图6-53所示。

图 6-52　调整蒙版大小

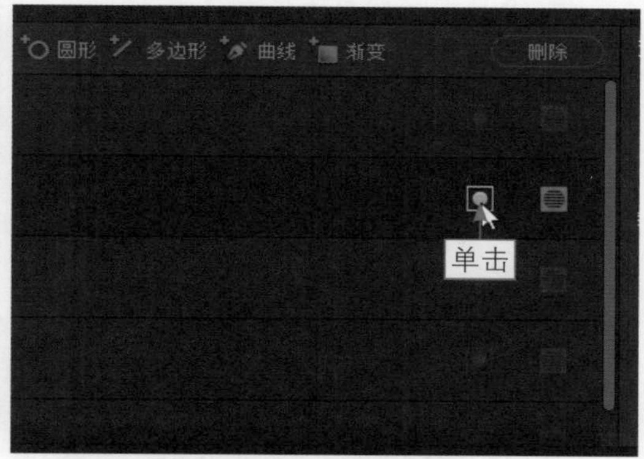

图 6-53　单击“反向”按钮

步骤06 在“柔化”选项区中，设置“柔化1”参数值为6.98，柔化选区边缘，如图6-54所示。

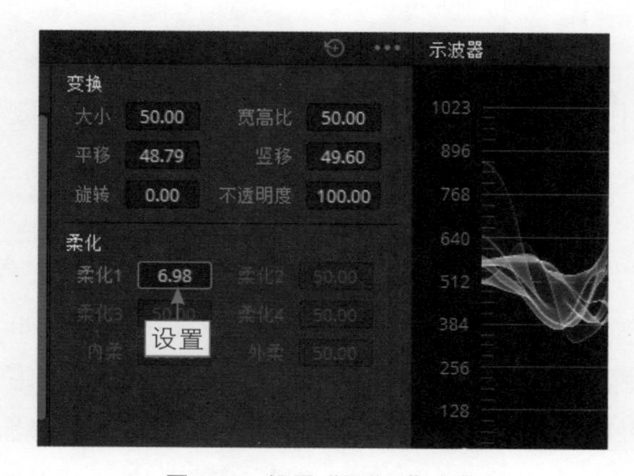

图 6-54　设置“柔化 1”参数

步骤 07 切换至“跟踪器”面板，在下方选中“交互模式”复选框，单击“插入”按钮，插入特征跟踪点，单击“正向跟踪”按钮，跟踪图像运动路径，如图6-55所示。

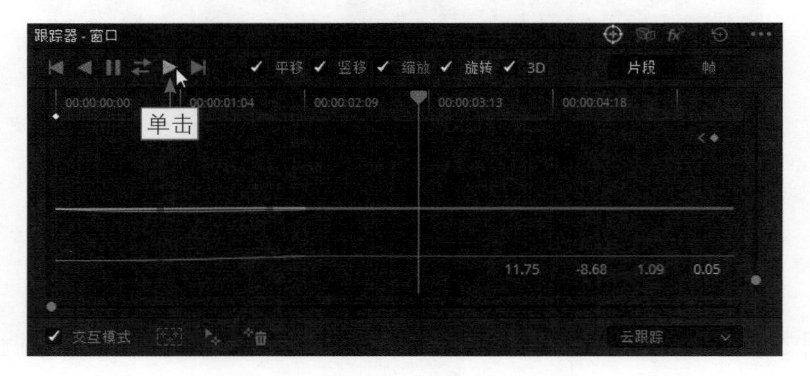

图 6-55　单击“正向跟踪”按钮

步骤 08 单击“模糊”按钮，切换至“模糊”面板，如图6-56所示。

步骤 09 向上拖曳“半径”通道控制条上的滑块，直至参数值均显示为2.42，如图6-57所示。完成对视频局部画面进行模糊处理的操作后，切换至“剪辑”步骤面板，在预览窗口中查看最终效果。

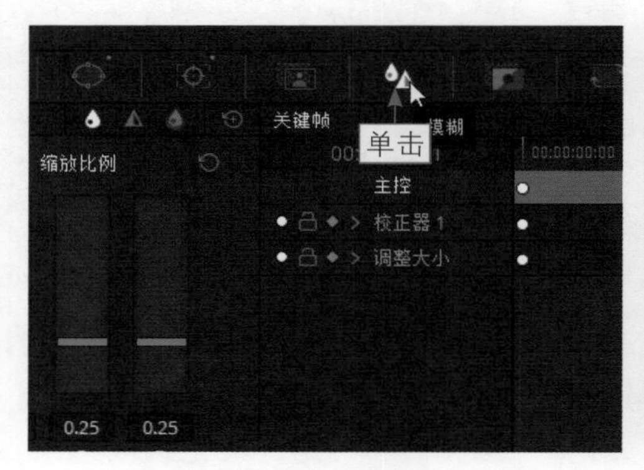

图 6-56　单击“模糊”按钮

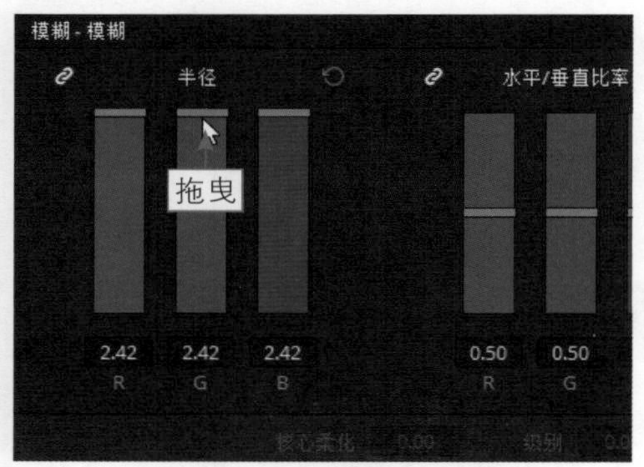

图 6-57　拖曳控制条上的滑块

6.4.2　锐化处理

扫码看教学视频

虽然在“模糊”操作模式面板中，降低“半径”通道的RGB参数可以增强图像的锐度，但“锐化”操作模式面板是专门用来调整图像锐度的，如图6-58所示。

相较于“模糊”操作面板，“锐化”模式面板中除了“混合”参数无法调控，“缩放比例”“核心柔化”“级别”均可进行调控。这3个控件作用分别如下。

- 缩放比例：“缩放比例”通道的作用取决于“半径”通道的参数设置，当“半径”通道的RGB参数值在0.5或以上时，“缩放比例”通道不会起作用；当“半径”通道RGB参数值在0.5以下时，向上拖曳“缩放比例”通道滑块，可以增加画面锐化的量，向下拖曳“缩放比例”通道滑块，可以减少画面锐化的量。

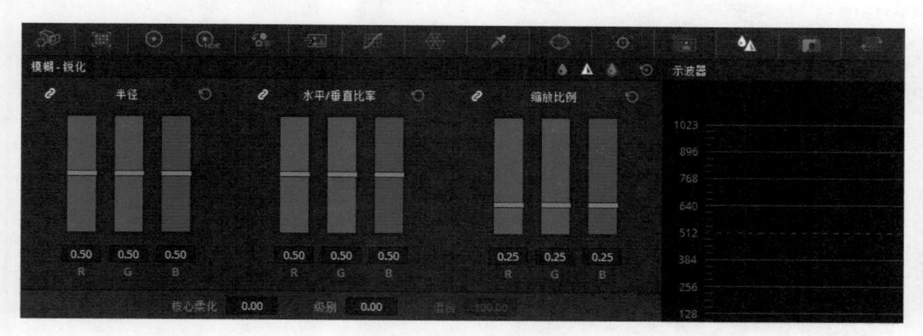

图 6-58　“锐化”操作模式面板

● **核心柔化和级别**：核心柔化和级别是配合使用的，两者是相互影响的关系。“核心柔化”主要用于调节图像中没有锐化的细节区域，当“级别”参数值为0时，“核心柔化”能锐化的细节区域不会发生太大的变化；“级别”参数值越高（最大值为100.0），“核心柔化”锐化的细节区域影响越大。

【效果展示】：局部锐化处理的原图与效果图对比如图6-59所示。

图 6-59　原图与效果图对比展示

下面通过实例操作介绍对视频局部画面进行锐化处理的操作方法。

步骤 01 打开一个项目文件，进入达芬奇的“剪辑”步骤面板，如图6-60所示。

步骤 02 在预览窗口中，可以查看打开的项目，可以发现需要对画面中的花叶进行锐化处理，如图6-61所示。

步骤 03 切换至“调色”步骤面板，单击“限定器”按钮，切换至“限定器”面板，如图6-62所示。

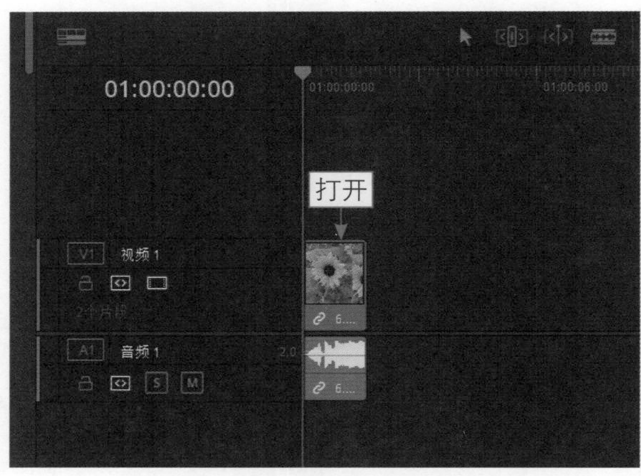

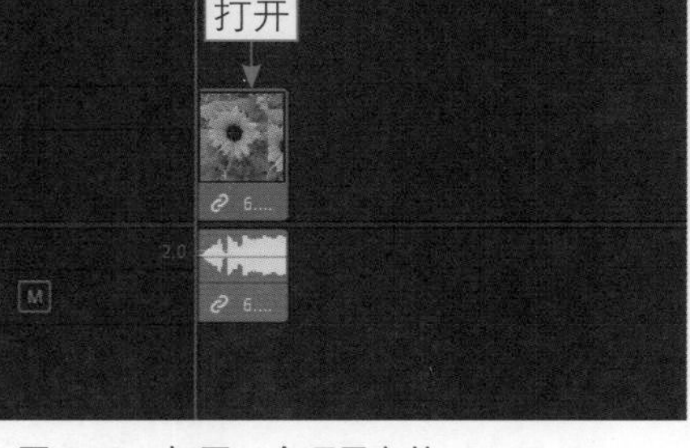

图 6-60　打开一个项目文件

图 6-61　查看打开的项目

步骤04 单击“拾取器”按钮，在预览窗口中，选取花叶并突出显示，如图6-63所示。

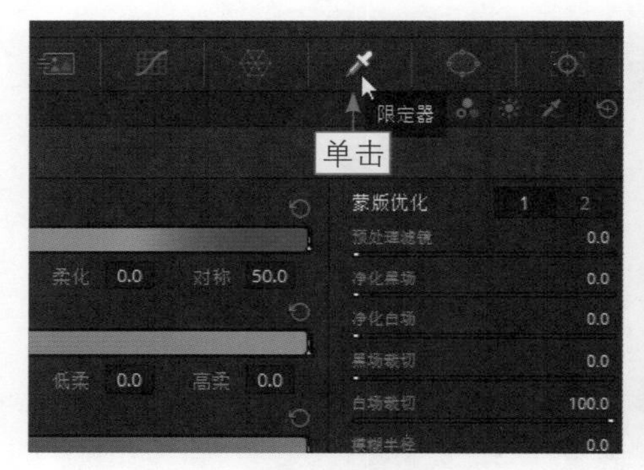

图 6-62　单击“限定器”按钮

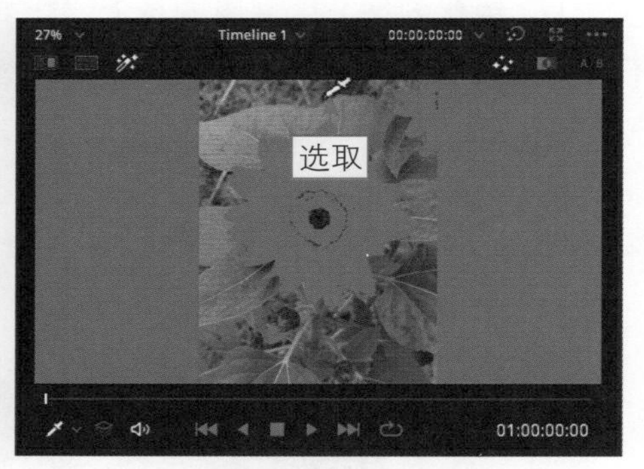

图 6-63　选取花叶

步骤05 切换至“模糊”面板，单击“锐化”按钮，如图6-64所示。

步骤06 切换至“模糊-锐化”面板，向上拖曳“半径”通道控制条上的滑块，直至参数值均为10.00，如图6-65所示。完成对视频局部画面进行锐化处理的操作后，切换至“剪辑”步骤面板，在预览窗口中查看最终效果。

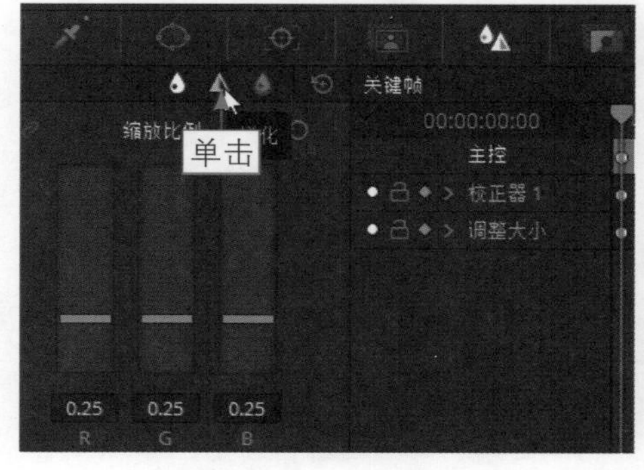

图 6-64　单击“锐化”按钮

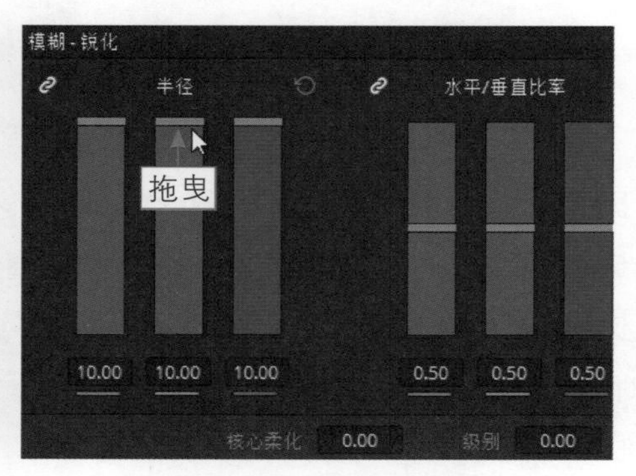

图 6-65　拖曳控制条上的滑块

本章小结

本章主要向读者介绍在达芬奇软件中进行二级调色的相关基础知识。首先介绍使用曲线调色的方法操作；接着介绍使用限定器调色的方法，包括HSL限定器调色及RGB限定器调色等；然后介绍使用窗口蒙版调色的方法，包括认识窗口面板及调整蒙版形状等；最后介绍二级调色处理的方法，包括模糊处理及锐化处理等。希望读者通过对本章的学习，能够打下坚实的基础，从而更好地掌握达芬奇软件。

课后习题

鉴于本章知识的重要性，为了帮助大家可以更好地掌握所学知识，本节将通过上机习题，进行简单的知识回顾和补充。

本习题需要掌握在达芬奇软件中使用3D限定器功能对图像素材进行抠像调色的方法，效果对比如图6-66所示。

图 6-66　抠像调色的效果对比

第7章

节点调色

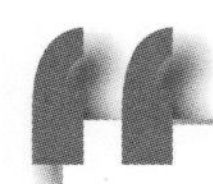

本章要点：

节点调色是达芬奇调色软件非常重要的功能之一，它可以帮助用户更好地对画面进行调色处理。灵活使用达芬奇中的节点调色，可以实现各种精彩的视频效果，提高用户的工作效率。本章主要介绍节点的基础知识，以及通过节点调色的方法。

7.1 节点的基础知识

在DaVinci Resolve 18中，用户可以将节点理解成处理图像画面的“层”（例如Photoshop软件中的图层），一层一层画面叠加组合形成特殊的效果。每一个节点都可以独立进行调色校正处理，用户可以通过更改节点调整调色顺序或组合方式。下面向大家介绍达芬奇调色节点的基础知识。

7.1.1 打开“节点”面板

扫码看教学视频

【效果展示】：在达芬奇中，“节点”面板位于“调色”步骤面板的右上角，效果如图7-1所示。

图 7-1　打开“节点”面板效果

下面介绍在达芬奇软件中打开“节点”面板的具体操作方法。

步骤 01 打开一个项目文件，进入“剪辑”步骤面板，如图7-2所示。

步骤 02 执行操作后，切换至“调色”步骤面板，在右上角单击“节点”按钮，如图7-3所示。

图 7-2　打开一个项目文件

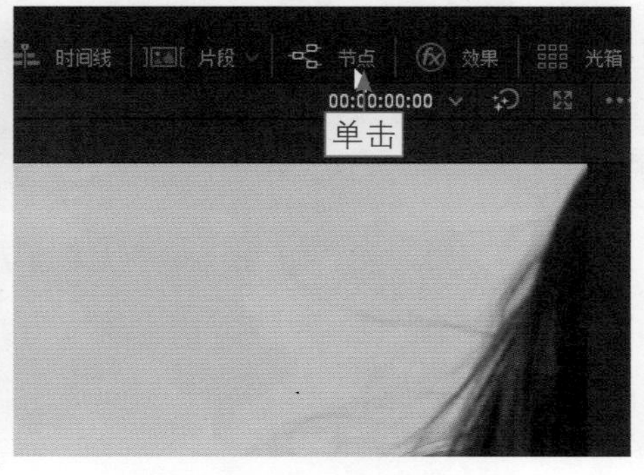

图 7-3　单击“节点”按钮

步骤 03 执行操作后，即可打开“节点”面板，如图7-4所示。再次单击“节点”按钮即可隐藏面板。

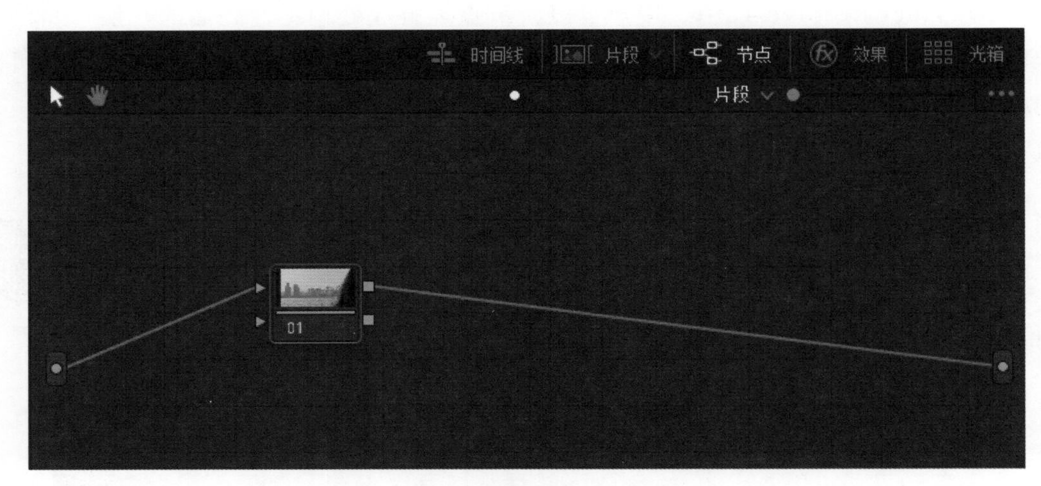

图 7-4 展开“节点”面板

7.1.2 认识“节点”面板中的各项功能

在达芬奇的“节点”面板中，通过编辑节点可以实现合成图像，对一些合成经验少的读者而言，会觉得达芬奇的节点功能很复杂。下面通过一个节点网向大家介绍“节点”面板中的各项功能，如图7-5所示。

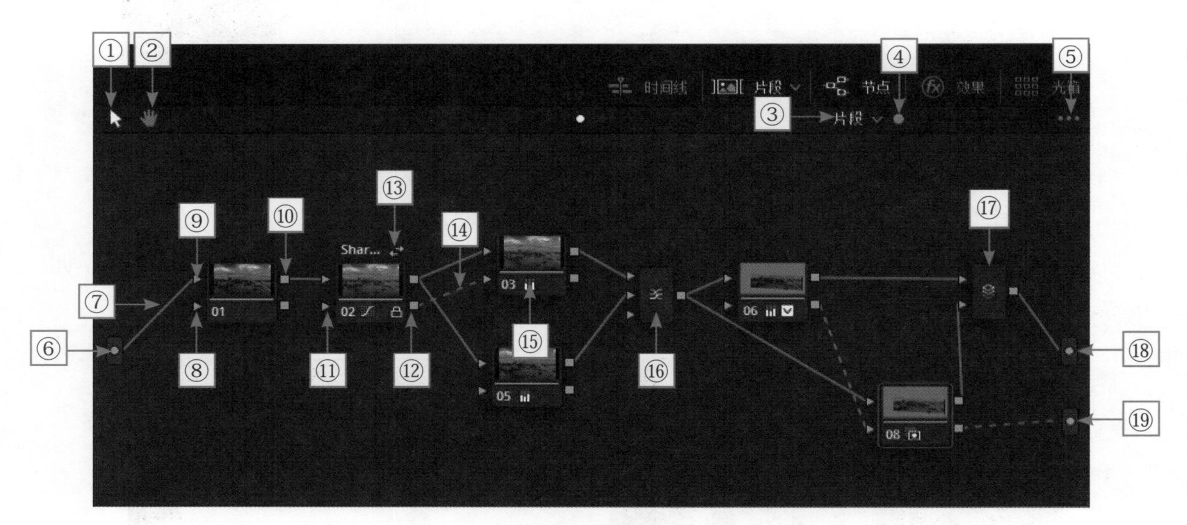

图 7-5 “节点”面板中的节点网示例图

在“节点”面板中，用户需要了解以下几个按钮的作用。

① **“选择”工具**：在“节点”面板中，默认状态下鼠标指针呈箭头形状，表示此时选择的是“选择”工具。使用“选择”工具可以选择面板中的节点，并通过拖曳的方式在面板中移动所选节点的位置。

②“平移”工具：单击“平移”工具，即可使面板中的鼠标指针呈手掌形状，按住鼠标左键后，鼠标指针呈抓手形状，此时上下左右拖曳面板，即可对面板中的所有节点执行上下左右平移操作。

③ 节点模式下拉按钮：单击该按钮，弹出下拉列表，其中有两种节点模式，分别是“片段”和“时间线”，默认状态下为“片段”节点模式。在“片段”模式面板中，调节的是当前素材片段的调色节点；而在“时间线”模式面板中，调节的则是“时间线”面板中所有素材片段的调色节点。

④ 缩放滑块：通过左右拖曳滑块可以调节面板中显示的节点大小。

⑤ 快捷设置按钮：单击该按钮，可以在弹出的快捷菜单中，选择相应的命令设置“节点”面板。

⑥“源”图标：在“节点”面板中，“源”图标是一个绿色的标记，表示素材片段的源头，从“源”向节点传递素材片段的RGB信息。

⑦ RGB信息连接线：RGB信息连接线以实线显示，是两个节点间接收信息的枢纽，可以将上一个节点的RGB信息传递给下一个节点。

⑧ 节点编号01：在“节点”面板中，每一个节点都有一个编号，主要根据节点添加的先后顺序来编号，但节点编号不一定是固定的。例如，当用户删除02节点后，03节点的编号可能会变为02。

⑨“RGB输入”图标：在“节点”面板中，每个节点的左侧都有一个绿色的三角形图标，该图标即“RGB输入”图标，表示素材RGB信息的输入。

⑩“RGB输出”图标：在“节点”面板中，每个节点的右侧都有一个绿色的方块图标，该图标即“RGB输出”图标，表示素材RGB信息的输出。

⑪“键输入”图标：在“节点”面板中，每个节点的左侧都有一个蓝色的三角形图标，该图标即“键输入”图标，表示素材Alpha信息的输入。

⑫“键输出”图标：在“节点”面板中，每个节点的右侧都有一个蓝色的方块图标，该图标即“键输出”图标，表示素材Alpha信息的输出。

⑬ 共享节点：在节点上单击鼠标右键，弹出快捷菜单，选择“另存为共享节点”命令，即可将选择的节点设置为共享节点，在共享节点上方会有一个共享节点标签Shar...，并且节点图标上会出现一个锁定图标，该节点的调色信息即可共享给其他片段，当用户调整共享节点的调色信息时，其他被共享的片段也会随之改变。

⑭ Alpha信息连接线：Alpha信息连接线以虚线显示，连接“键输入”图标与“键输出”图标，在两个节点中传递Alpha通道信息。

⑮ 调色提示图标：当用户在选择的节点上进行调色处理后，在节点编号的右边会出现相应的调色提示图标。

⑯“图层混合器”节点：在达芬奇的“节点”面板中，不支持多个节点同时连接一个

RGB 输入图标，因此当用户需要进行多个节点叠加调色时，需要添加并行混合器或图层混合器节点进行重组输出。在叠加调色时，“图层混合器”会按上下顺序优先选择连接最低输入图标的那个节点进行信息分配。

⑰“并行混合器”节点：当用户在现有的校正器节点上添加并行节点时，添加的并行节点会出现在现有节点的下方，“并行混合器”节点会显示在校正器节点和并行节点的输出位置。“并行混合器”节点和“图层混合器”节点一样，支持多个输入连接图标和一个输出连接图标，但其作用与“图层混合器”节点不同，“并行混合器”节点主要是将并列的多个节点的调色信息汇总后输出。

⑱“RGB 最终输出”图标：在“节点”面板中，“RGB 最终输出”图标是一个绿色的标记。当用户完成调色后，需要通过连接该图标才能将片段的RGB信息进行最终输出。

⑲“Alpha 最终输出”图标：在“节点”面板中，“Alpha 最终输出”图标是一个蓝色的标记。当用户将图像调色完成后，需要连接该图标才能将片段的 Alpha 通道信息进行最终输出。

7.2 通过节点调色

“节点”面板中有多种节点类型，包括“校正器”节点、“并行混合器”节点、“图层混合器”节点、“键混合器”节点、“分离器”节点及“结合器”节点等，默认状态下，展开“节点”面板，面板上显示的节点为“校正器”节点。本节介绍在达芬奇中通过节点调色的方法。

7.2.1 添加串行节点：对视频进行调色处理

扫码看教学视频

【效果展示】：在达芬奇中，通过添加串行节点进行调色是最简单的节点组合，上一个节点的RGB调色信息，会通过RGB信息连接线传递输出，作用于下一个节点上，基本上可以满足用户的调色需求。原图与效果图对比如图7-6所示。

图 7-6 原图与效果图对比展示

下面介绍通过添加串行节点对视频进行调色处理的方法。

步骤01 打开一个项目文件，进入达芬奇的“剪辑”步骤面板，如图7-7所示。

步骤02 在预览窗口中，可以查看打开的项目，如图7-8所示，此时整体画面色调偏暗。

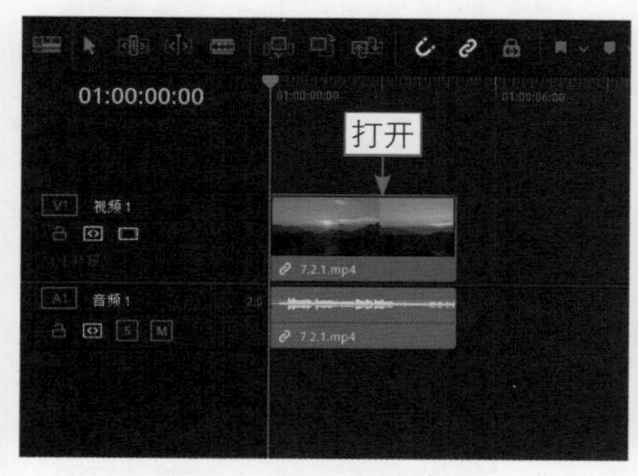

图 7-7　打开一个项目文件

图 7-8　查看打开的项目

步骤03 切换至“调色”步骤面板，在“节点”面板中，选择编号为01的节点，如图7-9所示，可以看到01节点上没有任何调色图标，表示当前素材并未有过调色处理。

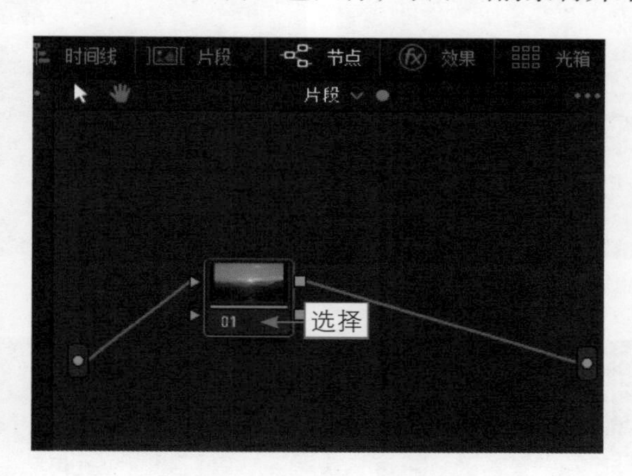

图 7-9　选择编号为 01 的节点

步骤04 在左上角单击LUT按钮，展开LUT面板，在下方的选项面板中，展开Blackmagic Design选项卡，选择模型样式，如图7-10所示。

步骤05 按住鼠标左键将模型样式拖曳至预览窗口的图像上，释放鼠标左键，即可将选择的模型样式添加至视频素材上，色彩校正效果如图7-11所示。

步骤06 在“节点”面板编号01的节点上，单击鼠标右键，弹出快捷菜单，选择“添加节点”|“添加串行节点”命令，如图7-12所示。

步骤07 执行操作后，即可添加一个编号为02的串行节点，如图7-13所示。

步骤08 切换至“曲线-色相 对 饱和度”面板，在面板下方单击蓝色矢量色块，如图7-14所示。

图 7-10　选择模型样式

图 7-11　拖曳至预览窗口上

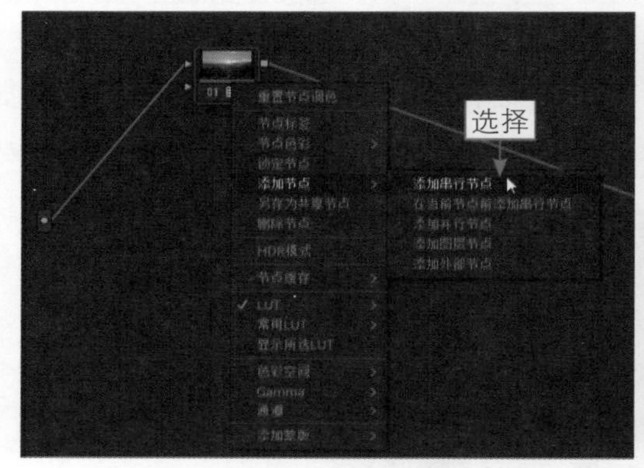

图 7-12　选择“添加串行节点”选项

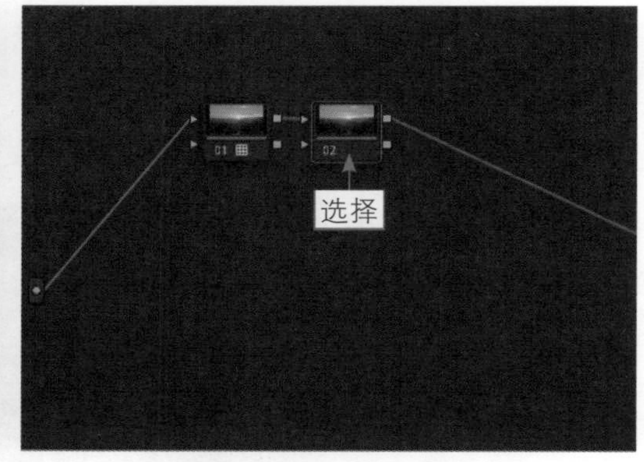

图 7-13　添加一个串行节点

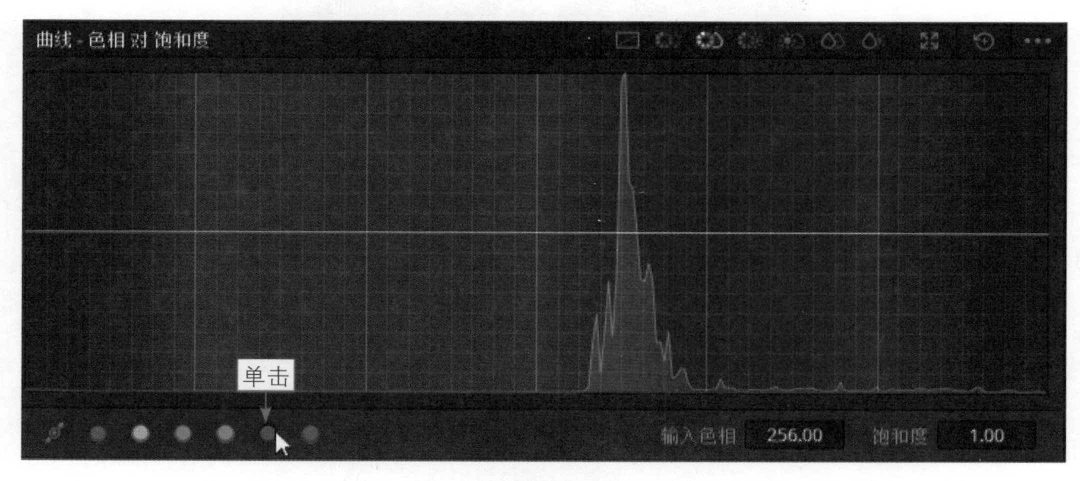

图 7-14　单击蓝色矢量色块

步骤 09 执行操作后，即可在曲线上添加3个调色节点，选中第2个调色节点，按住鼠标左键的同时垂直向上拖曳调色节点，或者在“饱和度”文本框中输入参数值1.68，如图7-15所示，即可提高蓝色在画面中的比例。在预览窗口中，可以查看通过添加串行节点对视频进行调色处理的画面效果。

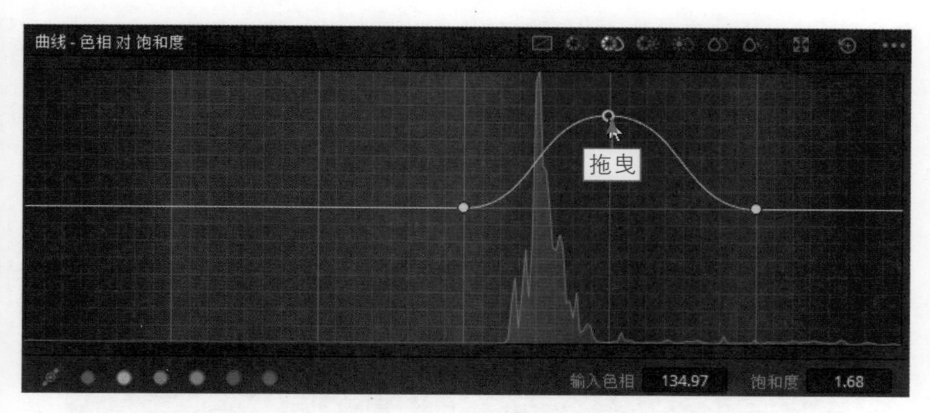

图 7-15　拖曳第 2 个调色节点

7.2.2　添加并行节点：对视频叠加混合调色

扫码看教学视频

【效果展示】：在达芬奇中，并行节点的作用是把并行的节点之间的调色结果进行叠加混合。原图与效果图对比如图7-16所示。

图 7-16　原图与效果图对比展示

下面介绍通过并行节点对视频进行叠加混合调色的操作方法。

步骤 01 打开一个项目文件，进入达芬奇的"剪辑"步骤面板，如图7-17所示。

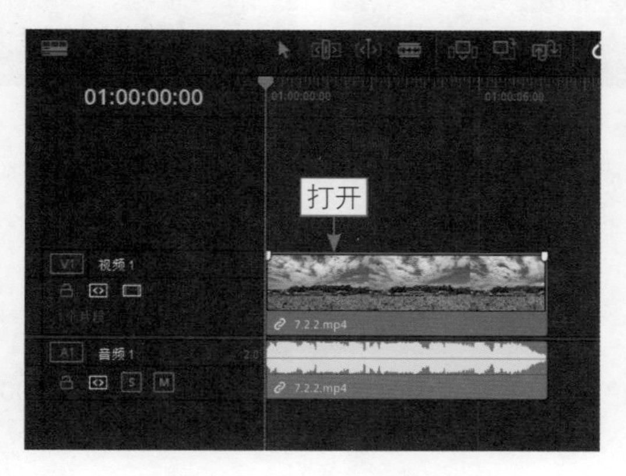

图 7-17　打开一个项目文件

步骤 02 在预览窗口中，可以查看打开的项目效果，如图7-18所示。此时画面的饱和度有些欠缺，需要提高画面的饱和度。我们将素材图像的画面分为荷塘和天空两个区域进行调色。

图 7-18　查看打开的项目

步骤 03 切换至“调色”步骤面板，在“节点”面板中选择编号为01的节点，如图7-19所示。

步骤 04 在“检视器”面板中，单击“突出显示”按钮，方便查看后续调色效果，如图7-20所示。

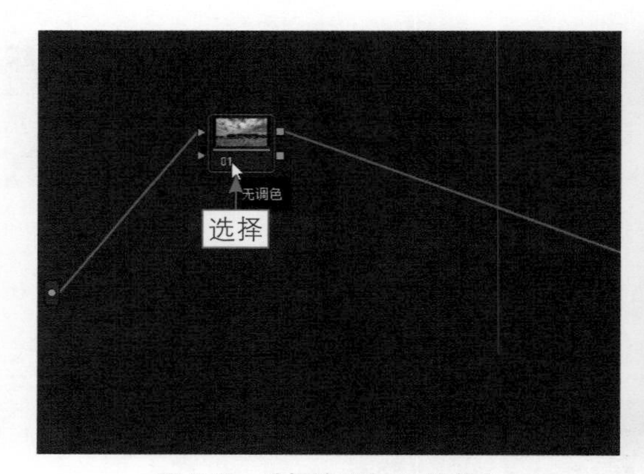

图 7-19　选择编号为 01 的节点

图 7-20　单击“突出显示”按钮

步骤 05 切换至“限定器”面板，应用“拾取器”工具在预览窗口的图像上，选取天空区域，未被选取的荷塘区域则呈灰色，如图7-21所示。

步骤 06 在“节点”面板中，可以查看选取天空区域后01节点缩略图显示的画面效果，如图7-22所示。

步骤 07 切换至“色轮”面板，设置“饱和度”参数值为90.00，如图7-23所示，即可提升画面的饱和度。

步骤 08 在“检视器”面板中单击“突出显示”按钮，在预览窗口中查看画面效果，如图7-24所示。

图 7-21　选取天空区域

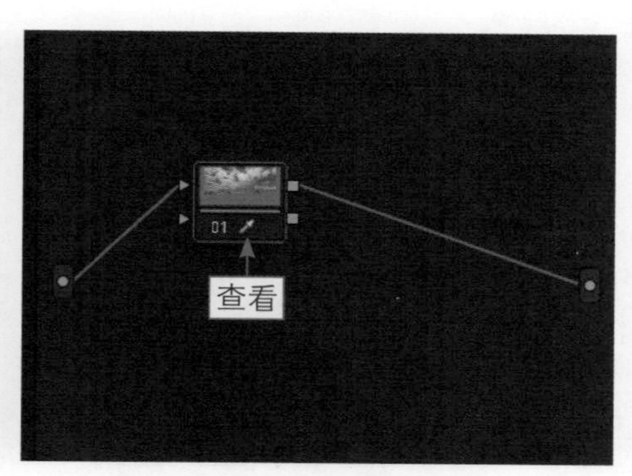

图 7-22　查看 01 节点缩略图

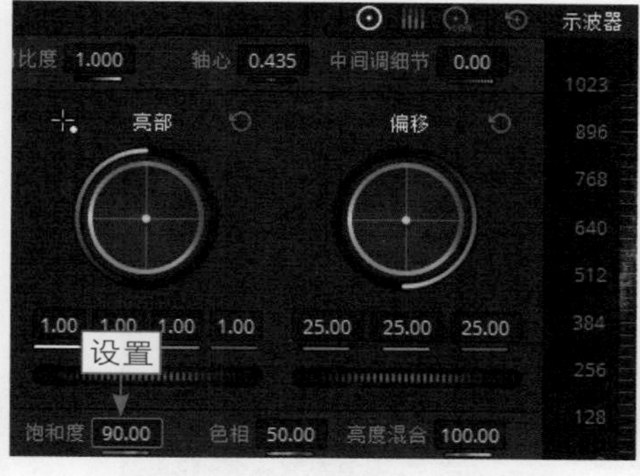

图 7-23　设置“饱和度”参数

图 7-24　查看画面效果

步骤 09 再次单击“突出显示”按钮，在“节点”面板中选中01节点，单击鼠标右键，弹出快捷菜单，选择“添加节点”|“添加并行节点”命令，如图7-25所示。

步骤 10 执行操作后，即可在01节点的下方添加一个编号为02的并行节点，如图7-26所示。并行节点输入连接的是“源”图标，01节点调色效果并未输出到02节点上，而是输出到了“并行混合器”节点上，因此02节点显示的图像信息还是原素材图像信息。

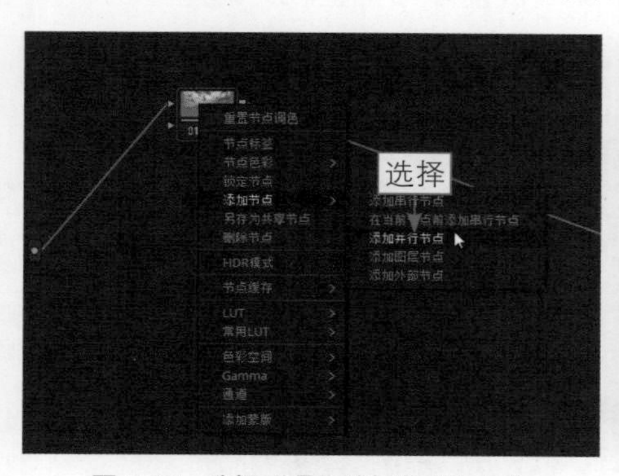

图 7-25　选择“添加并行节点”命令

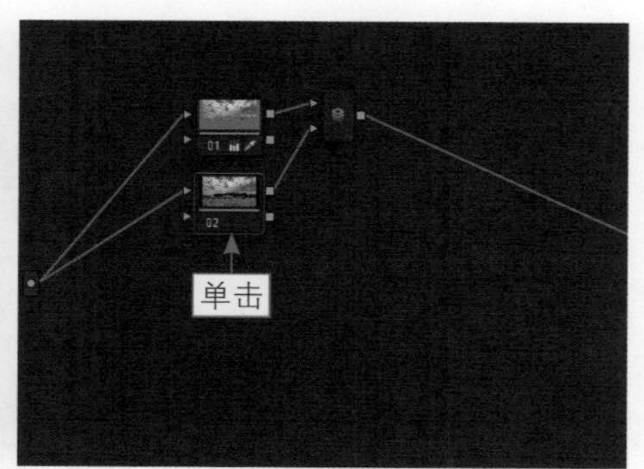

图 7-26　添加节点

步骤 11 切换至“限定器”面板，单击“拾取器”按钮，如图7-27所示。

步骤 12 在预览窗口的图像上，再次选取天空区域，返回“限定器”面板，单击“反向”按钮，如图7-28所示。

图 7-27　单击“拾取器”按钮

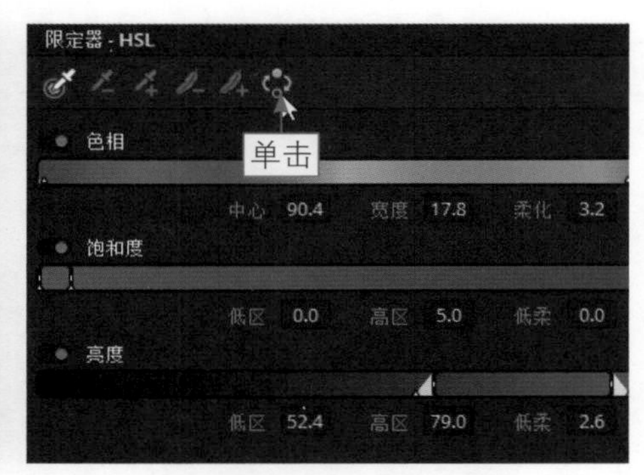

图 7-28　单击“反向”按钮

步骤 13 在预览窗口中，可以查看选取的荷塘区域，如图7-29所示。

步骤 14 切换至“色轮”面板，设置“饱和度”参数值为100.00，如图7-30所示。

图 7-29　查看选取的荷塘区域

图 7-30　设置“饱和度”参数

步骤 15 在预览窗口中，可以查看提高选取的荷塘区域画面饱和度后的效果，如图7-31所示。最终的调色效果会通过“节点”面板中的“并行混合器”节点将01和02两个节点的调色信息综合输出。切换至“剪辑”步骤面板，即可调整画面的整体色调，并在预览窗口查看最终的画面效果。

图 7-31　查看提高饱和度后的画面效果

★ 专家指点 ★

在“节点”面板中，选择“并行混合器”节点，单击鼠标右键，在弹出的快捷菜单中选择“变换为图层混合器节点”命令，如图 7-32 所示，即可将“并行混合器”节点更换为“图层混合器”节点。

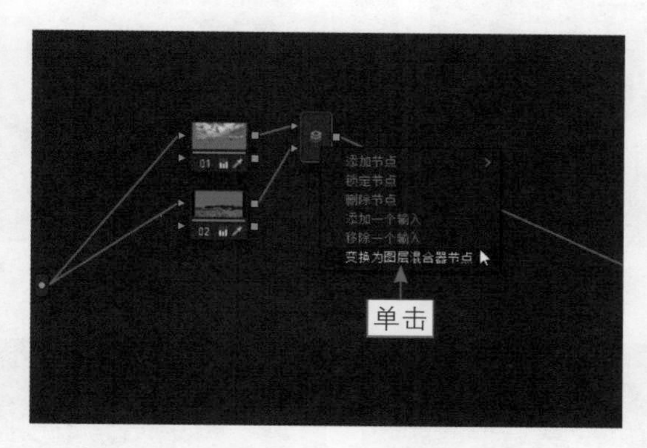

图 7-32　选择“变换为图层混合器节点”选项

7.2.3　添加图层节点：对脸部进行柔光处理

扫码看教学视频

【效果展示】：在达芬奇中，图层节点的架构与并行节点相似，但并行节点会将架构中每一个节点的调色结果叠加混合输出。而在图层节点的架构中，最后一个节点会覆盖上一个节点的调色结果，可以为人像添加柔光效果。原图与效果图对比如图7-33所示。

图 7-33　原图与效果图对比展示

下面介绍运用图层节点对脸部进行柔光处理的方法。

步骤 01 打开一个项目文件，进入达芬奇的“剪辑”步骤面板，如图7-34所示。

步骤 02 在预览窗口中，可以查看打开的项目，如图7-35所示，本例要为画面中的人物脸部添加柔光效果。

步骤 03 切换至“调色”步骤面板，在“节点”面板中，选择编号为 01 的节点，如图 7-36 所示，在鼠标指针右下角显示“无调色”提示框，表示当前素材并未有过调色处理。

步骤 04 展开“曲线-自定义”面板，在曲线编辑器的左上角，按住鼠标左键的同时向下拖曳滑块至合适的位置，如图7-37所示，即可降低画面的明暗反差。

图 7-34　打开一个项目文件

图 7-35　查看项目文件

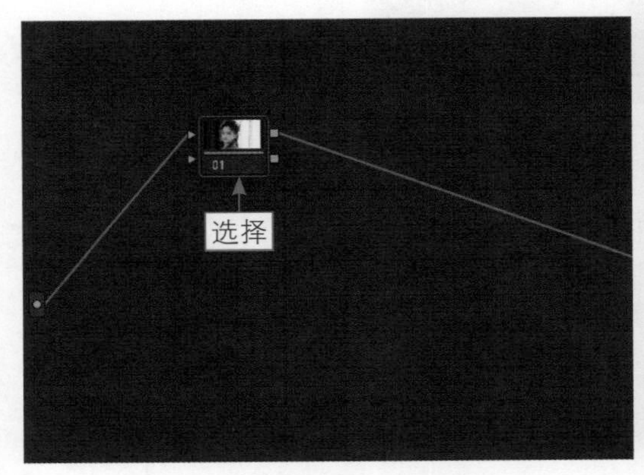

图 7-36　选择编号为 01 的节点

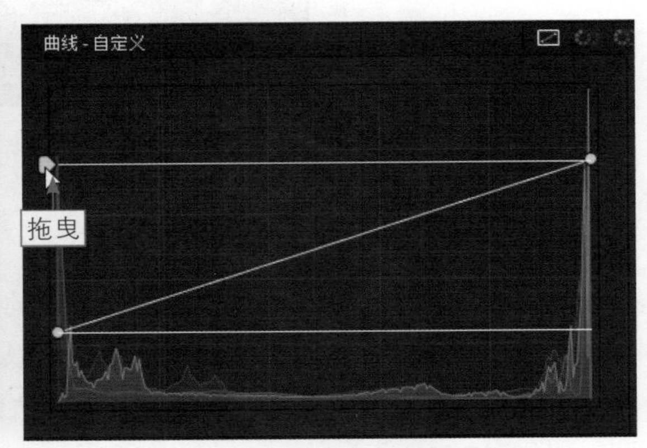

图 7-37　向下拖曳滑块至合适的位置

步骤 05 在“节点”面板中的01节点上单击鼠标右键，弹出快捷菜单，选择“添加节点”|“添加图层节点”命令，如图7-38所示。

步骤 06 执行操作后，即可在“节点”面板中添加一个“图层混合器”和一个编号为02的图层节点，如图7-39所示。

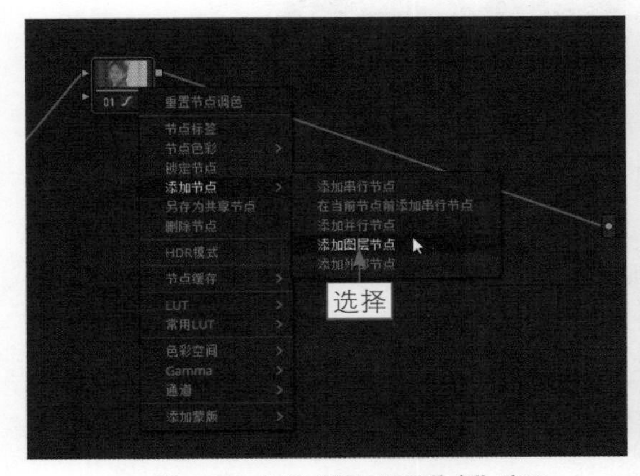

图 7-38　选择“添加图层节点”选项

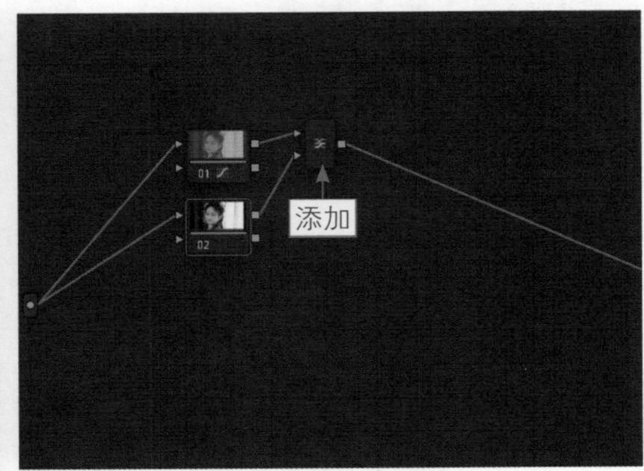

图 7-39　添加图层节点

步骤 07 在“节点”面板中，选择02节点，如图7-40所示。

步骤 08 展开“曲线-自定义”面板，在曲线上添加两个控制点并调整至合适的位置，如图7-41所示。

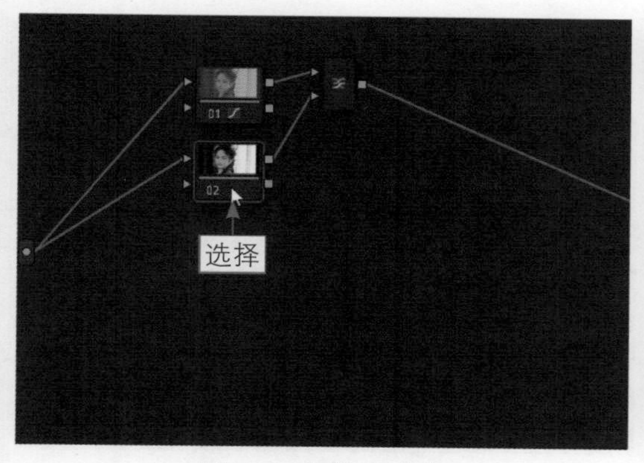

图 7-40　选择 02 节点

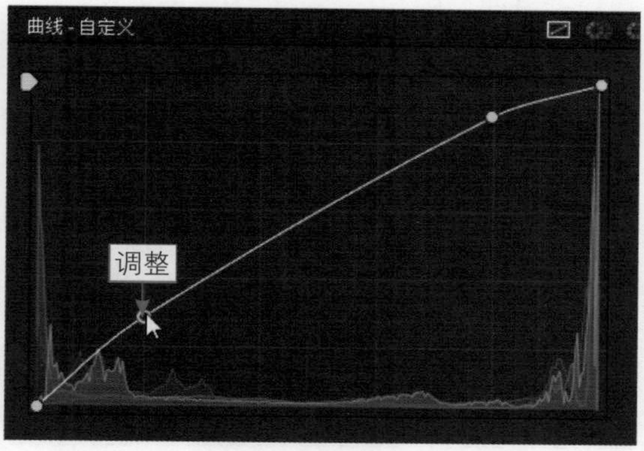

图 7-41　调整控制点

步骤 09 执行操作后，即可对画面明暗反差进行修正，使画面更柔和，效果如图7-42所示。

步骤 10 展开“模糊”面板，向上拖曳“半径”通道上的滑块，直至参数值为0.62，如图7-43所示，即可增强模糊度，使画面出现柔光效果。

图 7-42　对画面明暗反差进行修正

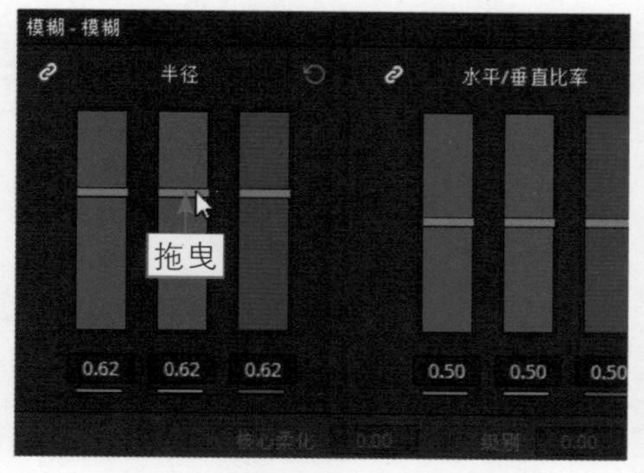

图 7-43　拖曳“半径”通道上的滑块

★ 专家指点 ★

在“自定义”曲线面板的编辑器中，曲线的斜对角有两个默认的控制点，用户除了可以调整在曲线上添加的控制点，也可以移动斜对角上的两个控制点来调整画面的明暗亮度。

本章小结

本章主要向读者介绍在达芬奇软件中利用节点调色的相关操作，帮助读者认识节点的基础知识并掌握利用节点调色的操作方法。希望读者通过对本章的学习，能够熟练掌握节点相关操作，扩展思维，融会贯通。

课后习题

鉴于本章知识的重要性，为了帮助大家可以更好地掌握所学知识，本节将通过上机习题，进行简单的知识回顾和补充。

本习题需要掌握在达芬奇中一键换天空的方法，效果如图7-44所示。

图 7-44　一键换天空原图与效果图对比展示

第8章

LUT 和滤镜调色

本章要点：

在达芬奇中，LUT相当于一个滤镜“神器”，可以帮助用户实现各种调色风格，本章主要向大家介绍在达芬奇中应用LUT和滤镜的方法等内容。

8.1 使用LUT调色

LUT是什么？LUT是Look Up Table的简称，我们可以将其理解为查找表或查色表。在DaVinci Resolve 18中，LUT相当于胶片滤镜库。LUT的功能分为3个部分，一是色彩管理，可以确保素材图像在显示器上显示的色彩均衡一致；二是技术转换，当用户需要将图像中的A色彩转换为B色彩时，LUT在图像色彩转换生成的过程中准确度更高；三是影调风格，LUT支持多种胶片滤镜效果，方便用户制作特殊的影视图像。

8.1.1 在“节点”添加LUT

扫码看教学视频

【效果展示】：达芬奇支持用户使用LUT进行调色处理，改变画面的亮度。原图与效果图对比如图8-1所示。

图 8-1 原图与效果图对比展示

下面介绍在“节点”面板中添加LUT进行调色处理的方法。

步骤 01 打开一个项目文件，进入“剪辑”步骤面板，如图8-2所示。

步骤 02 切换至“调色”步骤面板，展开“节点”面板，选中01节点，如图8-3所示。

步骤 03 单击鼠标右键，弹出快捷菜单，选择LUT | DJI | DJI_Phantom4_DLOG2 Rec709命令，如图8-4所示，即可改变图像的色彩。在预览窗口中，可以查看最终效果。

图 8-2 打开一个项目文件

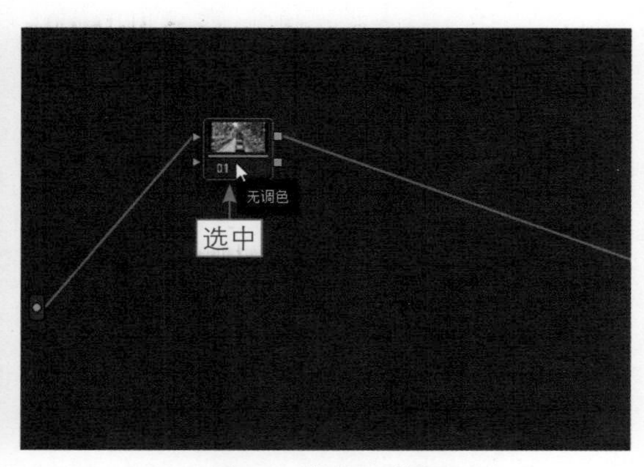

图 8-3 选中 01 节点

图 8-4　选择相应选项

8.1.2　直接调用3D LUT

扫码看教学视频

【效果展示】：在DaVinci Resolve 18中，提供了3D LUT面板，与1D LUT不同的是，3D LUT不仅可以改变图像的亮度，还可以改变图像中色彩的色相，方便用户直接调用LUT对素材文件进行调色处理，效果如图8-5所示。

图 8-5　原图与效果图对比展示

下面向大家介绍直接调用3D LUT的方法。

步骤 01 打开一个项目文件，进入“剪辑”步骤面板，如图8-6所示，在预览窗口中可以查看打开的项目。

步骤 02 执行操作后，切换至“调色”步骤面板，在左上角单击LUT按钮，如图8-7所示。

步骤 03 展开LUT面板，在下方的选项面板中，选择Sony选项，展开相应的面板，如图8-8所示。

步骤 04 选择第4个LUT样式，如图8-9所示。

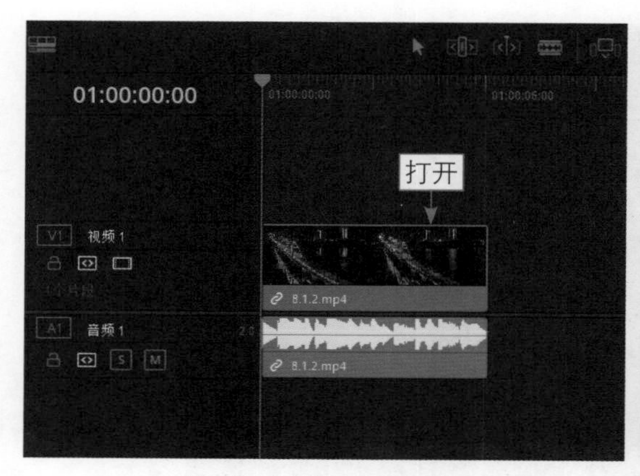

图 8-6　打开一个项目文件

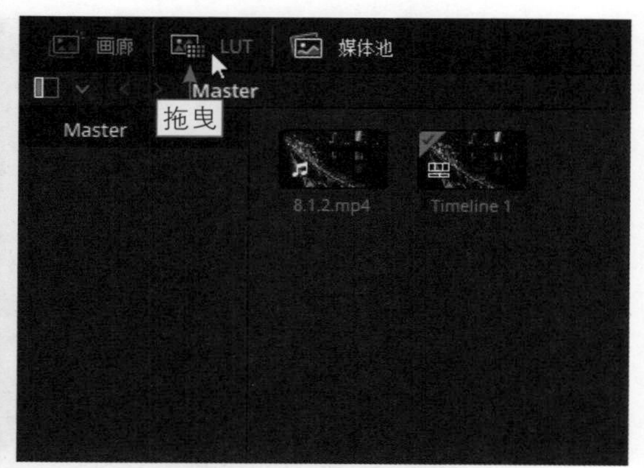

图 8-7　单击 LUT 按钮

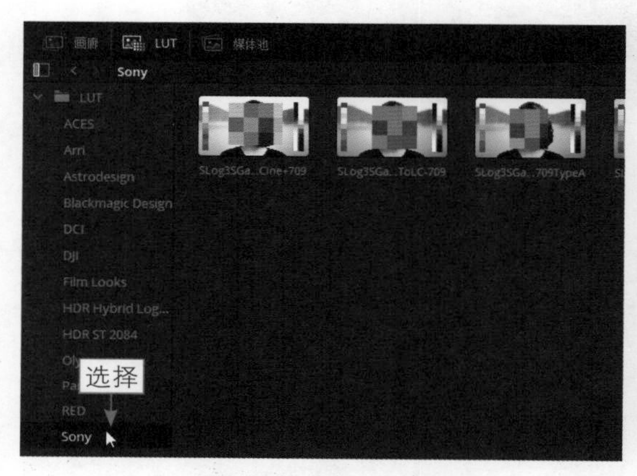

图 8-8　选择 Sony 选项

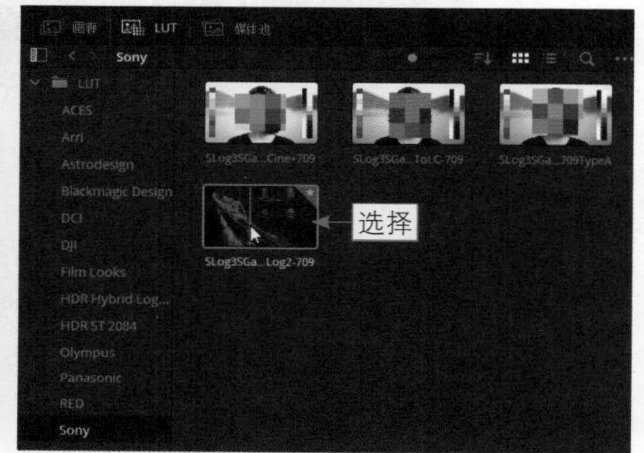

图 8-9　选择第 4 个 LUT 样式

步骤 05 按住鼠标左键将选择的LUT样式拖曳至预览窗口的图像上，如图8-10所示，释放鼠标左键即可将其添加至视频素材上，提高图像中色彩的饱和度。

图 8-10　拖曳 LUT 样式

8.2 使用滤镜风格调色

滤镜是指可以应用到视频素材中的效果，它可以改变视频文件的外观和样式。当对视频素材进行编辑时，通过视频滤镜不仅可以掩饰视频素材中的瑕疵，还可以令视频产生绚丽的视觉效果，使制作出来的视频更具表现力。

8.2.1　风格化滤镜：制作暗角效果

扫码看教学视频

【效果展示】：暗角是一种摄影术语，是指画面的中间部分较亮，四个角渐变偏暗的一种“老影像”艺术效果，方便突出画面中心。在DaVinci Resolve 18中，用户可以应用风格化滤镜来实现暗角效果，原图与效果图对比如图8-11所示。

图 8-11　原图与效果图对比展示

下面通过风格化滤镜制作暗角效果的操作方法。

步骤 01 打开一个项目文件，在预览窗口中可以查看打开的项目，如图8-12所示。

步骤 02 切换至“调色”步骤面板，展开“效果”|“素材库”选项卡，在“Resolve FX风格化”滤镜组中选择“暗角”滤镜效果，如图8-13所示。

图 8-12　查看打开的项目

图 8-13　选择“暗角”滤镜效果

步骤 03 按住鼠标左键将其拖曳至“节点”面板的01节点上，释放鼠标左键，即可在调色提示区显示一个滤镜图标，表示添加了滤镜效果，如图8-14所示。

步骤 04 切换至"设置"选项卡，在"形状"选项区中，设置"大小"参数值为0.542、"变形"参数值为1.824；在"外观"选项区中，设置"柔化"参数值为0.550，如图8-15所示，即可降低画面中的阴影部分。在预览窗口中，可以查看制作的暗角效果。

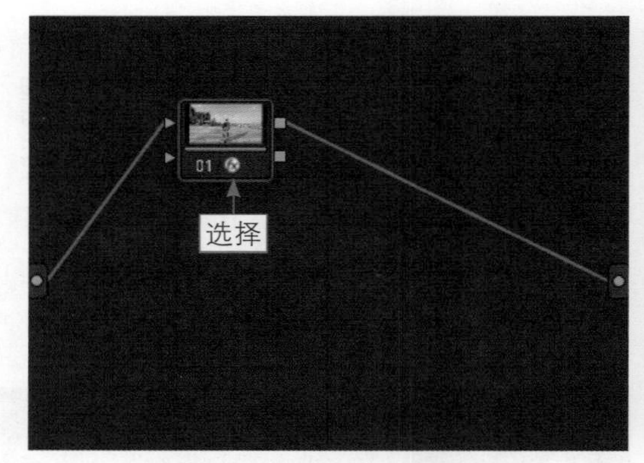

图 8-14　在 01 节点上添加滤镜效果

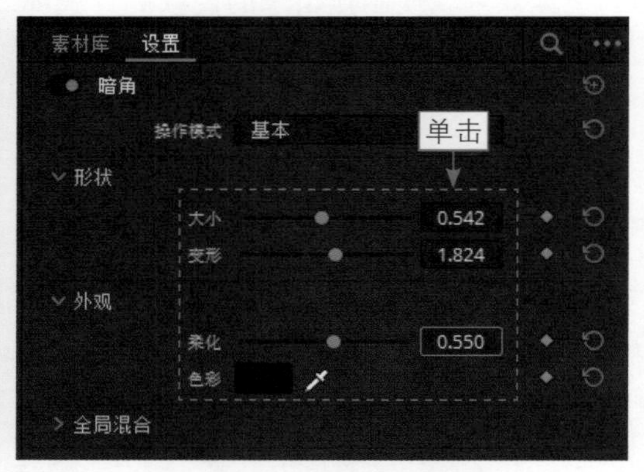

图 8-15　设置相关参数

8.2.2　美化滤镜：制作人物磨皮效果

扫码看教学视频

【效果展示】：在DaVinci Resolve 18的"Resolve FX美化"滤镜组中，应用"面部修饰"滤镜效果可以使人物变得更加精致，原图与效果图对比如图8-16所示。

图 8-16　原图与效果图对比展示

图 8-17 预览项目

下面介绍通过美颜滤镜制作人物磨皮效果的方法。

步骤 01 打开一个项目文件，在预览窗口中查看打开的项目，如图8-17所示，此时画面中的人物皮肤不够精致。

步骤 02 切换至“调色”步骤面板，展开“效果”|“素材库”选项卡，在“Resolve FX美化”滤镜组中选择“面部修饰”滤镜效果，如图8-18所示。

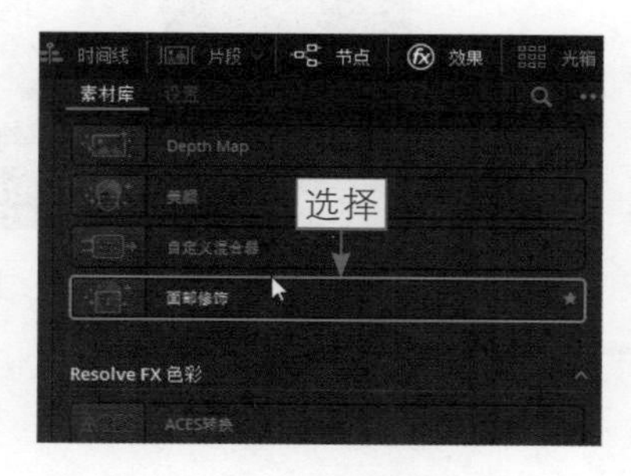

图 8-18 选择“面部修饰”滤镜效果

步骤 03 按住鼠标左键并将其拖曳至“节点”面板的01节点上，释放鼠标左键，即可在调色提示区显示一个滤镜图标，表示添加了滤镜效果，如图8-19所示。

步骤 04 切换至“设置”选项卡，在“面部修饰”选项区中，单击“分析”按钮，如图8-20所示。

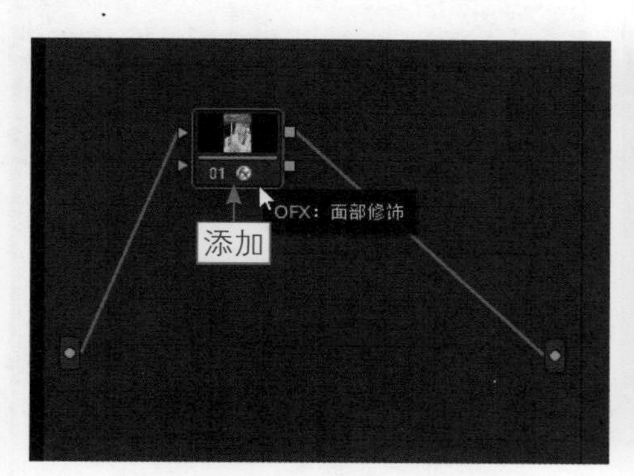

图 8-19 在 01 节点上添加滤镜

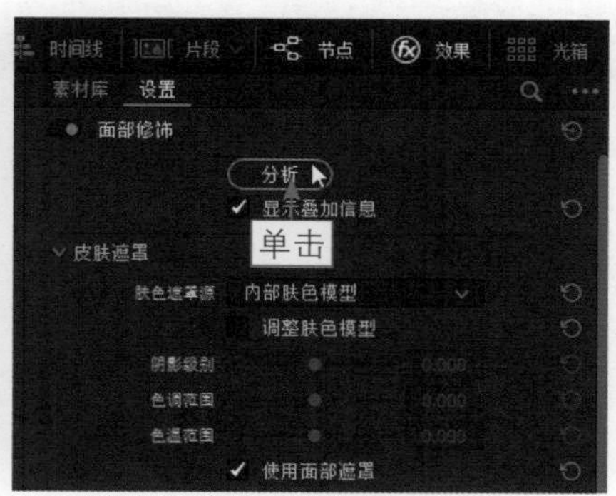

图 8-20 单击“分析”按钮

步骤 05 执行操作后，弹出Face Analysis对话框，可以查看添加的进度，如图8-21所示。

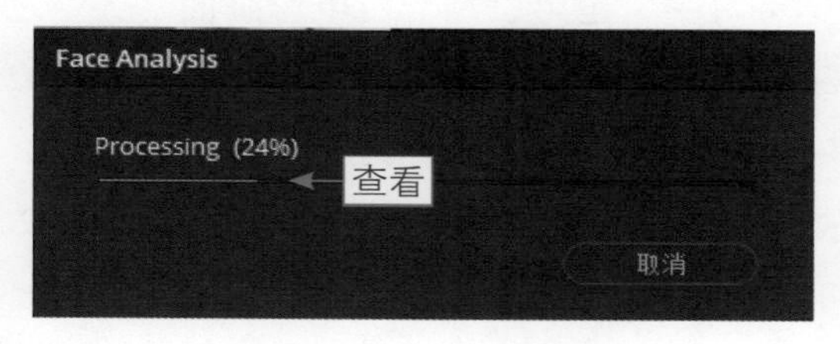

图 8-21 查看添加的进度

步骤 06 操作完成后，在预览窗口中查看添加的效果，如图8-22所示。

图 8-22　查看添加的效果

步骤 07 展开“纹理”选项区，在“操作模式”下拉列表中，选择“高级美化”选项，如图8-23所示。

步骤 08 在“纹理”选项区中，设置“阈值平滑处理”参数值为0.085、“漫射光照明”参数值为0.660、“纹理阈值”参数值为0.400，如图8-24所示，即可使画面中的人物皮肤变得更加光滑。在预览窗口中，可以查看制作的人物磨皮效果。

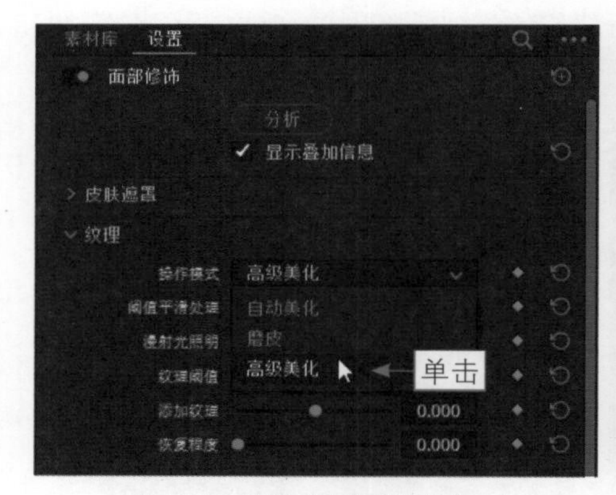

图 8-23　选择“高级美化”选项

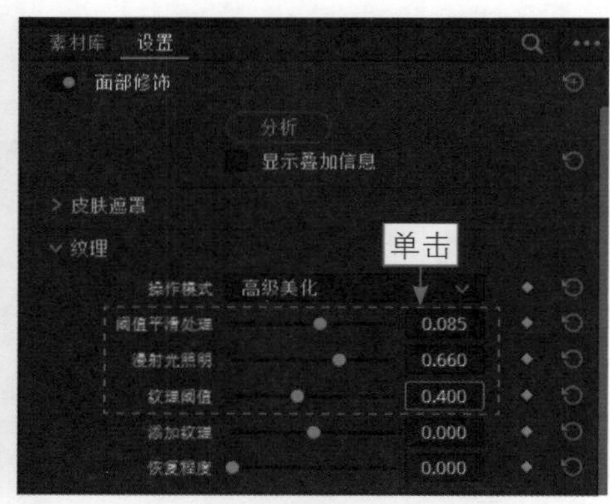

图 8-24　设置相应参数

8.2.3　镜像滤镜：制作天空之城效果

扫码看教学视频

【效果展示】：在达芬奇中，也可以制作出电影画面“天空之城”的效果，这个效果就是运用镜像滤镜制作的，原图与效果图对比如图8-25所示。

下面介绍通过镜像滤镜制作天空之城效果的方法。

步骤 01 打开一个项目文件，进入“剪辑”步骤面板，如图8-26所示。

步骤 02 在预览窗口中查看打开的项目，如图8-27所示。

图 8-25　原图与效果图对比展示

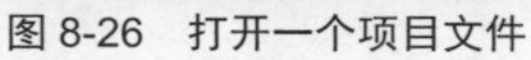
图 8-26　打开一个项目文件

图 8-27　查看打开的项目

步骤 03 在“剪辑”步骤面板的左上角，单击“效果”按钮，如图8-28所示。

步骤 04 在“媒体池”面板下方展开“效果”面板，单击Open FX下拉按钮，展开下拉列表，选择Resolve FX选项，如图8-29所示。

图 8-28　单击“效果”按钮

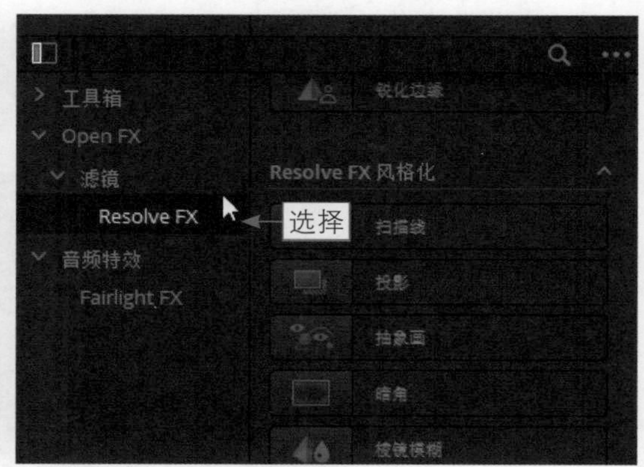

图 8-29　选择相应的选项

步骤 05 展开Resolve FX面板，选择“镜像”滤镜效果，如图8-30所示。

步骤 06 按住鼠标左键将“镜像”滤镜拖曳至V1轨道中，如图8-31所示，即可在V1轨道中添加“镜像”滤镜。

图 8-30　选择“镜像”滤镜

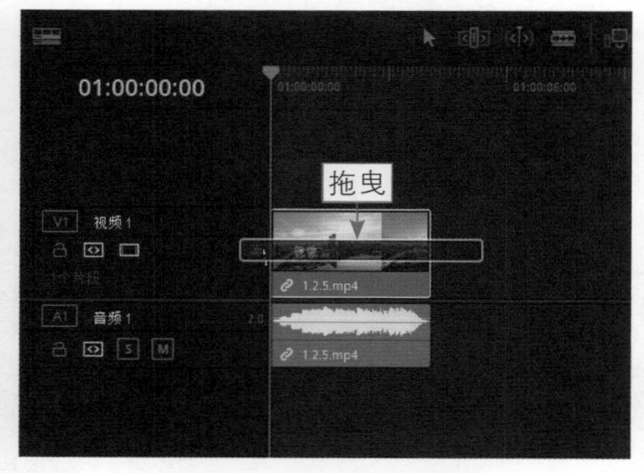

图 8-31　拖曳至 V1 轨道

步骤 07 展开“检查器”|“效果”选项卡，如图8-32示。

步骤 08 在“镜像1”选项区中，设置“角度”参数值为-90.0，如图8-33所示，即可旋转视频画面。

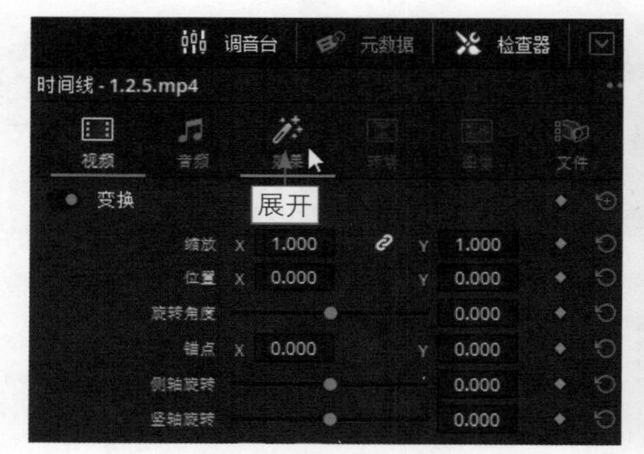

图 8-32　展开“检查器”|“效果”选项卡

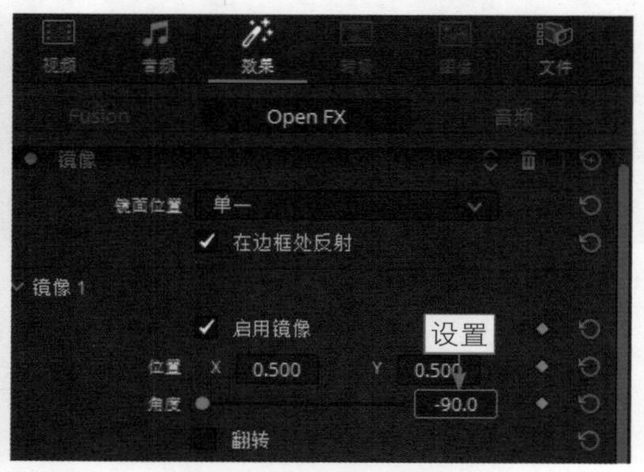

图 8-33　设置“角度”参数

步骤 09 展开“视频”选项卡，设置“位置”的Y参数值为-306.000，如图8-34所示。在预览窗口中，可以查看制作的天空之城效果。

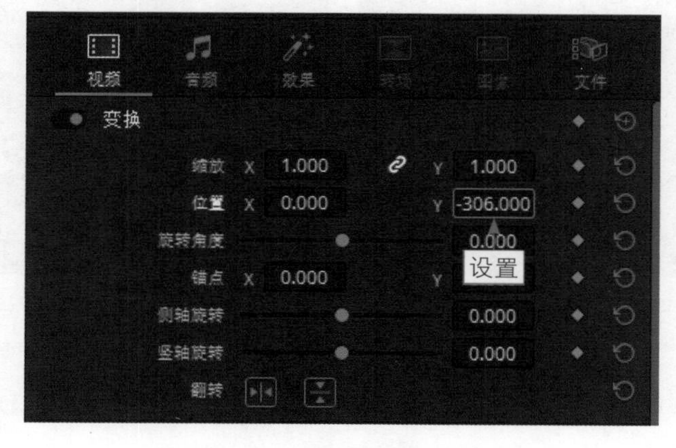

图 8-34　设置“位置”参数

8.2.4　光线滤镜：制作丁达尔效果

扫码看教学视频

【效果展示】：丁达尔效果又称为耶稣光，指的是当一束光线透过胶体后，从垂直入射光方向可以观察到胶体里出现一条光亮的通路现象。在达芬奇中，可以通过“ResolveFX光线”滤镜组中的“射光”滤镜效果来制作出丁达尔效果。原图与效果图对比如图8-35所示。

图 8-35　原图与效果图对比展示

下面介绍通过光线滤镜制作丁达尔效果的操作方法。

步骤01 打开一个项目文件，在预览窗口中可以查看打开的项目，如图8-36所示。

步骤02 切换至“调色”步骤面板，展开“效果”|“素材库”选项卡，在“ResolveFX光线”滤镜组中选择“射光”滤镜效果，如图8-37所示。

图 8-36　查看打开的项目

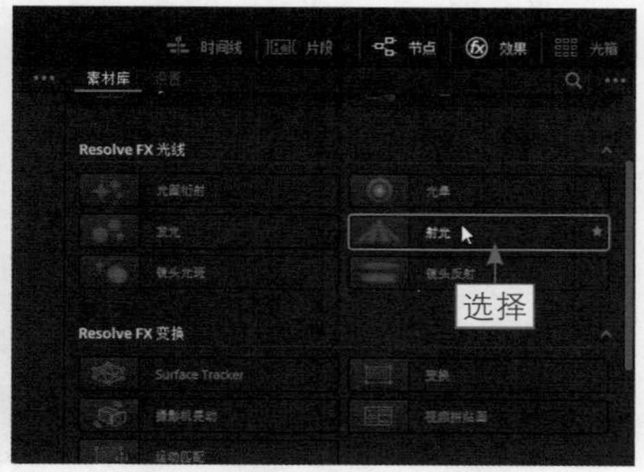

图 8-37　选择“射光”滤镜效果

步骤03 按住鼠标左键并将其拖曳至“节点”面板的01节点上，释放鼠标左键，即可在调色提示区显示一个滤镜图标，表示添加了滤镜效果，如图8-38所示。

步骤04 执行操作后，即可在预览窗口中查看添加的滤镜，如图8-39所示。

步骤05 在“射光”选项区中，设置“源阈值”参数值为0.295，如图8-40所示。

步骤06 在“位置”选项区中，设置“角度”参数值为-4.1，如图8-41所示。

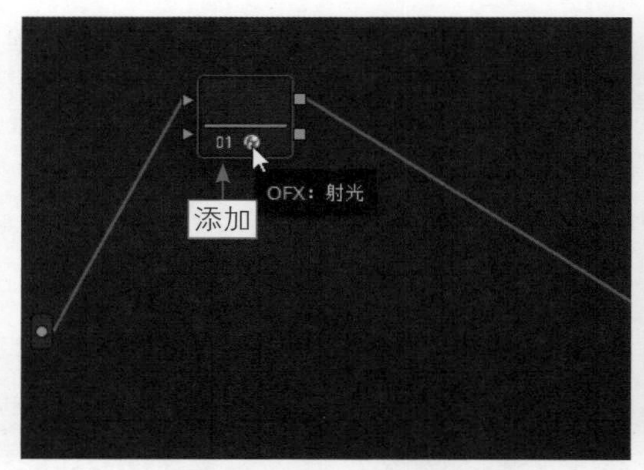

图 8-38　在 01 节点上添加滤镜特效

图 8-39　查看添加的滤镜

图 8-40　设置“源阈值”参数

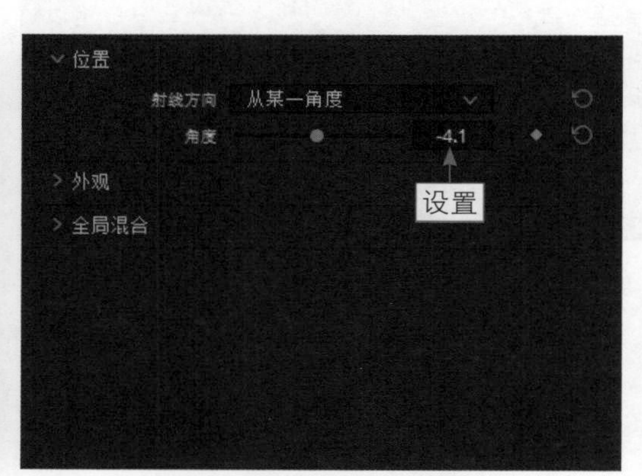

图 8-41　设置“角度”参数

步骤07 在“外观”选项区中，设置“长度”参数值为0.771、“柔化”参数值为0.156、“亮度”参数值为0.266，如图8-42所示，即可降低光线强度，使画面更柔和。

步骤08 执行上述操作后，即可在预览窗口中查看制作的丁达尔效果，如图8-43所示。

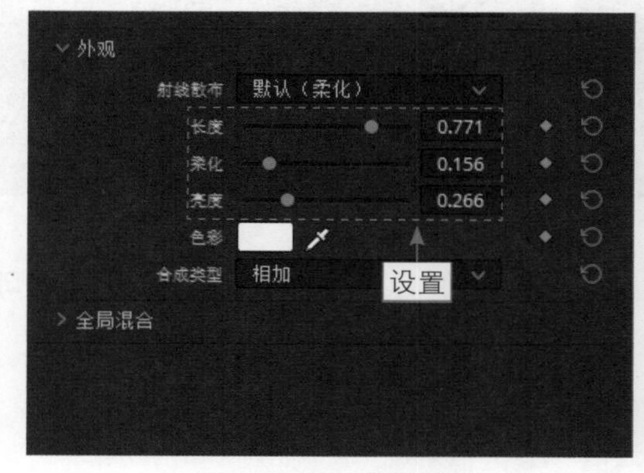

图 8-42　设置其他参数

图 8-43　查看制作的丁达尔效果

8.2.5 修复滤镜：降低画面闪烁度

【效果展示】：想必大家都见过这种画面一闪一闪的情况，下面将介绍如何在达芬奇中去除这种频闪状况。原图与效果图对比如图8-44所示。

图 8-44 原图与效果对比展示

下面介绍利用修复滤镜降低画面闪烁度的方法。

步骤 01 打开一个项目文件，进入“剪辑”步骤面板，如图8-45所示。

步骤 02 在预览窗口中可以查看打开的项目，如图8-46所示。

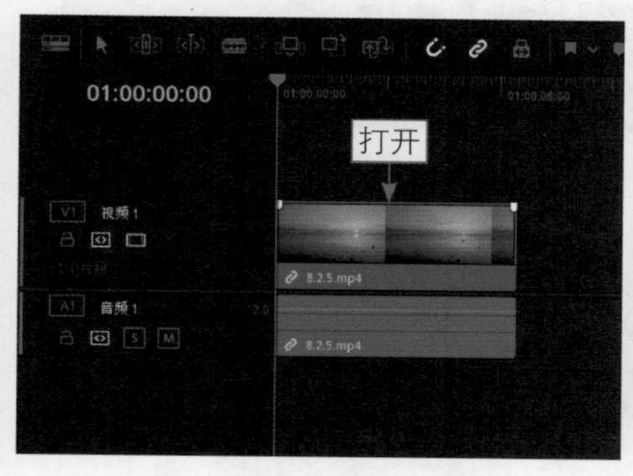

图 8-45 打开一个项目文件

图 8-46 预览打开的项目

步骤 03 切换至“调色”步骤面板，展开“效果”|“素材库”选项卡，在“ResolveFX修复”滤镜组中，选择“去闪烁”滤镜效果，如图8-47所示。

步骤 04 按住鼠标左键并将其拖曳至“节点”面板的01节点上，释放鼠标左键，即可在调色提示区显示一个滤镜图标，表示添加了滤镜效果，如图8-48所示。

步骤 05 在“去闪烁设置”下拉列表中，选择“延时”选项，如图8-49所示。

步骤 06 在“去闪烁后恢复原始细节”选项区中，拖曳“要恢复的细节”滑块至最右侧，如图8-50所示，即可降低闪烁度。

步骤 07 添加相应的背景音乐，将时间指示器移动至视频轨的开始位置，如图8-51所示。在预览窗口中，单击“播放”按钮，查看降低画面闪烁度的效果。

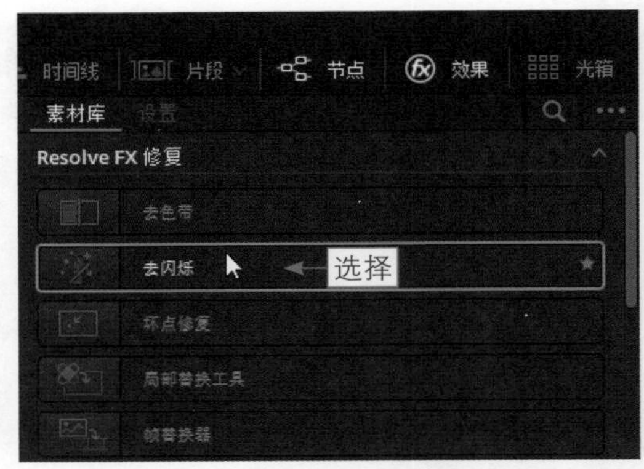

图 8-47　选择“去闪烁”滤镜特效

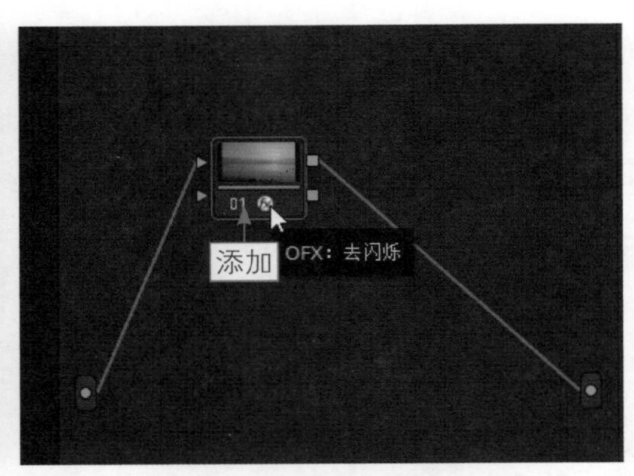

图 8-48　在 01 节点上添加滤镜特效

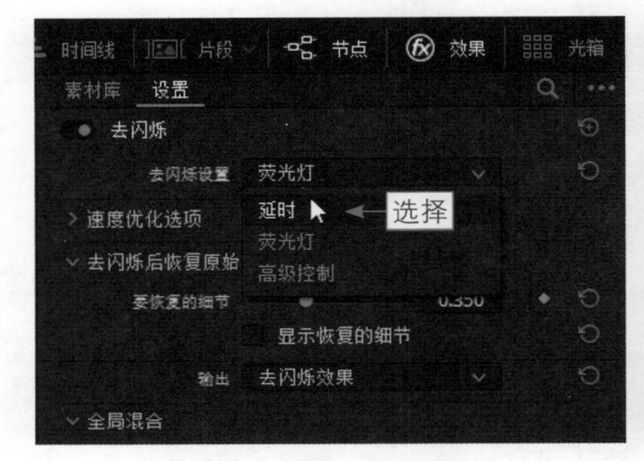

图 8-49　选择“延时”选项

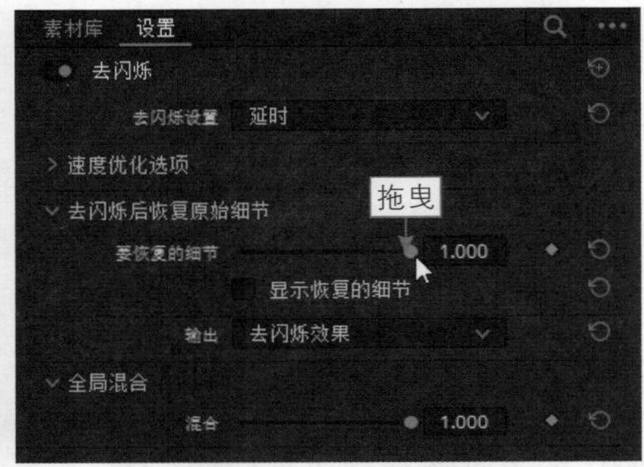

图 8-50　拖曳“要恢复的细节”滑块

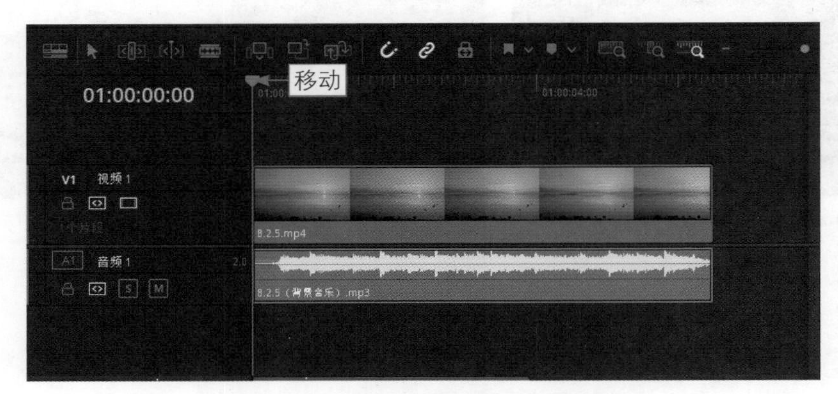

图 8-51　移动时间指示器至相应的位置

本章小结

本章主要向读者详细介绍LUT和滤镜调色。首先介绍使用LUT调色的内容，然后介绍使用滤镜风格调色的方法。学完本章后，相信大家可以制作出更加精美的效果。

课后习题

鉴于本章知识的重要性，为了帮助读者更好地掌握所学知识，本节将通过上机习题，帮助读者进行简单的知识回顾和补充。

本习题需要掌握在达芬奇中为人物瘦身的方法，效果如图8-52所示。

图 8-52　为人物瘦身原图与效果图对比展示

第9章

抖音热门色调

本章要点：

前面介绍了达芬奇软件中的基础操作，以及在其中剪辑视频与音频、应用转场、制作字幕、进行一级调色、进行二级调色、利用节点调色、LUT和滤镜调色等内容，本章将主要介绍一些热门案例，就以近期几个热门视频为例，介绍具体的制作方法。

9.1 特殊色调

在DaVinci Resolve 18中，用户可以对拍摄效果不够好的视频进行调色处理，以获得满意的视频效果；还可以通过调色将视频调成另一种色调效果。本节通过抖音特殊的案例进行调色，介绍在DaVinci Resolve 18中进行人物调以及航拍调色的操作方法。

9.1.1　人物调色

扫码看教学视频

【效果展示】：在达芬奇中，通过节点功能可以让人像视频中的人脸变得更好看，而且效果非常自然。原图与效果图对比如图9-1所示。

图 9-1　原图与效果图对比展示

下面介绍给人物调色的操作方法。

步骤01 打开一个项目文件，进入“剪辑”步骤面板，如图9-2所示。

步骤02 切换至“调色”步骤面板，展开“节点”面板，选中02节点，如图9-3所示。

步骤03 单击“窗口”按钮，在“窗口”面板中，单击圆形“窗口激活”按钮，如图9-4所示。

步骤04 在预览窗口的图像上会出现一个圆形蒙版，拖曳蒙版四周的控制柄，调整蒙版的位置、形状和大小，如图9-5所示，即可针对人物调色。

步骤05 选中03节点，展开“曲线”面板，在“曲线-自定义”编辑器中的合适位置添加两个控制点，并调整至合适的位置，如图9-6所示。

步骤06 展开“节点”面板，选中04节点，如图9-7所示。在“检视器”面板中，单击“突出显示”按钮，方便查看后续调色效果。

图 9-2　打开一个项目文件

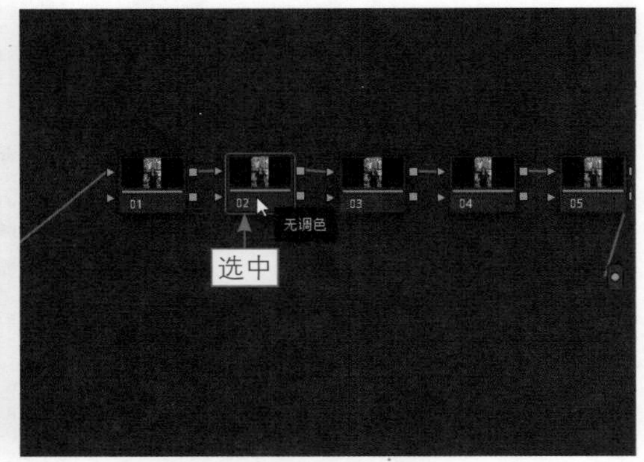

图 9-3　选中 02 节点

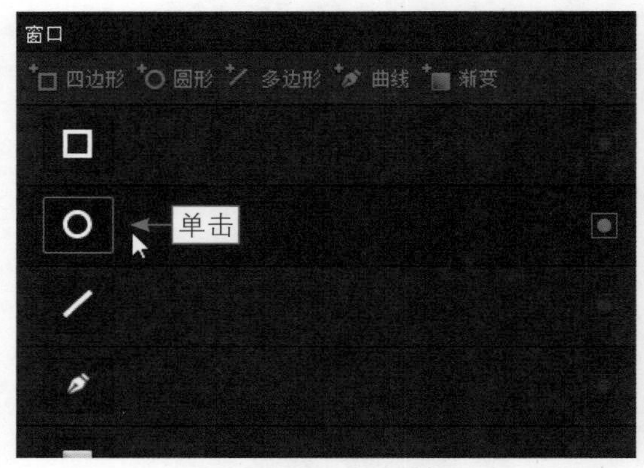

图 9-4　单击圆形“窗口激活”按钮

图 9-5　调整蒙版位置、形状和大小

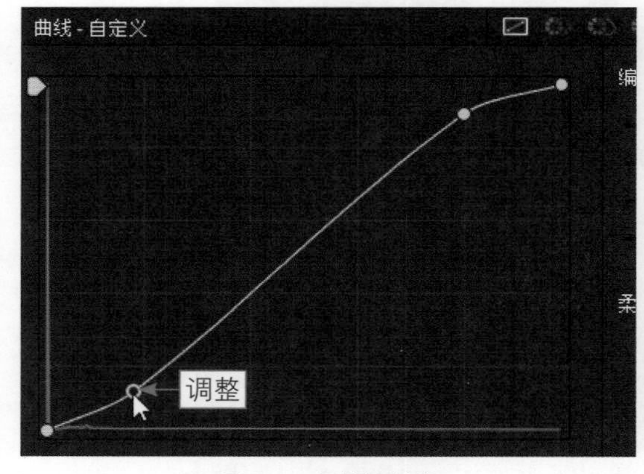

图 9-6　调整控制点

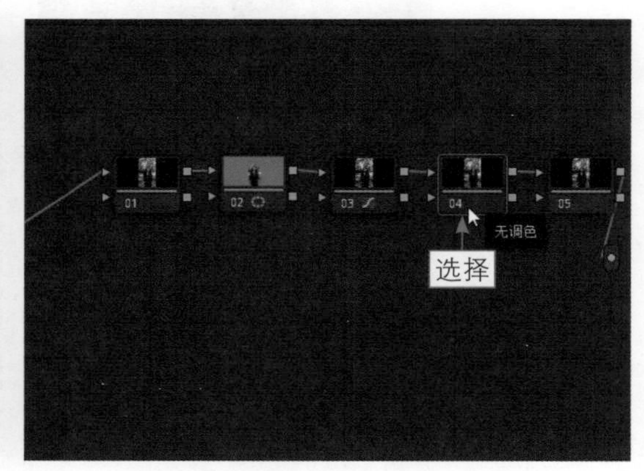

图 9-7　选中 04 节点

步骤 07 切换至“限定器”面板，应用“拾取器”工具，在预览窗口的图像上，选取人像皮肤区域，如图9-8所示。

步骤 08 展开“曲线”面板，在“曲线-自定义”编辑器中的合适位置添加两个控制点，并调整至合适的位置，如图9-9所示。

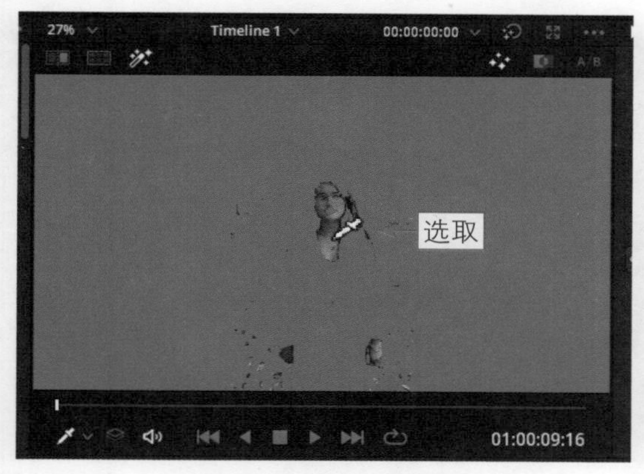

图 9-8 选取皮肤画面

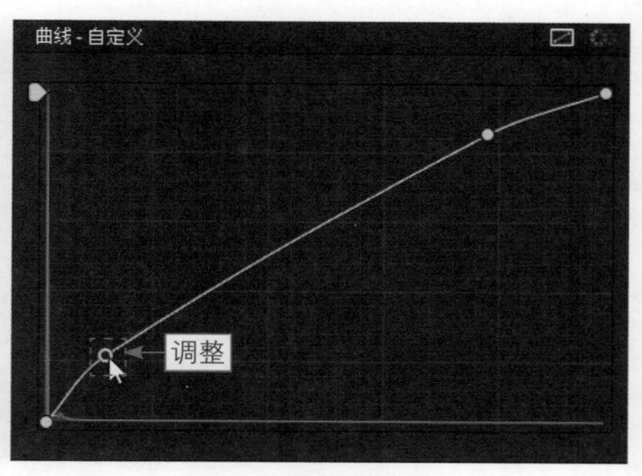

图 9-9 调整控制点

步骤 09 选中05节点，切换至“色轮”面板，设置“饱和度”参数值为83.40，如图9-10示。展开“曲线”面板，在“曲线-自定义”编辑器中的合适位置添加两个控制点，并调整至合适的位置。

步骤 10 展开“色彩扭曲器-色相-饱和度”面板，调整色调，如图9-11所示，即可调整画面整体色调。执行操作后，查看调色后的人物效果。

图 9-10 设置“饱和度”参数

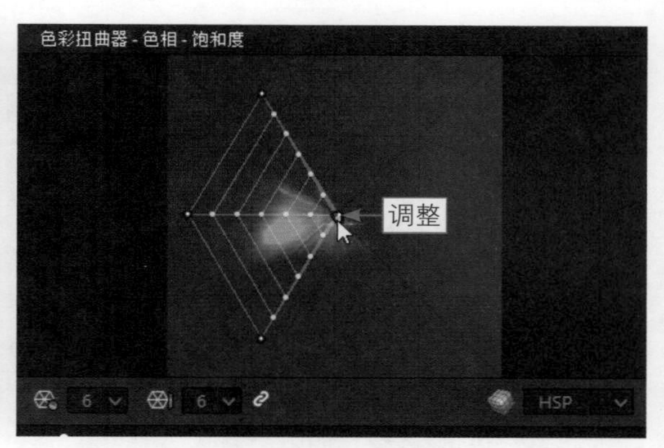

图 9-11 调整色调

★ 专家指点 ★

“色彩扭曲器”除了可以控制色相和饱和度，它还可以针对相应的调色区域进行亮度调节。

9.1.2 航拍调色

扫码看教学视频

【效果展示】：在DaVinci Resolve 18中，进入“调色”步骤面板，展开“色轮”面板，可以对航拍视频进行调色处理，从而制作出精美的视频效果，如图9-12所示。

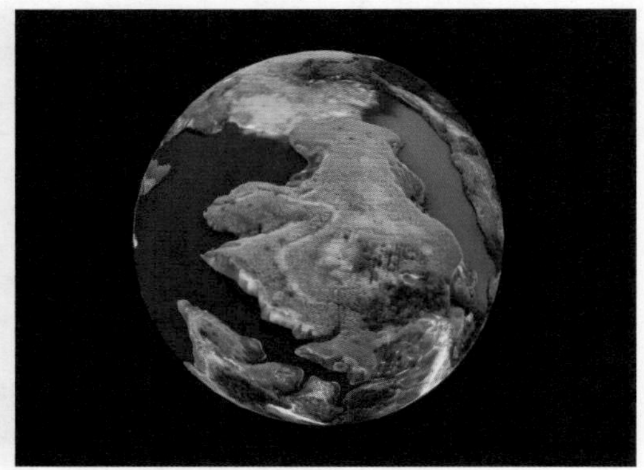

图 9-12　原图与效果图对比展示

下面介绍为航拍视频调色的具体操作方法。

步骤 01 打开一个项目文件，进入“剪辑”步骤面板，在预览窗口中查看项目效果，如图9-13所示。

步骤 02 切换至“调色”步骤面板，展开“色轮”|“一级-校色轮”面板，将鼠标指针移至“暗部”下方的色轮上，按住鼠标左键向左拖曳，直至色轮下方的参数值均显示为-0.01，如图9-14所示，即可压暗暗部画面。

图 9-13　预览项目效果

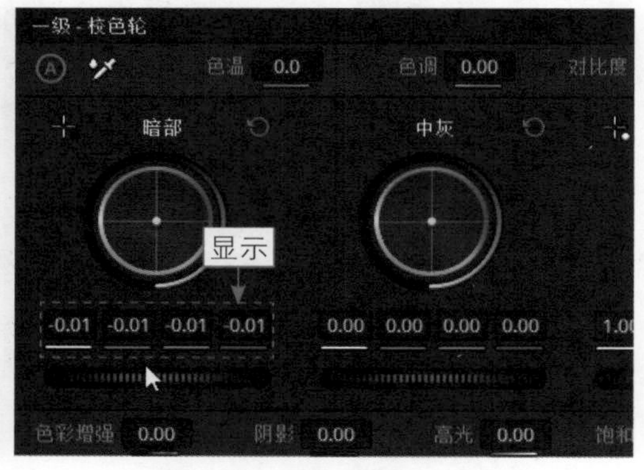

图 9-14　设置“暗部”参数

步骤 03 将鼠标指针移至“中灰”下方的色轮上，按住鼠标左键向左拖曳，直至色轮下方的参数值均显示为-0.05，如图9-15所示，即可压暗画面中的灰色部分。

步骤 04 将鼠标指针移至“亮部”下方的色轮上，按住鼠标左键向右拖曳，直至色轮下方的参数值均显示为1.18，如图9-16所示，即可提亮画面中的亮部。

步骤 05 执行操作后，设置“饱和度”参数值为100.00，如图9-17所示，即可调整画面的整体色调。

步骤 06 执行操作后，在预览窗口中查看效果，如图9-18所示。切换至“交付”面板，并导出.mp4格式的素材。

图 9-15　设置“中灰”参数

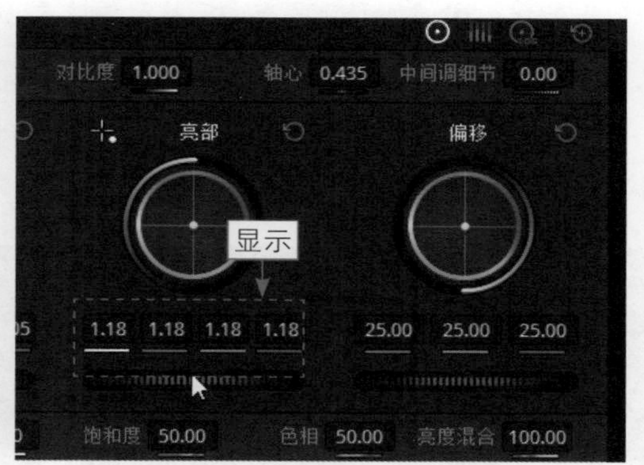

图 9-16　设置“亮部”参数

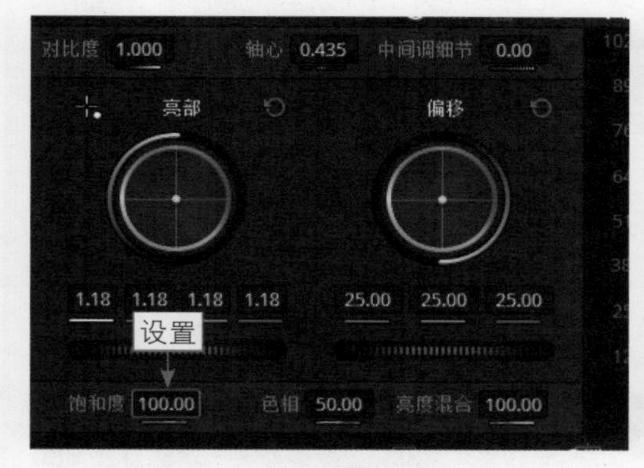

图 9-17　设置“饱和度”参数

图 9-18　单击“创建”按钮

步骤 07 切换至“剪辑”步骤面板，在“媒体池”面板中，单击鼠标右键，弹出快捷菜单，选择“导入媒体”命令，如图9-19所示。

步骤 08 弹出“导入媒体”对话框，选中相应的素材，单击“打开”按钮，如图9-20所示，即可将素材导入到“媒体池”面板中，并删除“时间线”面板中的视频素材。

图 9-19　选择“导入媒体”命令

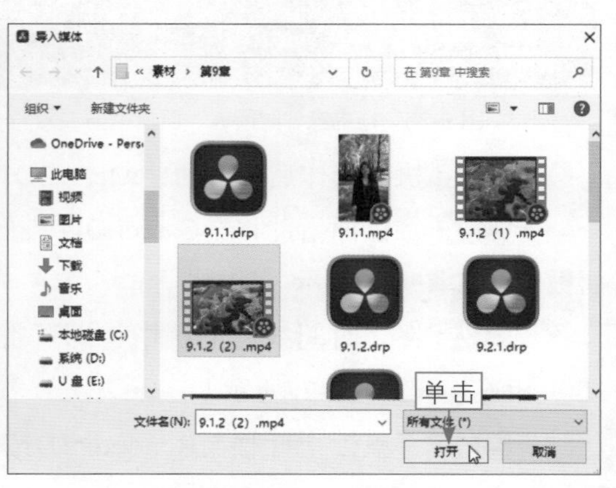

图 9-20　单击“打开”按钮

步骤 09 在“媒体池”面板中，单击鼠标右键，弹出快捷菜单，选择“新建Fusion合成”命令，如图9-21所示。

步骤 10 弹出“新建Fusion合成片段”对话框，设置片段名，单击“创建”按钮，如图9-22所示。

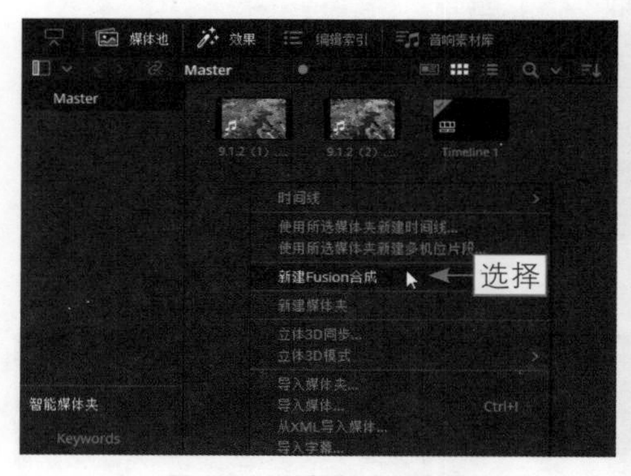

图 9-21 选择相应的命令

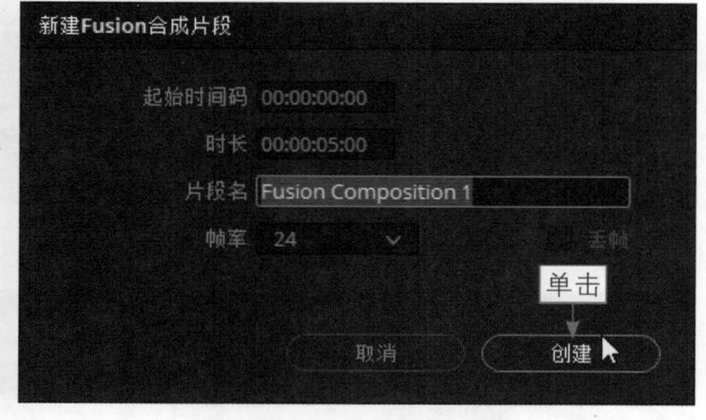

图 9-22 单击“创建”按钮

步骤 11 在“媒体池”面板中，选择需要的素材文件，将其拖曳至“时间线”面板中，如图9-23所示。

步骤 12 切换至Fusion步骤面板，单击Merge 3D（合并3D）按钮，如图9-24所示。

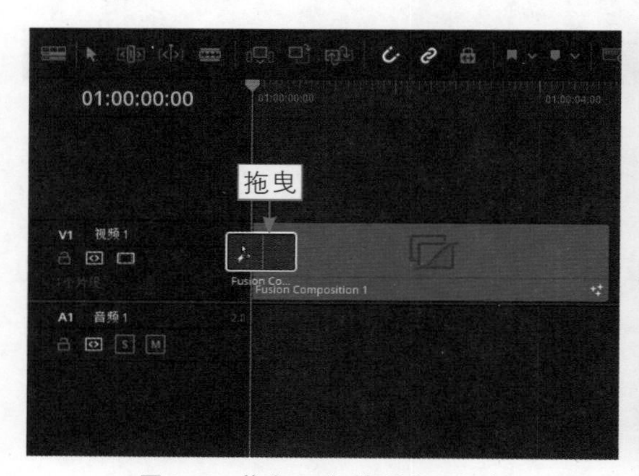

图 9-23 拖曳至“时间线”面板中

图 9-24 单击 Merge 3D 按钮

步骤 13 执行操作后，即可将Merge3D1添加至面板中，如图9-25所示。

步骤 14 将鼠标指针移至Camera3D（摄像机3D）按钮上，按住鼠标左键将其拖曳至面板中，如图9-26所示。

步骤 15 在“时间线”面板中，即可将Camera3D1（摄像机3D）与Merge3D1（合并3D）相连接，如图9-27所示。

步骤 16 将鼠标指针移至Renderer3D按钮上，按住鼠标左键将其拖曳至面板中，即可将Merge3D1和Renderer3D1与MediaOut1相连接，如图9-28所示。

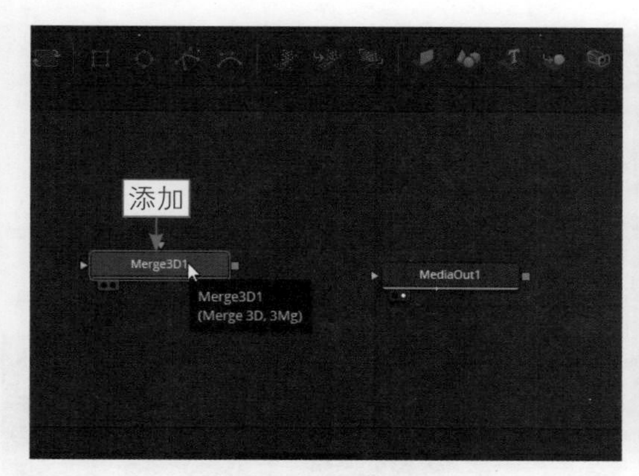

图 9-25　添加至面板中

图 9-26　拖曳至面板中

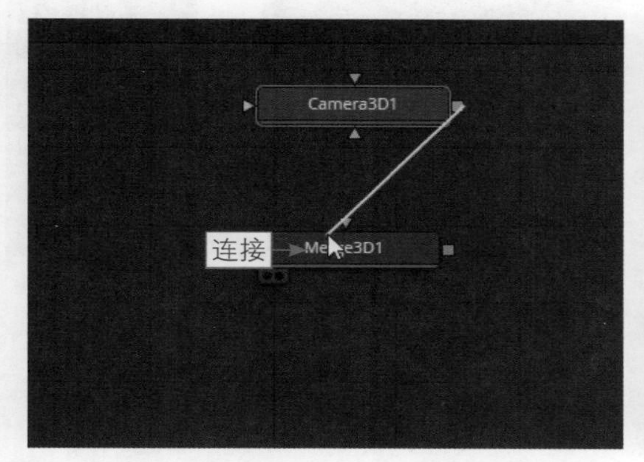

图 9-27　Camera3D1 与 Merge3D1 相连接

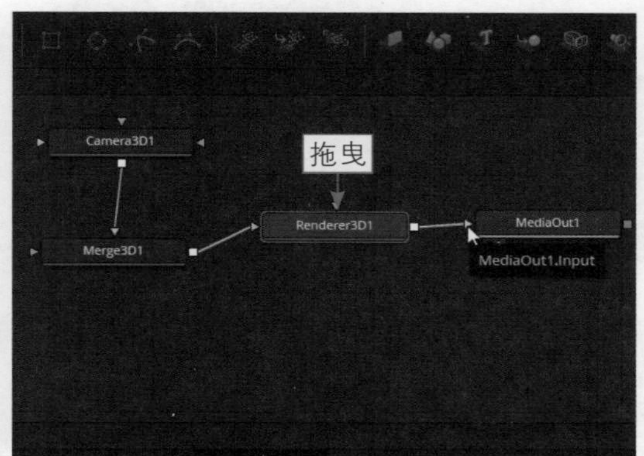

图 9-28　连接相应的效果

步骤 17 将鼠标指针移至Shape3D（形状3D）按钮上，按住鼠标左键将其拖曳至面板中，在“时间线”面板中，即可将Shape3D1与Merge3D1相连接，如图9-29所示。

步骤 18 展开“检查器”｜Tools｜Controls面板，单击Shape右侧的下三角按钮，弹出下拉列表，选择Sphere选项，如图9-30所示。

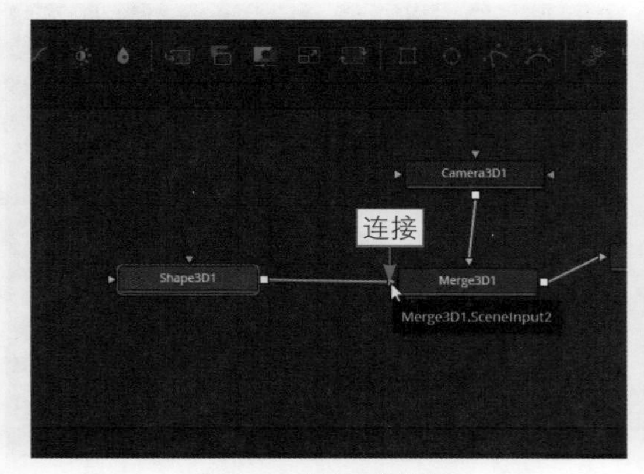

图 9-29　连接相应的效果

图 9-30　选择 Sphere 选项

步骤 19 执行上述操作后，在“媒体池”面板中，选择相应的视频素材，如图9-31所示。

步骤 20 将视频素材拖曳至“时间线”面板中，即可将Medialn1与Shape3D1相连接，如图9-32所示。在“时间线”面板中，即可将其Merge3D1直接拖曳至窗口中，在预览窗口中查看效果，按住【Ctrl】键的同时滚动鼠标中键，对它进行缩放。

图 9-31　选择视频素材

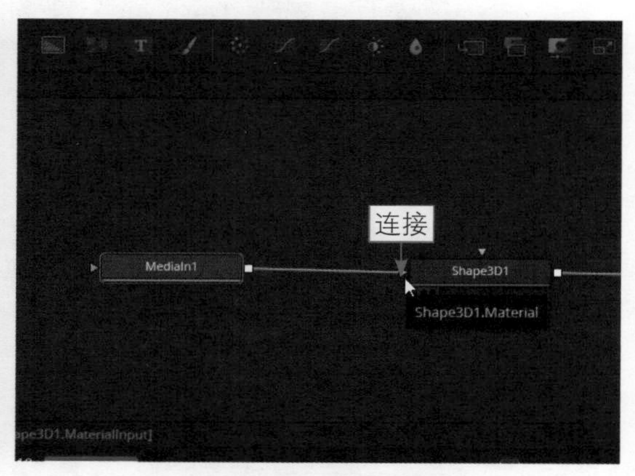

图 9-32　连接相应的效果

★ 专家指点 ★

然后通过鼠标中键可以对其进行移动，按住【Alt】键的同时滚动鼠标中键，可以对它进行旋转。

步骤 21 在预览窗口中，按住▮图标，向下拖曳至合适的位置后释放鼠标左键，如图9-33所示，即可展示出地球的形状。

步骤 22 在预览窗口中，单击Lighting（灯光阴影）按钮●，如图9-34所示。切换至“剪辑”步骤面板，查看最终效果。

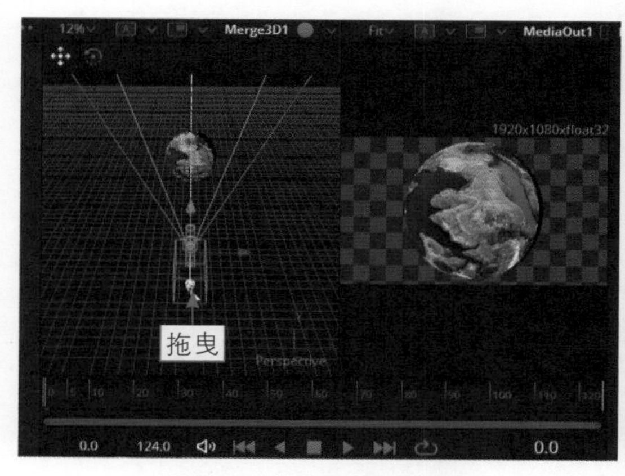

图 9-33　拖曳至合适的位置

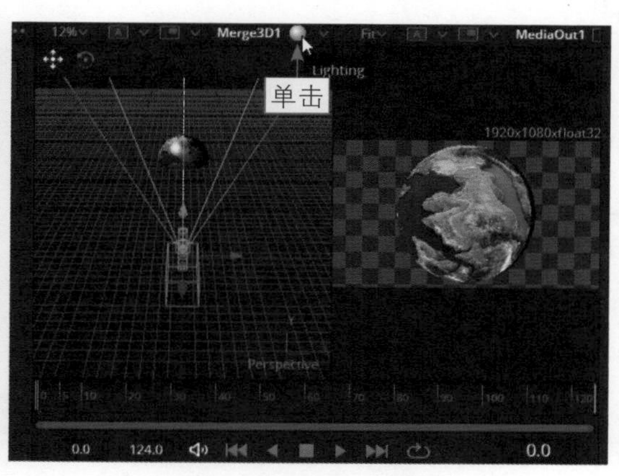

图 9-34　单击相应的按钮

9.2 热门色调

在制作热门视频之前，首先最基础的要求是掌握前面几章介绍的知识点，然后把这些知识点运用到案例中。下面介绍具体的操作方法，希望大家可以学以致用、举一反三。

9.2.1 小清新色调

【效果展示】：清新色调很适合用在自然风光视频中，尤其是蓝天白云下的风景视频，有着治愈人心的效果。原图与效果图对比如图9-35所示。

图 9-35　原图与效果图对比展示

下面介绍小清新色调的制作方法。

步骤 01 打开一个项目文件，在预览窗口中可以查看打开的项目效果，如图9-36所示。

步骤 02 切换至“调色”步骤面板，在“节点”面板中，添加一个串行节点和一个并行节点，如图9-37所示。

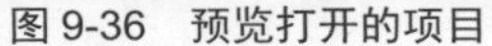

图 9-36　预览打开的项目

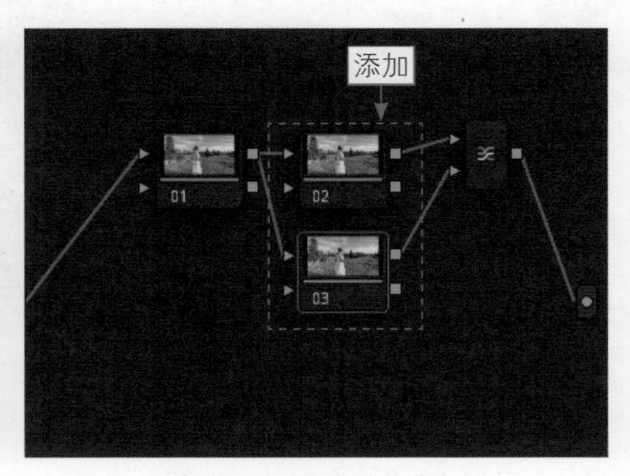

图 9-37　添加相应的节点

步骤 03 展开“色轮”|“一级-校色轮”面板，设置“暗部”的参数值均为0.00、

-0.01、0.00、0.01，设置“中灰”的参数值均为0.00、-0.00、0.00、0.01，设置“亮部”的参数值均为1.00、0.96、1.01、1.06，设置“饱和度”参数值为100.00，设置“色温”参数值为-150.0，如图9-38所示，调整整体色调。在“节点”面板中，单击“变换为图层混合器节点”按钮，即可将其变换为“键混合器”按钮。

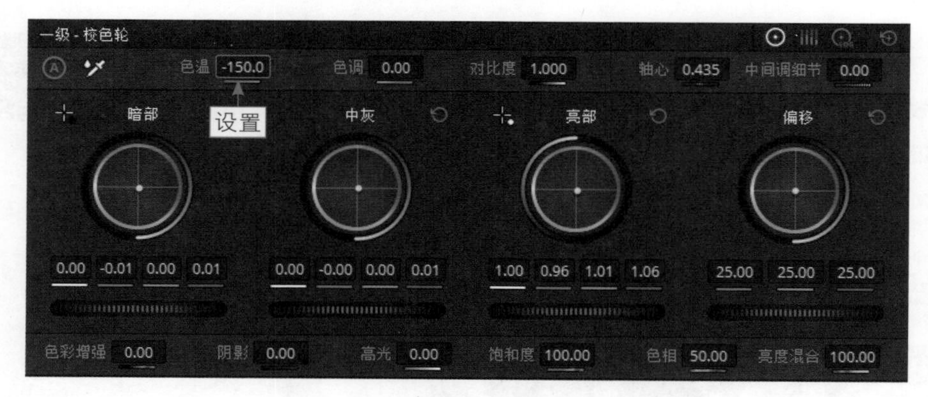

图 9-38　设置相关参数

步骤 04 在“节点”面板中，单击“键混合器”按钮，弹出快捷菜单，选择“合成模式”|“滤色”命令，如图9-39所示。

步骤 05 在“检视器”面板中查看画面效果，如图9-40所示，可以发现画面有点曝光。

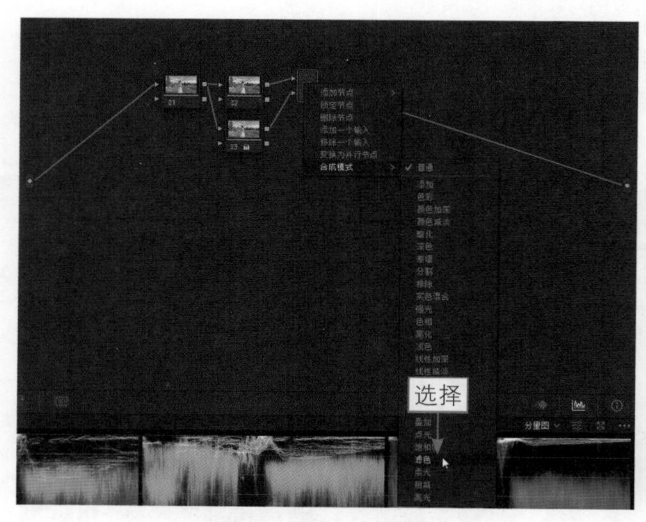

图 9-39　选择“滤色”选项

图 9-40　查看画面效果

步骤 06 选中01节点，执行操作后，展开“一级-校色轮”面板，向右拖曳“亮部”色轮，直至参数值均为0.63，如图9-41所示，即可适当地调整画面中的亮度。

步骤 07 展开“曲线-自定义”面板，在曲线编辑器添加两个控制点，并调整至合适的位置，如图9-42所示，操作完成。

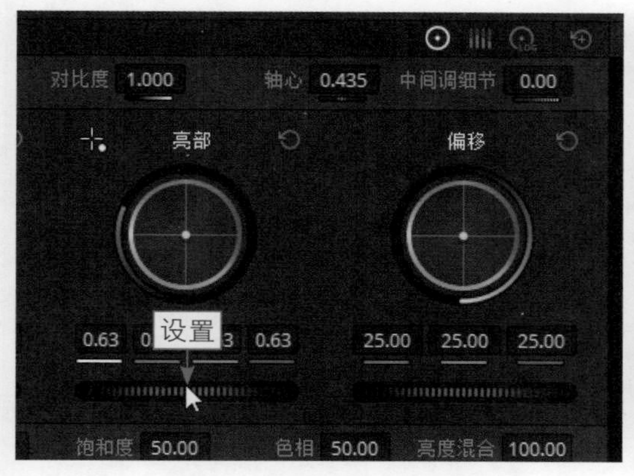

图 9-41　设置“亮部”参数

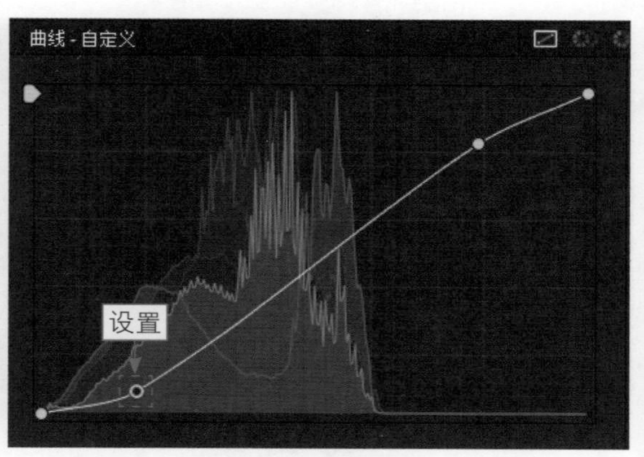

图 9-42　调整控制点

9.2.2　古风色调

扫码看教学视频

【效果展示】：在DaVinci Resolve 18中，用户可以通过调整“色轮”和“曲线”通道的参数来对古风视频进行调色。原图与效果图对比如图9-43所示。

图 9-43　原图与效果图对比展示

下面介绍古风色调的制作方法。

步骤 01 打开一个项目文件，进入“剪辑”步骤面板，如图9-44所示。

步骤 02 在预览窗口中可以查看打开的项目效果，如图9-45所示。

步骤 03 切换至“调色”步骤面板，展开“色轮”|“一级-校色轮”面板，设置“中灰”色轮下方的参数值分别为0.00、-0.00、0.00、0.00；设置“亮部”色轮下方的参数值均为1.11，“阴影”参数值为35.00、“饱和度”参数值为55.80、“色温”参数值为410.0、“色调”参数值为7.50，如图9-46所示，即可使画面色调偏暖。

步骤 04 切换至“曲线-色相 对 饱和度”面板，单击红色色块，在曲线上添加3个控制点，选中第2个控制点，按住鼠标左键向下拖曳，直至“输入色相”参数值为315.23、“饱和度”参数值为0.19，如图9-47所示。调整完画面的整体色调后，可以在预览窗口中查看最终效果。

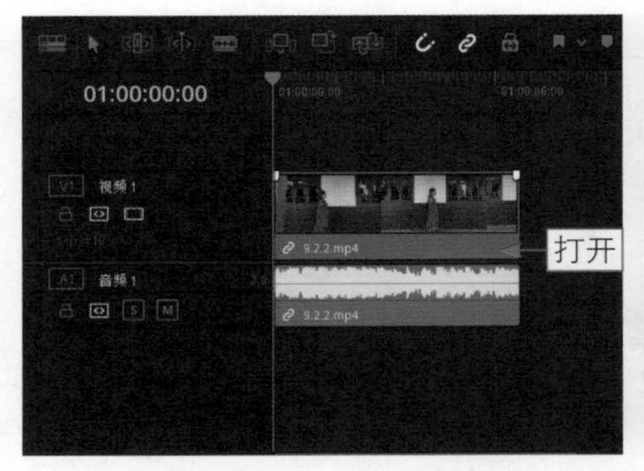

图 9-44　打开一个项目文件

图 9-45　查看打开的项目

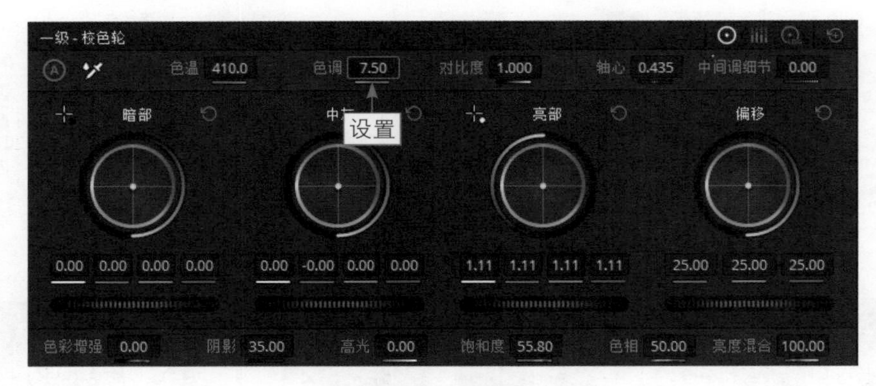

图 9-46　设置相关参数

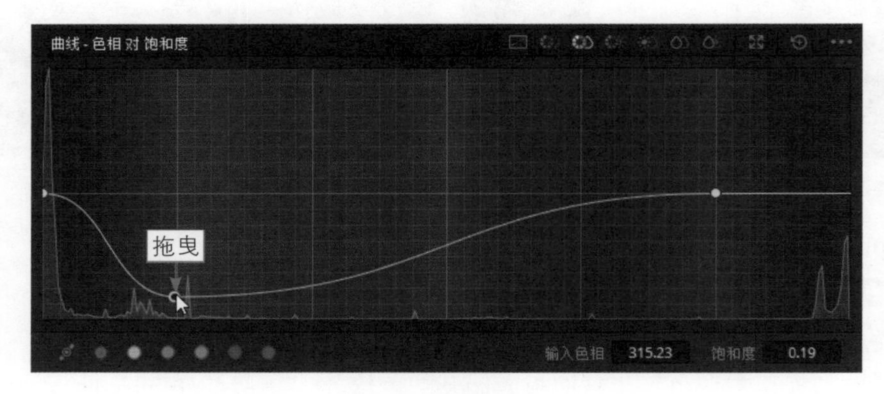

图 9-47　拖曳控制点

9.2.3　四季变换

扫码看教学视频

【效果展示】：在达芬奇中也可以调色出春天变成秋天景色的视频。原图与效果图对比如图9-48所示。

下面介绍四季变换效果的制作方法。

步骤 01 打开一个项目文件，进入“剪辑”步骤面板，如图9-49所示。

步骤 02 在预览窗口中查看打开的项目效果，如图9-50所示。

图 9-48　原图与效果图对比展示

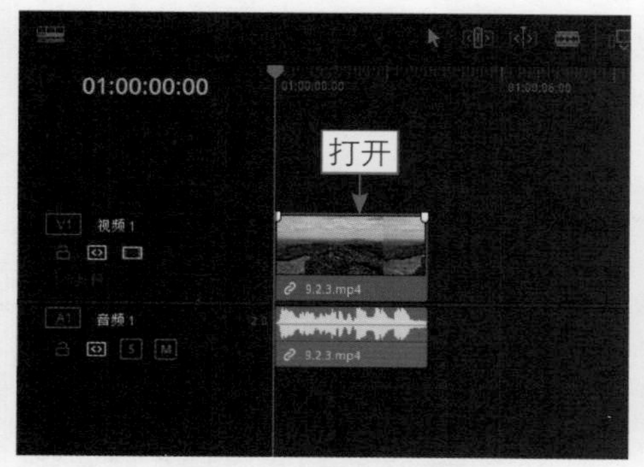

图 9-49　打开一个项目文件

图 9-50　查看打开的项目

步骤 03 切换至“调色”步骤面板，展开“RGB混合器”面板，设置“红色输出”的参数值分别为1.00、1.48、-1.32，如图9-51所示，即可使画面偏黄色调。调整完成后，可以在预览窗口中查看最终效果。

图 9-51　打开一个项目文件

9.2.4　黑金色调

扫码看教学视频

【效果展示】：城市黑金色在抖音平台上是一种比较热门的网红色调，有很多摄影爱好者和调色师都会将拍摄的城市夜景调成黑金色调。原图与效果图对比如图9-52所示。

图 9-52 原图与效果图对比展示

下面介绍黑金色调的制作方法。

步骤 01 打开一个项目文件，在预览窗口中查看打开的项目，如图9-53所示。

步骤 02 切换至“调色”步骤面板，在“节点”面板中，选择编号为01的节点，如图9-54所示。

图 9-53 查看打开的项目

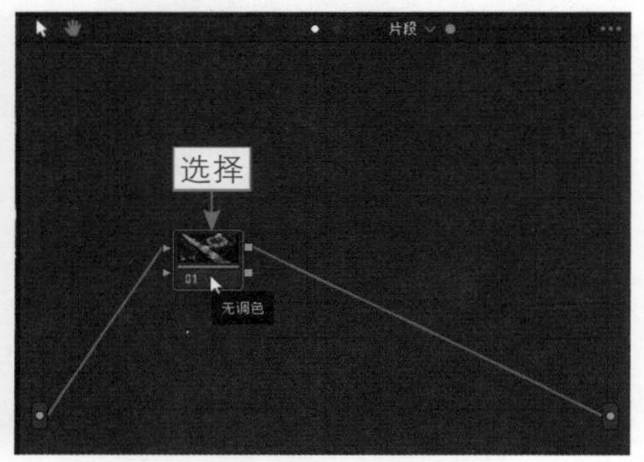

图 9-54 选择编号为 01 的节点

步骤 03 展开“曲线-色相 对 饱和度”面板，在曲线上添加4个控制点，如图9-55所示。

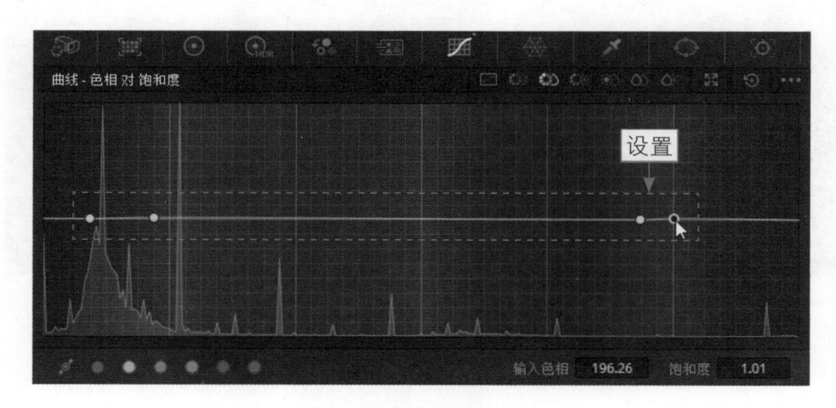

图 9-55 添加 4 个控制点

步骤 04 选中第2个控制点并向下拖曳，直至“输入色相”参数值为308.02、“饱和度”参数值为0.01，如图9-56所示。

图 9-56　拖曳第 2 个控制点

步骤 05 执行操作后，即可降低画面中绿色的饱和度，去除画面中的绿色，效果如图9-57所示。

图 9-57　去除画面中的绿色

步骤 06 选中第3个控制点并向下拖曳，直至“输入色相”参数值为181.32、“饱和度”参数值为0.02，如图9-58所示。

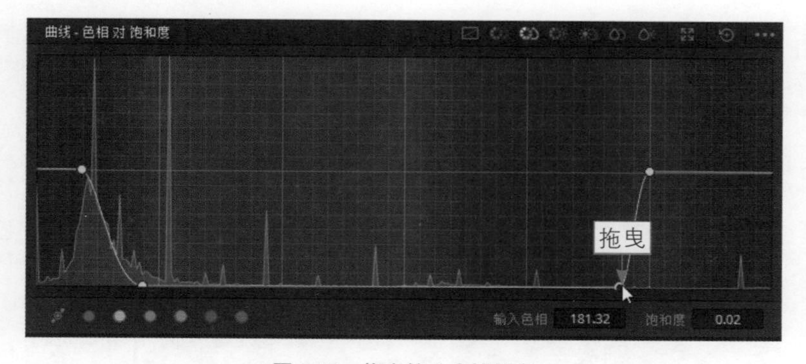

图 9-58　拖曳第 3 个控制点

步骤 07 执行操作后，即可降低画面中蓝色的饱和度，去除画面中的蓝色，效果如图9-59所示。

图 9-59　去除画面中的蓝色

步骤08 在“节点”面板中的01节点上单击鼠标右键，弹出快捷菜单，选择“添加节点”|“添加串行节点”命令，在面板中添加一个编号为02的串行节点，如图9-60所示。

步骤09 切换至“曲线-色相 对 饱和度”面板，在面板下方单击黄色色块，如图5-61所示。

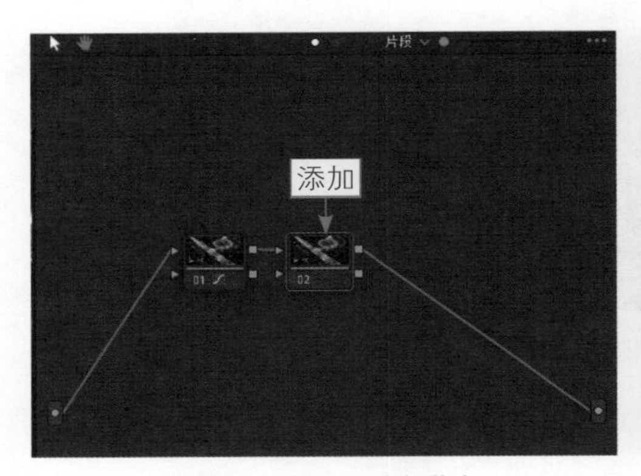

图 9-60　添加 02 串行节点

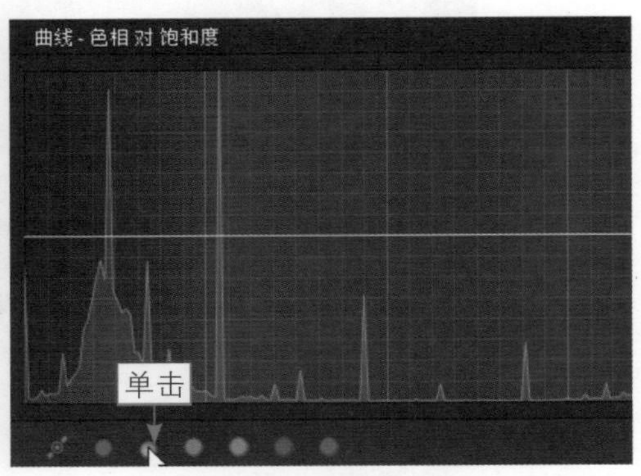

图 9-61　单击黄色色块

步骤10 在曲线上添加3个控制点，选中中间的控制点并向上拖曳，直至“输入色相”参数值为315.23、“饱和度”参数值为1.99，如图9-62所示。

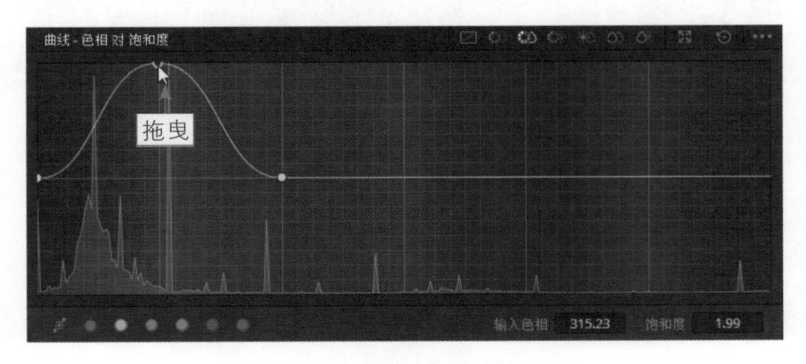

图 9-62　拖曳中间的控制点

步骤 11 执行操作后，在预览窗口中，可以查看黄色饱和度增加后的画面效果，如图9-63所示。

步骤 12 在“节点”面板中，用与上面相同的方法添加一个编号为03的串行节点，如图9-64所示。

图 9-63　查看提高黄色饱和度后的画面效果

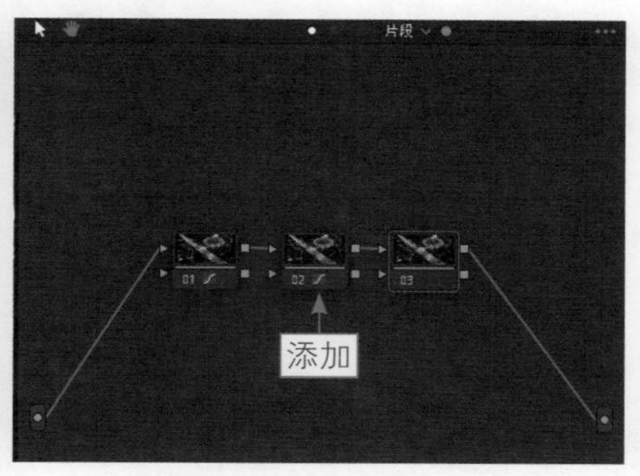

图 9-64　添加 03 串行节点

步骤 13 切换至“色轮”面板，在面板下方设置“色温”参数值为1500.0，将画面往暖色调调整，如图9-65所示。

步骤 14 设置“中间调细节”参数值为100.00，增强画面质感，如图9-66所示。在预览窗口中，查看最终效果。

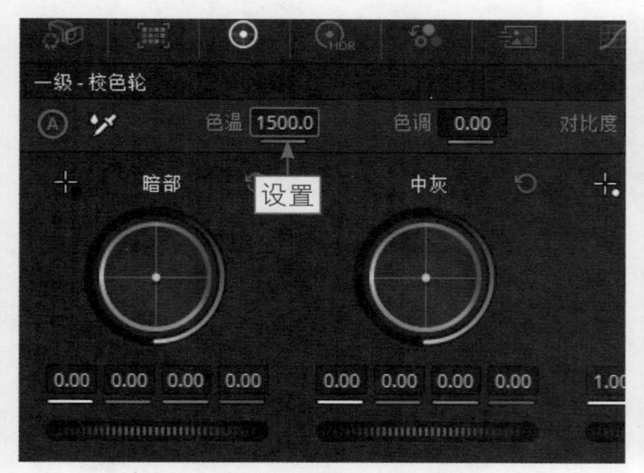

图 9-65　设置“色温”参数

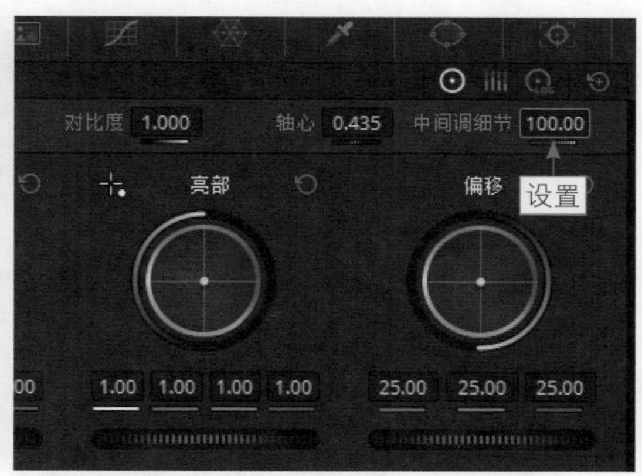

图 9-66　设置“中间调细节”参数

9.2.5　修复肤色

扫码看教学视频

【效果展示】：前期拍摄人物时，或多或少都会受到周围的环境、光线的影响，导致人物肤色不正常，而在达芬奇的矢量图示波器中可以显示人物肤色指示线，用户可以通过矢量图示波器来修复人物的肤色。原图与效果图对比如图9-67所示。

图 9-67　原图与效果图对比展示

下面介绍修复肤色的方法。

步骤 01 打开一个项目文件，在预览窗口中可以查看打开的项目，如图9-68所示。

步骤 02 切换至“调色”步骤面板，展开“一级-校色轮”面板，向右拖曳“亮部”色轮，直至参数值均为1.21，如图9-69所示，即可提亮图像亮部。

图 9-68　预览打开的项目

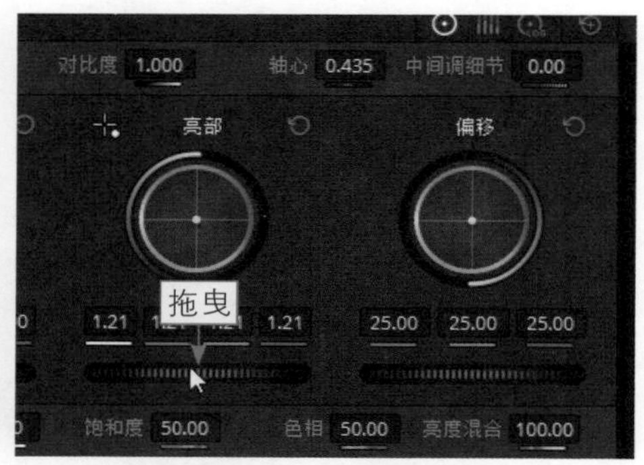

图 9-69　拖曳“亮部”色轮

步骤 03 执行操作后，向左拖曳“暗部”色轮，直至参数值均为-0.05，如图9-70所示，即可提高图像亮部参数。

步骤 04 设置“饱和度”参数值为71.20，如图9-71所示，即可增强整体画面色彩。

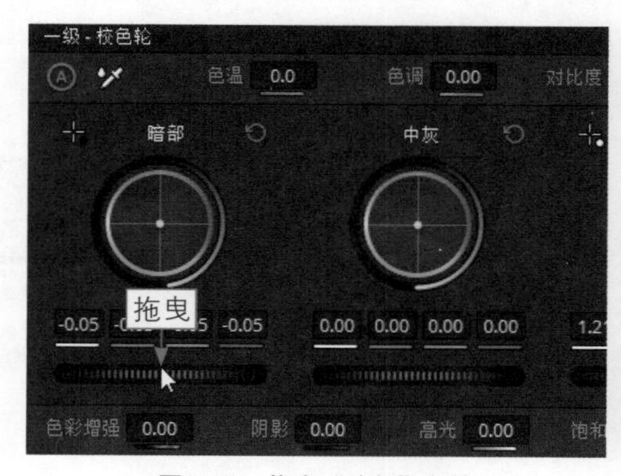

图 9-70　拖曳“暗部”色轮

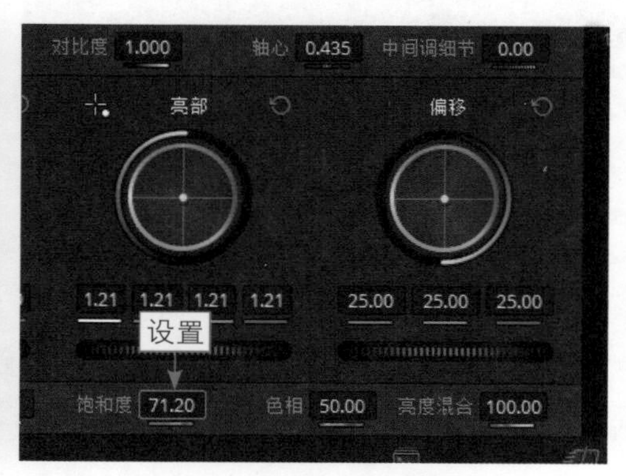

图 9-71　设置“饱和度”参数

步骤 05 展开“运动特效”面板，设置“空域阈值”参数值均为15.2，如图9-72所示，即可提升肤色的亮度和色度。执行操作后，在预览窗口中查看最终效果。

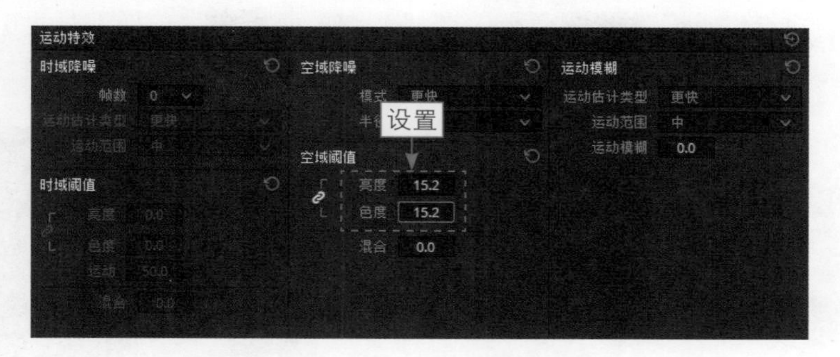

图 9-72　设置“空域阈值”参数

9.2.6　电影感色调

扫码看教学视频

【效果展示】：“电影感”由很多元素构成，例如独特的构图、高分辨率的画面、多种运镜方式及景深等画面效果，但就调色来说，这是电影后期处理最必不可少的步骤，好的电影色调能让视频更具“电影感”，也能更方便地诠释电影的主题。原图与效果图对比如图9-73所示。

图 9-73　原图与效果图对比展示

下面介绍制作电影感色调的方法。

步骤 01 打开一个项目文件，在预览窗口中可以查看打开的项目，如图9-74所示。

步骤 02 切换至“调色”步骤面板，在“节点”面板中，选择编号为01的节点，如图9-75所示，可以看到01节点上没有任何调色图标，表示当前素材并未有过调色处理。

图 9-74 查看打开的项目

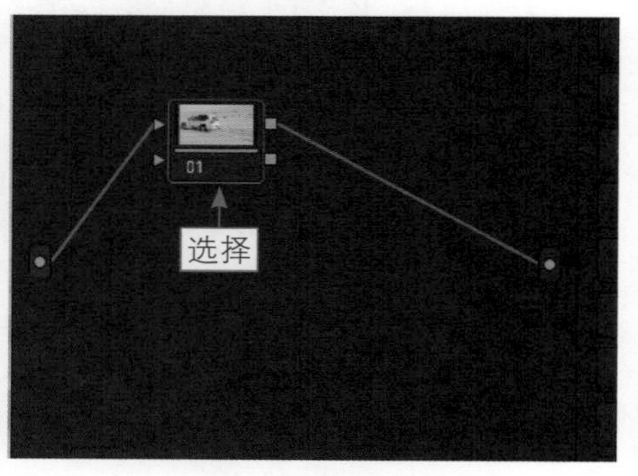

图 9-75 选择 01 节点

步骤 03 展开“色轮”|“一级-校色轮”面板，设置“中灰”参数值分别为-0.02、-0.08、-0.07、-0.38，“亮部”参数值分别为0.95、1.22、0.96、0.88，设置“饱和度”参数值为61.00，如图9-76所示，使整体画面偏黄色调。

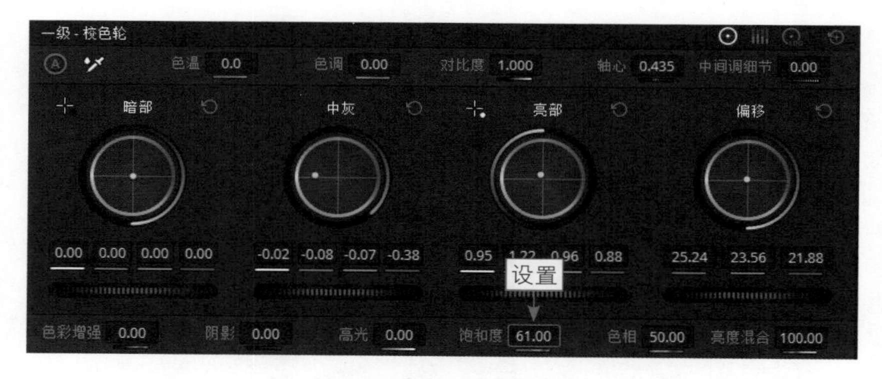

图 9-76 设置“饱和度”参数

步骤 04 切换至“剪辑”步骤面板，展开“检查器”|“视频”面板，单击“稳定”按钮，如图9-77所示，即可稳定视频画面。在预览窗口中，可以查看最终效果。

图 9-77 单击“稳定”按钮

本章小结

本章主要向读者介绍在达芬奇中制作基础色调的相关操作，帮助读者了解给人物调色及给航拍视频调色的操作方法，并掌握制作抖音热门色调的方法。希望读者通过对本章的学习，可以打下坚实的基础，从而更好地掌握软件。

课后习题

鉴于本章知识的重要性，为了帮助大家可以更好地掌握所学知识，本节将通过上机习题，进行简单的知识回顾和补充。

本习题需要掌握在达芬奇软件中制作特艺影调效果的操作方法，效果如图9-78所示。

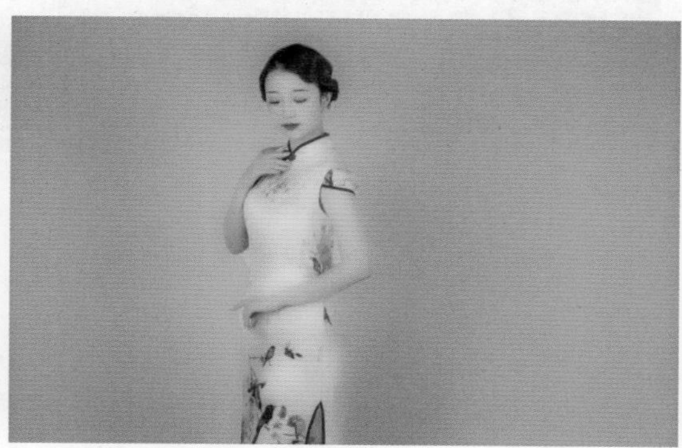

图 9-78　原图与效果图对比展示

第 10 章

制作《银河星空》延时效果

本章要点：

在达芬奇软件中，也可以制作延时视频，操作简单，上手难度低，只要熟悉达芬奇软件，就能轻松驾驭。本章主要介绍通过达芬奇制作出《银河星空》延时视频的操作方法。

10.1 欣赏视频效果

延时视频是由多个照片组合在一起的长视频，因此在制作时需要在Photoshop进行调色，导出.jpg格式的文件，然后在达芬奇软件中，进行相应的设置。在介绍制作方法之前，先欣赏一下视频的效果，然后导入素材。下面展示效果赏析和技术提炼。

10.1.1　效果赏析

【效果展示】：这个延时视频是由307张照片组合在一起的，制作出了15s《银河星空》延时视频，方法也非常简单，效果如图10-1所示。

图10-1　《银河星空》效果展示

10.1.2　技术提炼

在DaVinci Resolve 18中，用户可以先建立一个项目文件。然后在“剪辑”步骤面板中，将银河星空视频素材导入“时间线”面板内，根据需要在“时间线”面板中对素材文件进行时长剪辑。切换至“调色”步骤面板，对“时间线”面板中的延时视频进行调色操作，待画面色调调整完成后，为延时视频添加背景音乐，并将制作好的成品交付输出。

10.2 视频制作过程

本节主要介绍延时视频的制作过程，包括导入延时视频素材、对视频进行变速与稳定处理、对视频进行调色处理、为视频匹配背景音乐，以及交付输出制作的视频等内容，希望读者可以熟练掌握风景视频的各种制作方法。

10.2.1 导入延时视频素材

扫码看教学视频

在为视频调色之前，首先需要将视频素材导入到“时间线”面板的视频轨中。下面介绍具体的操作方法。

步骤 01 进入达芬奇的“剪辑”步骤面板，选择“文件”|“项目设置”命令，如图10-2所示。

图 10-2 选择“项目设置”命令

步骤 02 弹出“项目设置：第10章”对话框，在“主设置”选项卡中，①设置相应的时间线分辨率；②单击“保存”按钮，如图10-3所示。

步骤 03 切换至“媒体”步骤面板，单击“媒体存储”按钮，①在下方单击按钮，弹出下拉列表；②选择“帧显示模式”|“序列”选项，如图10-4所示。

步骤 04 在本地计算机选择素材所在的文件夹，如图10-5所示。

步骤 05 按住鼠标左键将其拖曳至“媒体”面板中，释放鼠标左键，即可完成导入视频素材的操作，如图10-6所示。

步骤 06 切换至“剪辑”步骤面板，在“时间线”面板中插入一段素材，如图10-7所示。

步骤 07 在预览窗口中查看导入的视频素材，如图10-8所示。

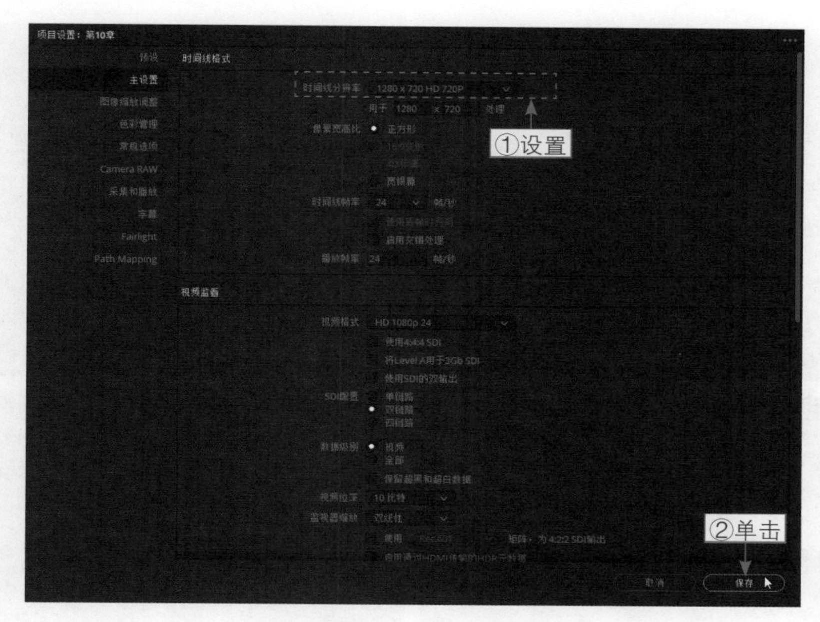

图 10-3　单击“保存”按钮

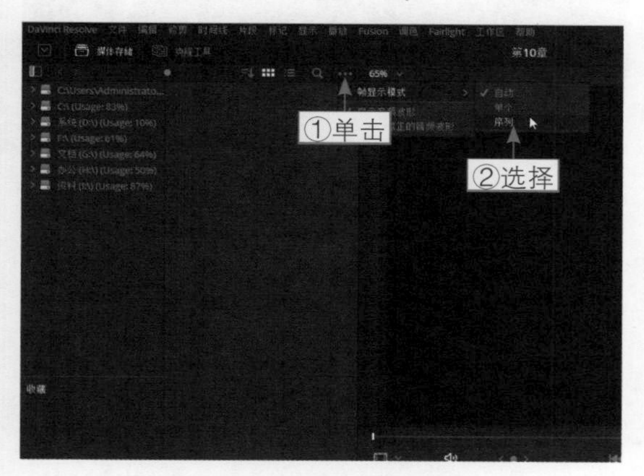

图 10-4　选择“序列”选项

图 10-5　选择素材文件夹

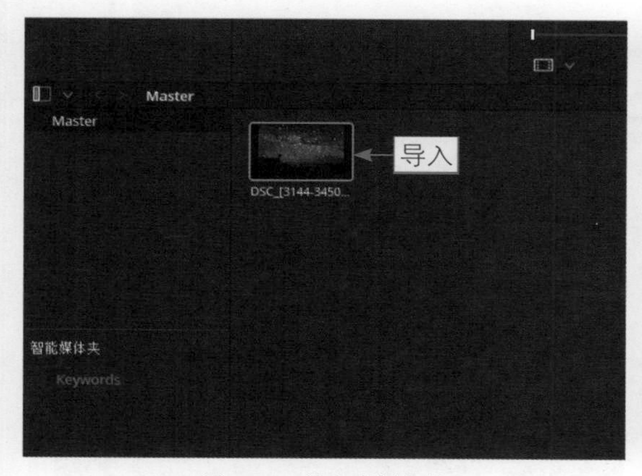

图 10-6　导入素材文件

图 10-7　插入一段素材

图 10-8　查看导入的视频素材

10.2.2　对视频进行变速与稳定处理

扫码看教学视频

导入素材后，还需要对视频进行变速与稳定处理，增强视频的稳定性，下面介绍具体的操作方法。

步骤 01 双击素材，展开“检查器”|“视频”面板，在“变速”选项区中，拖曳“速度”滑块，直至参数值为83.00，如图10-9所示。

步骤 02 在“时间线”步骤面板中，选中素材，将其拖曳素材至01:00:15:00的位置，如图10-10所示，即可设置视频的速度变化。

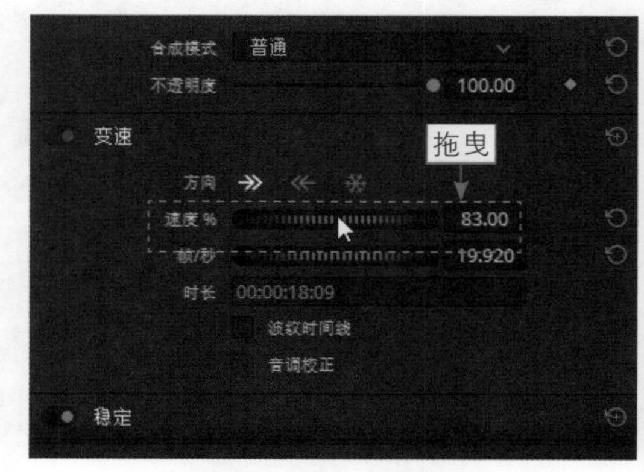

图 10-9　拖曳“速度”滑块

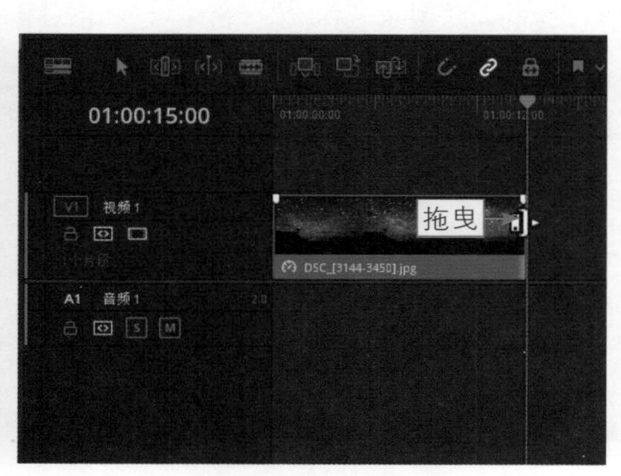

图 10-10　拖曳素材

步骤03 展开“检查器”|“视频”面板，单击“稳定”按钮，如图10-11所示。

步骤04 弹出相应的对话框，显示稳定进度，如图10-12所示，再次弹出相应的对话框，单击OK按钮。

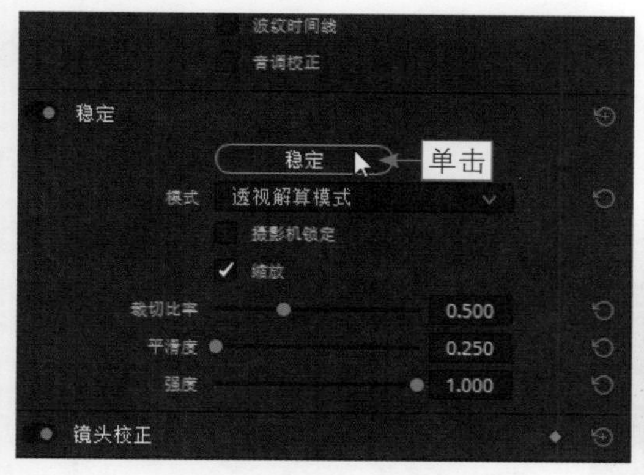

图 10-11　单击“稳定”按钮

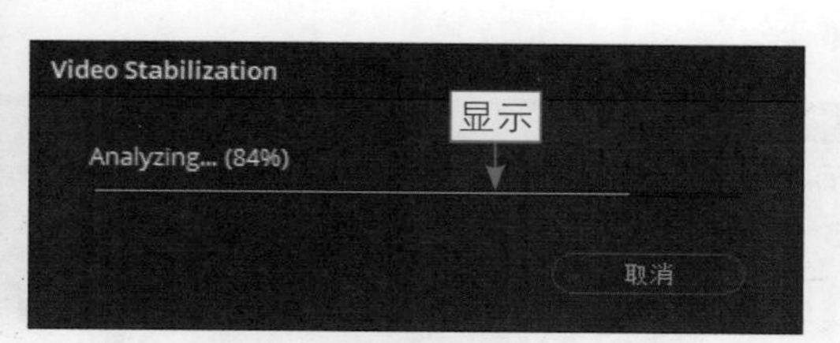

图 10-12　显示稳定进度

10.2.3　对视频进行调色处理

扫码看教学视频

对视频进行变速与稳定处理完成后，即可切换至“调色”步骤面板，为视频调整色彩基调。下面向大家介绍具体的操作方法。

步骤01 切换至“调色”步骤面板，展开“色轮”|“一级-校色轮”面板，使“中灰”色调偏青色，参数值分别为0.02、-0.02、-0.01、-0.01，使“亮部”色调偏蓝色，参数值分别为0.97、1.02、0.88、1.10，如图10-13所示。

步骤02 执行操作后，设置“饱和度”参数值为30.00，如图10-14所示，即可调整整体色调，在预览窗口中查看最终效果。

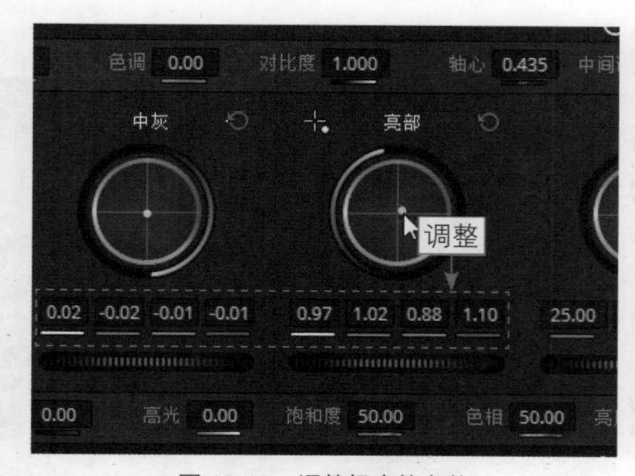

图 10-13　调整相应的参数

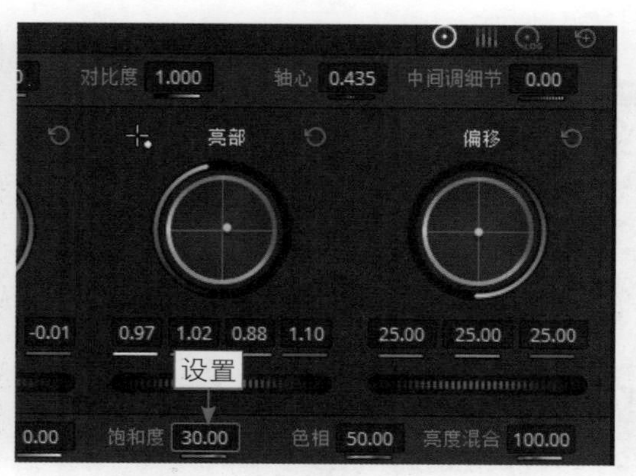

图 10-14　设置“饱和度”参数

★ 专家指点 ★

展开“色轮”|“一级－校色轮”面板，用户可以根据自己视频素材来进行调色。

10.2.4 为视频匹配背景音乐

扫码看教学视频

调色制作完成后，可以为视频添加一个完整的背景音乐，使视频更加具有感染力。下面向大家介绍具体的操作方法。

步骤 01 切换至“剪辑”步骤面板，在“媒体池”面板中的空白位置单击鼠标右键，弹出快捷菜单，选择“导入媒体”命令，如图10-15所示。

步骤 02 弹出“导入媒体”对话框，在其中选择需要导入的音频素材，如图10-16所示。

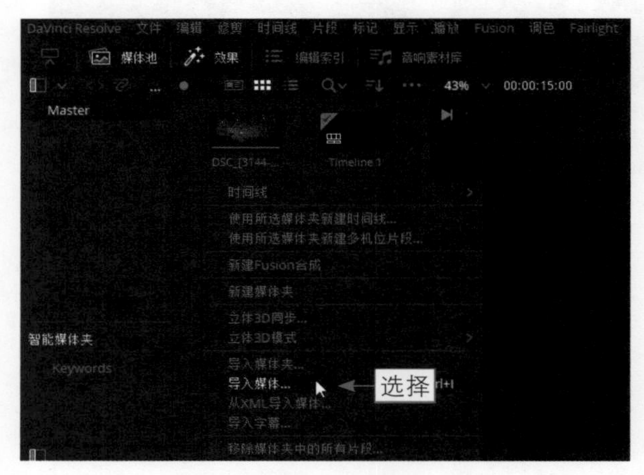

图 10-15 选择“导入媒体”选项

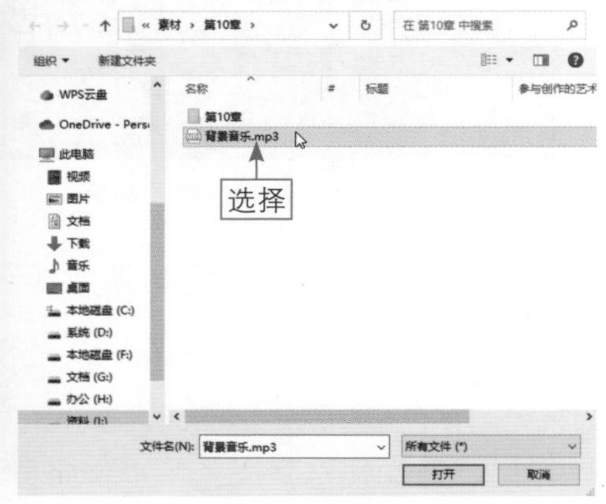

图 10-16 选择需要导入的音频素材

步骤 03 单击“打开”按钮，即可将选择的音频素材导入“媒体池”面板，如图10-17所示。

步骤 04 选择背景音乐，按住鼠标左键向右拖曳至合适的位置后释放鼠标左键，如图10-18所示。

图 10-17 导入到“媒体池”面板

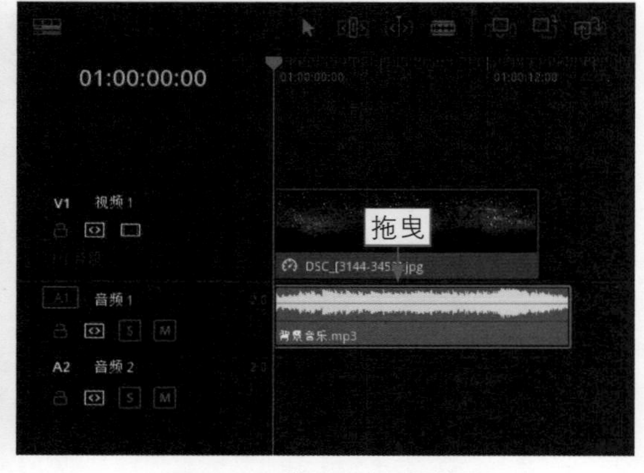

图 10-18 拖曳至合适的位置

步骤 05 在达芬奇的“时间线”面板上方的工具栏中，单击“刀片编辑模式”按钮，如图10-19所示。

步骤 06 将时间指示器移至01:00:15:00的位置，如图10-20所示。

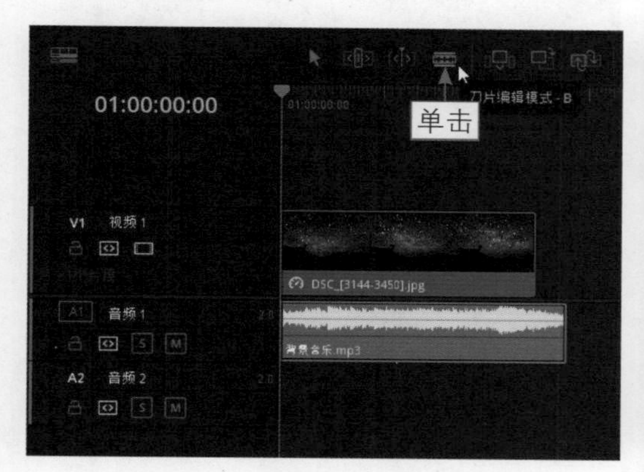

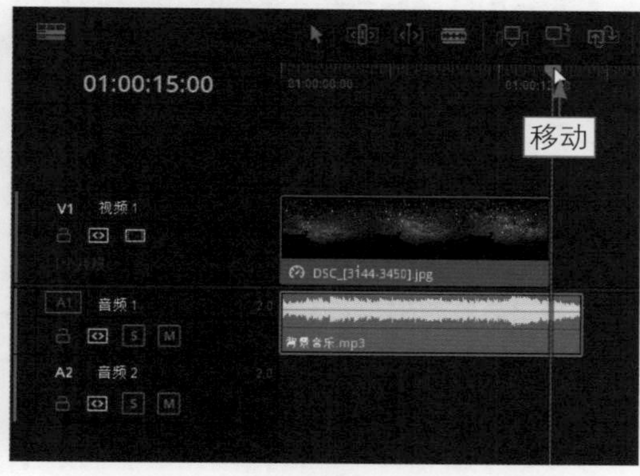

图 10-19　单击“刀片编辑模式”按钮　　　　图 10-20　移动时间指示器至相应位置

步骤 07 在音频1轨道上，单击鼠标左键，将音频分割为两段。选择多余的音频，单击鼠标右键，弹出快捷菜单，选择“删除所选”命令，如图10-21所示，即可删除多余的音频。

图 10-21　选择“删除所选”选项

10.2.5　交付输出制作的视频

扫码看教学视频

待视频剪辑完成后，即可切换至“交付”面板，将制作的成品输出为一个完整的视频文件。下面介绍具体的操作方法。

步骤 01 切换至“交付”步骤面板，在“渲染设置”|“渲染设置-Custom Export”选项面板中，设置文件名称和保存位置，如图10-22所示。

步骤 02 在“导出视频”选项区中，单击“格式”右侧的下拉按钮，在弹出的下拉列表中，选择MP4选项，如图10-23所示。

图 10-22　设置文件名称和保存位置

图 10-23　选择 MP4 选项

步骤 03 单击"添加到渲染队列"按钮，如图10-24所示。

步骤 04 将视频文件添加到右上角的"渲染队列"面板中，单击"渲染所有"按钮，如图10-25所示。

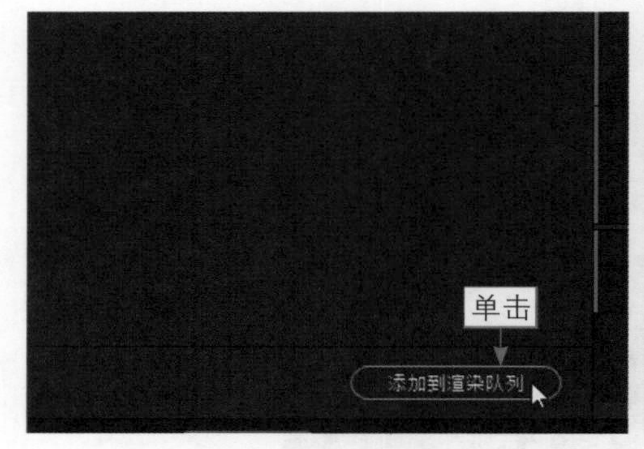

图 10-24　单击"添加到渲染队列"按钮

图 10-25　单击"渲染所有"按钮

步骤 05 执行操作后，开始渲染视频文件，并显示视频渲染进度，待渲染完成后，在渲染列表上会显示完成渲染所用时间，表示渲染成功，如图10-26所示。在视频渲染保存的文件夹中，可以查看渲染输出的视频。

图 10-26　显示完成用时

第 11 章

制作《云彩之美》风景效果

本章要点：

如今，人们的生活质量越来越高，交通越来越便利，越来越多的人去往各个风景名胜地游玩，在电视上也经常能够看到各地的旅游广告视频。为了吸引更多的游客，拍摄的景点视频通常会进行色彩色调等后期处理。本章主要介绍通过剪辑、调色等后期操作，将10段风景视频制作为一个完整的风景广告视频，给观众呈现最佳的视觉效果。

11.1 欣赏视频效果

风景视频是由多个视频片段组合在一起的长视频，因此在制作时要挑选素材，定好视频片段，在制作时还要根据视频的逻辑和分类进行排序，之后添加合适的效果再导出。在介绍制作方法之前，先欣赏一下视频的效果，然后导入素材。下面展示效果赏析和技术提炼。

11.1.1 效果赏析

【效果展示】：这个风景视频是由10个地点延时视频组合在一起的，因此在视频开头要介绍视频的主题，主要介绍每个视频的地点，结尾则主要起着承上启下的作用，效果如图11-1所示。

图 11-1　《云彩之美》效果展示

11.1.2　技术提炼

在DaVinci Resolve 18中，用户可以先建立一个项目文件。然后在“剪辑”步骤面板中，将风景视频素材导入“时间线”面板内，根据需要在“时间线”面板中对素材文件进行时长剪辑。切换至“调色”步骤面板，依次对“时间线”面板中的视频片段进行调色操作。待画面色调调整完成后，为风景视频添加标题字幕及背景音乐，并将制作好的成品交付输出。

11.2 制作视频过程

本节主要介绍风景广告视频的制作过程，包括导入风景视频素材、为风景视频添加字幕、为视频匹配背景音乐及交付输出制作的视频等内容，希望读者可以熟练掌握风景视频的各种制作方法。

11.2.1　导入风景视频素材

扫码看教学视频

在为视频调色之前，首先需要将视频素材导入到“时间线”面板的视频轨中。下面介绍具体的操作方法。

步骤 01 进入达芬奇的“剪辑”步骤面板，在“媒体池”面板中单击鼠标右键，弹出快捷菜单，选择“导入媒体”命令，如图11-2所示。

步骤 02 弹出“导入媒体”对话框，在文件夹中显示了多个风景视频素材，选择需要导入的视频素材，如图11-3所示。

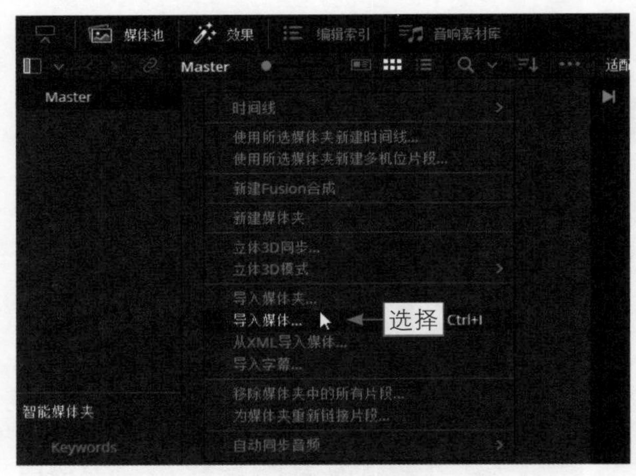

图 11-2 选择“导入媒体”命令

图 11-3 选择需要导入的视频素材

步骤 03 单击“打开”按钮，即可将选择的多个风景视频素材导入到“媒体池”面板中，如图11-4所示。

步骤 04 选择“媒体池”面板中的视频素材，将其拖曳至“时间线”面板中的视频轨中。执行操作后，即可完成导入视频素材的操作，如图11-5所示。

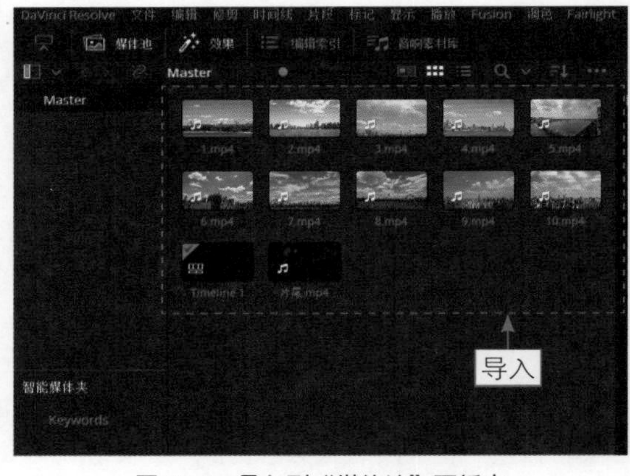

图 11-4 导入到“媒体池”面板中

图 11-5 导入视频素材

步骤 05 在预览窗口中查看导入的视频素材，如图11-6所示。

图 11-6　查看导入的视频素材

11.2.2　对视频进行合成、剪辑操作

扫码看教学视频

导入视频素材后，需要对视频素材进行剪辑调整，方便后续调色等操作。下面介绍具体的操作方法。

步骤 01 在达芬奇的“时间线”面板上方的工具栏中，单击“刀片编辑模式”按钮，如图11-7所示。

步骤 02 将时间指示器移至01:00:09:10的位置，如图11-8所示。

步骤 03 在视频1轨道的素材文件上单击鼠标左键，将素材1分割为两段，如图11-9所示。

步骤 04 继续将时间指示器移至01:00:14:20的位置，单击鼠标左键，将素材2分割为两段，如图11-10所示。

图 11-7 单击“刀片编辑模式”按钮

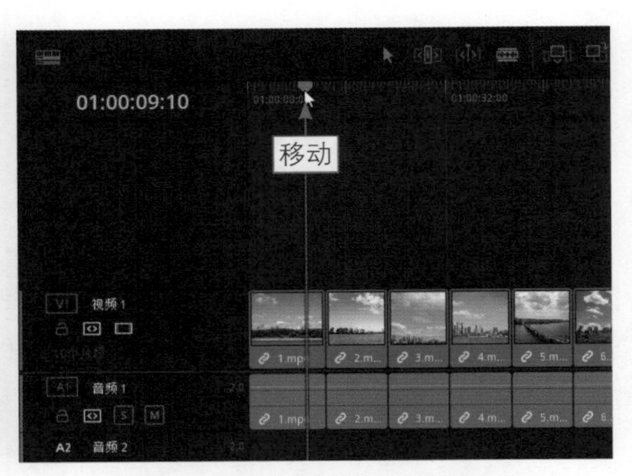

图 11-8 移动时间指示器至相应的位置

图 11-9 分割视频素材（1）

图 11-10 分割视频素材（2）

步骤 05 用与上面相同的方法，在合适的位置对视频1轨道上的视频素材进行分割剪辑操作，时间线效果如图11-11所示。

图 11-11 分割视频素材效果

步骤 06 在“时间线”面板的工具栏中，单击“选择模式”按钮，在视频轨道上按住【Ctrl】键，同时选中分割出来的小片段，按【Delete】键，将小片段删除，效果如图11-12所示。

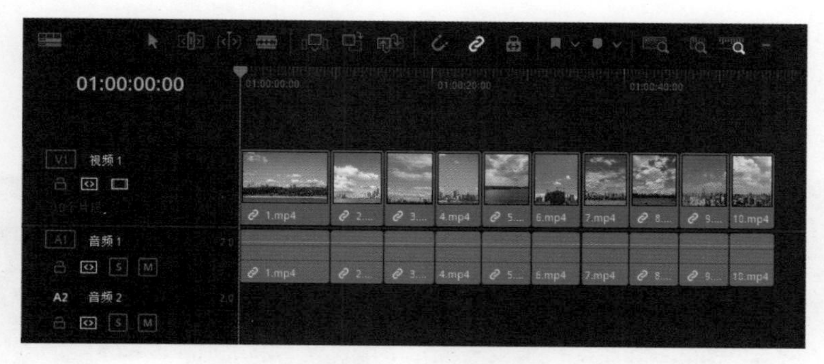

图 11-12　删除相应片段

11.2.3　调整视频画面的色彩与风格

扫码看教学视频

对视频素材剪辑完成后，即可开始在“调色”步骤面板中，为视频素材画面调整色彩风格、色调等。下面介绍具体的操作步骤。

步骤 01 切换至“调色”步骤面板，在“片段”面板中，选中“素材1”视频片段，如图11-13所示。

步骤 02 在“示波器”面板中，可以查看素材分量图，如图11-14所示。

图 11-13　选中“素材 1”视频片段

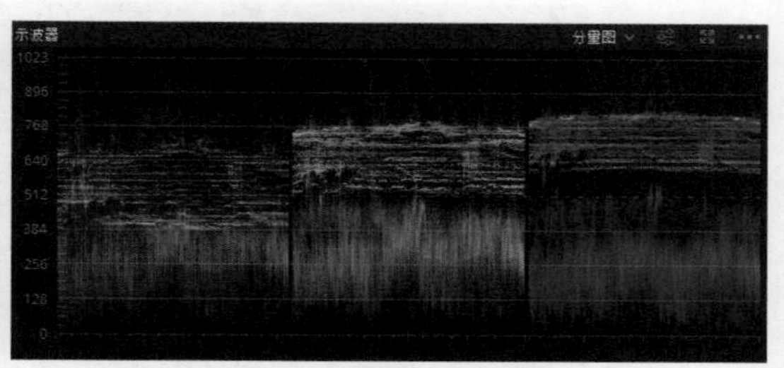

图 11-14　查看素材分量图

步骤 03 在预览器窗口的图像素材上，单击鼠标右键，弹出快捷菜单，选择“抓取静帧”命令，如图11-15所示。

图 11-15　选择“抓取静帧”命令

步骤 04 在“画廊”面板中，可以查看抓取的静帧缩略图，如图11-16所示。

步骤 05 展开“一级-校色轮”面板，①设置“亮部”参数值均为1.10；②设置“饱和度”参数值为100.00，如图11-17所示，提高画面的整体色调。

图 11-16　查看抓取的静帧缩略图

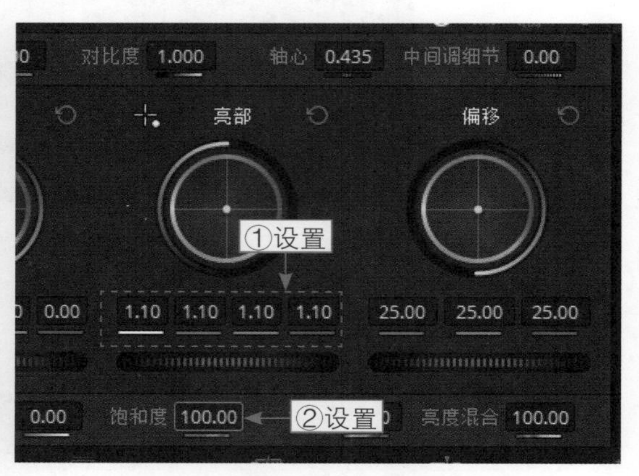

图 11-17　设置“饱和度”参数（1）

步骤 06 执行上述操作后，在“示波器”面板中，查看分量图显示效果，如图11-18所示。

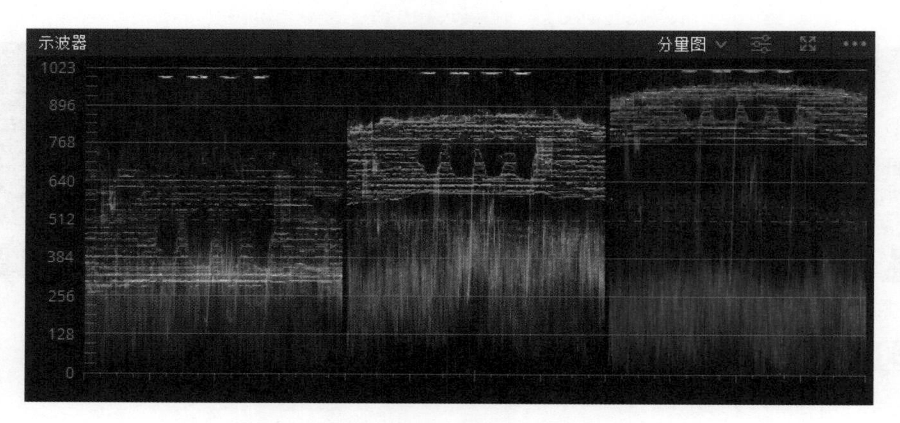

图 11-18　查看分量图显示效果

步骤 07 在“检视器”面板上方，单击“划像”按钮，如图11-19所示。

步骤 08 在预览窗口中，划像查看静帧与调色后的效果对比，如图11-20所示。

步骤 09 取消划像对比，在“片段”面板中，选中“素材2”视频片段，如图11-21所示。

步骤 10 在“示波器”面板中，可以查看“素材2”分量图，在预览窗口中选择“抓取静帧”选项，展开“画廊”面板，在其中查看抓取的“素材2”静帧图像缩略图，如图11-22所示。

步骤 11 展开“一级-校色轮”面板，①设置“亮部”参数值均为0.90；②设置“饱和度”参数值为78.40，如图11-23所示，增强画面的整体色调。

图 11-19　单击“划像”按钮（1）

图 11-20　划像查看静帧与调色后的效果对比（1）

图 11-21　选中“素材 2”视频片段

图 11-22　查看“素材 2”静帧图像缩略图

步骤 12 在“示波器”面板中，查看“素材2”分量图显示效果，在“检视器”面板上方，单击“划像”按钮，如图11-24所示。

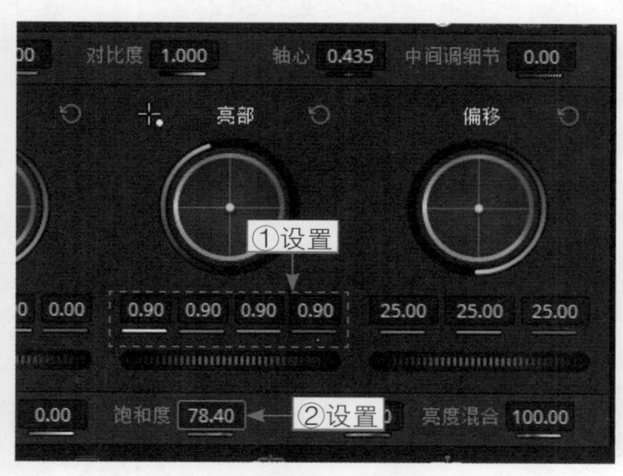

图 11-23　设置“饱和度”参数（2）

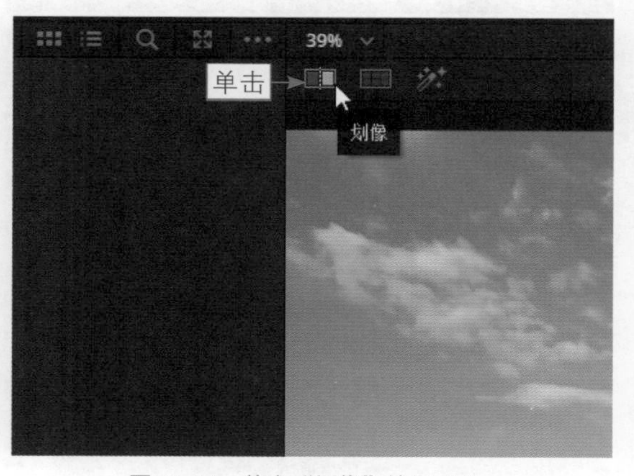

图 11-24　单击“划像”按钮（2）

步骤 13 在预览窗口中，划像查看静帧与调色后的效果对比，如图11-25所示。

步骤 14 用与上面相同的方法，对其他视频进行划像查看静帧与调色后的效果对比，如图11-26所示。

图 11-25　划像查看静帧与调色后的效果对比（2）

图 11-26　划像查看静帧与调色后的效果对比（3）

11.2.4　为风景视频添加字幕

扫码看教学视频

导入素材后，还需要为风景视频添加标题字幕，增强视频的艺术效果。下面介绍具体的操作方法。

步骤 01 切换至“剪辑”步骤面板，展开“效果”面板，在“工具箱”选项列表中，选择“标题”选项，展开“标题”面板，在“字幕”选项面板中，选择“文本”选项，如图11-27所示。

步骤 02 按住鼠标左键将“文本”字幕样式拖曳至视频1轨道上方，“时间线”面板会自动添加一条V2轨道，在合适的位置释放鼠标左键，并调整至合适的位置，如图11-28所示。

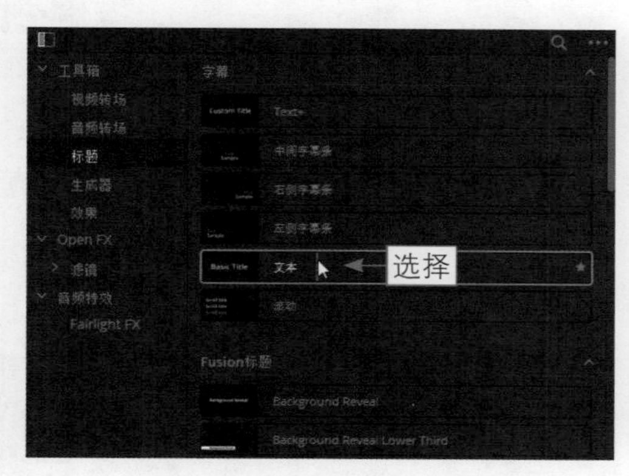

图 11-27　选择“文本”选项

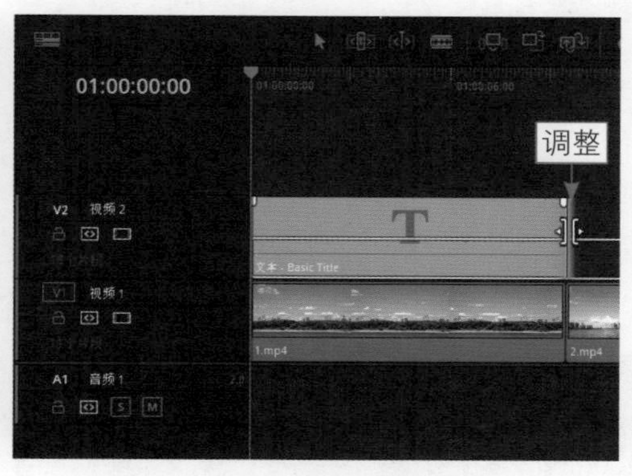

图 11-28　调整字幕位置

步骤 03 双击字幕文本，展开“检查器”|“标题”选项面板，在“多信息文本”下方的编辑框中，输入文字内容“云彩之美”，如图11-29所示。

步骤 04 在下方的面板中，设置相应的字体，如图11-30所示。

步骤 05 设置“大小”参数值为225，设置“字距”参数值为6，设置“行距”参数值为453，如图11-31所示。

步骤 06 在“投影”选项区中，设置“偏移”的*X*参数为23.000、*Y*参数为-11.000，如图11-32所示。

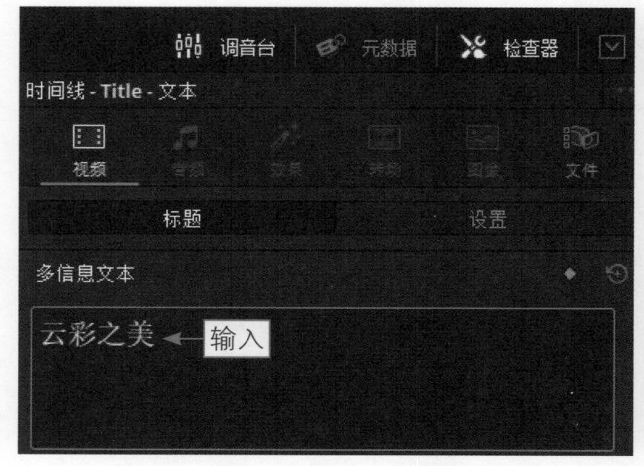

图 11-29　输入文字内容“云彩之美”

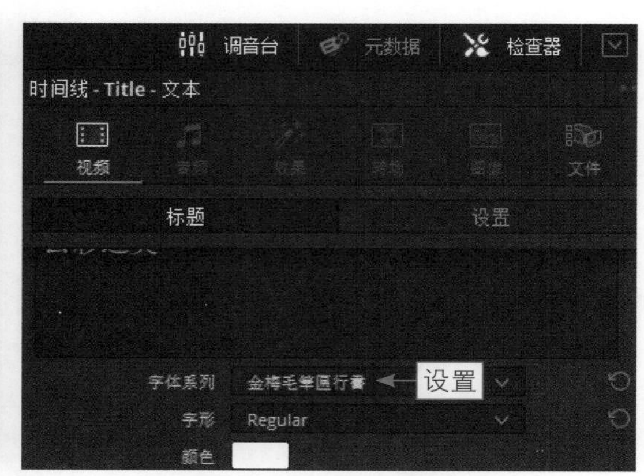

图 11-30　设置相应的字体

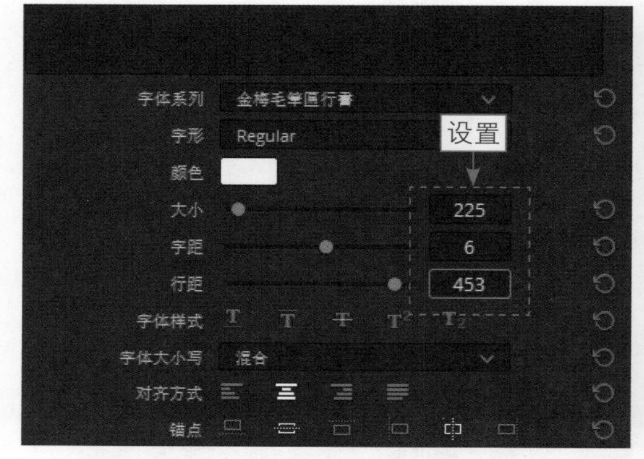

图 11-31　设置“行距”参数

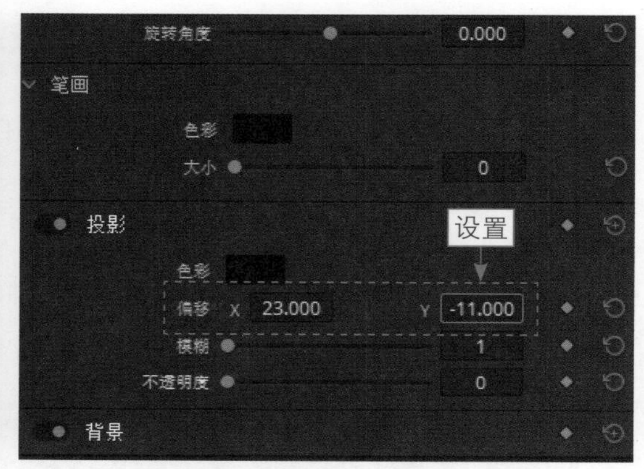

图 11-32　设置“偏移”参数

步骤 07 在下方的面板中，设置“模糊”参数值为34，设置“不透明度”参数值为76，如图11-33所示。

步骤 08 选择文本素材选项，将时间指示器移至视频开始位置，如图11-34所示。

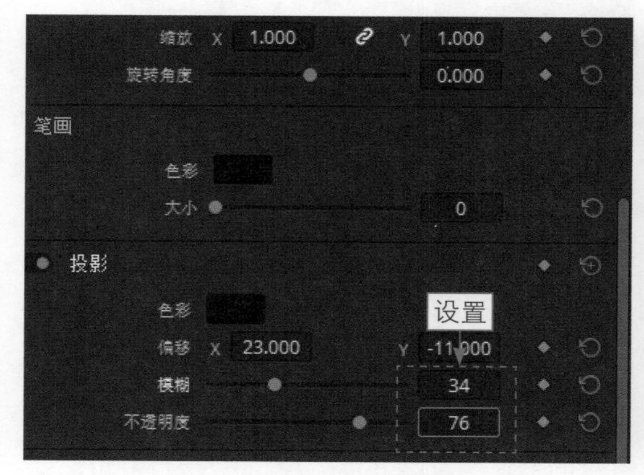

图 11-33　设置“不透明度”参数（1）

图 11-34　移至视频开始位置

步骤09 展开“检查器”|“视频”选项面板，切换至“设置”选项卡，在“合成”选项区中，设置“不透明度”参数值为0.00，并添加关键帧，如图11-35所示。

步骤10 拖曳时间指示器至01:00:04:16的位置，如图11-36所示。

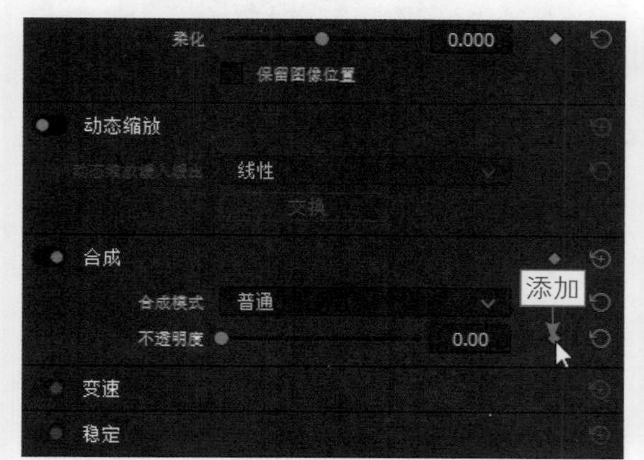

图 11-35　添加关键帧

图 11-36　移动时间指示器至相应的位置（1）

步骤11 展开“检查器”|“视频”选项面板，切换至“设置”选项卡，在“合成”选项区中，设置“不透明度”参数值为100.00，如图11-37所示，即可自动添加关键帧按钮◆。

步骤12 拖曳时间指示器至01:00:07:12的位置，如图11-38所示。

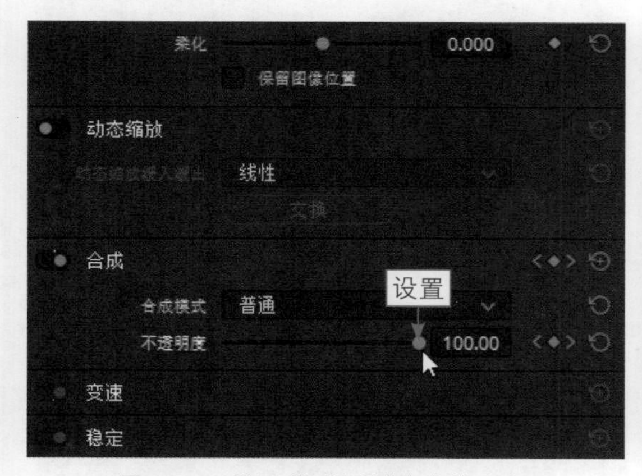

图 11-37　设置“不透明度”参数（2）

图 11-38　移动时间指示器至相应的位置（2）

步骤13 展开“检查器”|“视频”选项面板，切换至“设置”选项卡，在“合成”选项区中，设置“不透明度”参数值为0.00，如图11-39所示，执行操作后，即可自动添加关键帧按钮◆。

步骤14 拖曳时间指示器至01:00:09:10的位置，如图11-40所示。

步骤15 展开“检查器”|“视频”选项面板，切换至“设置”选项卡，在“合成”选项区中，设置“不透明度”参数值为0.00，如图11-41所示，执行操作后，即可自动添加关键帧按钮◆。

步骤16 选中添加的第1个字幕文件，单击鼠标右键，弹出快捷菜单，选择“复制”

命令，如图11-42所示

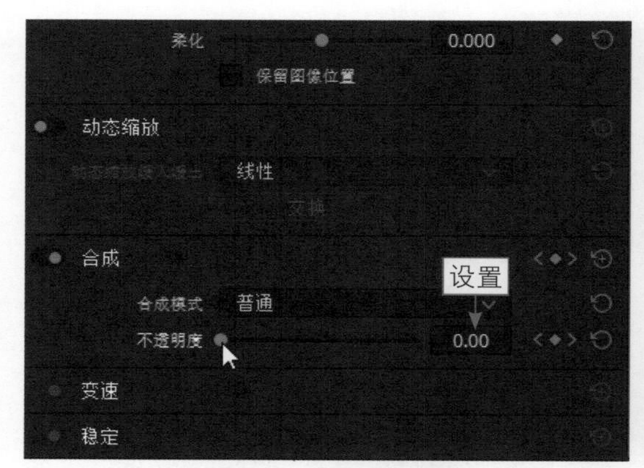

图 11-39　设置“不透明度”参数（3）

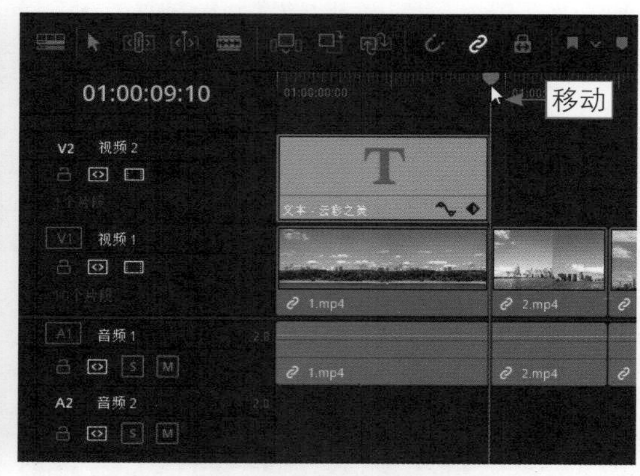

图 11-40　移动时间指示器至相应的位置（3）

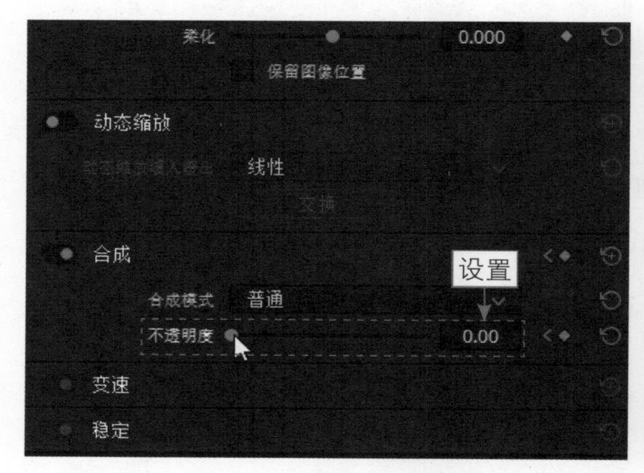

图 11-41　设置相应的参数

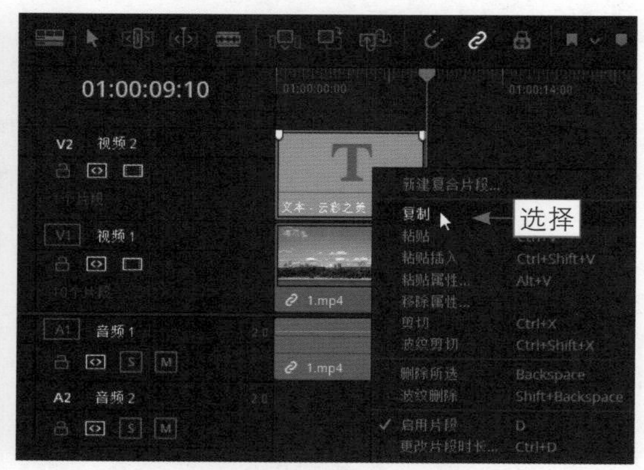

图 11-42　选择“复制”命令

步骤 17 单击鼠标右键，弹出快捷菜单，选择“粘贴”命令，如图11-43所示。

步骤 18 调整第2个字幕时长与视频素材时长一致，如图11-44所示。

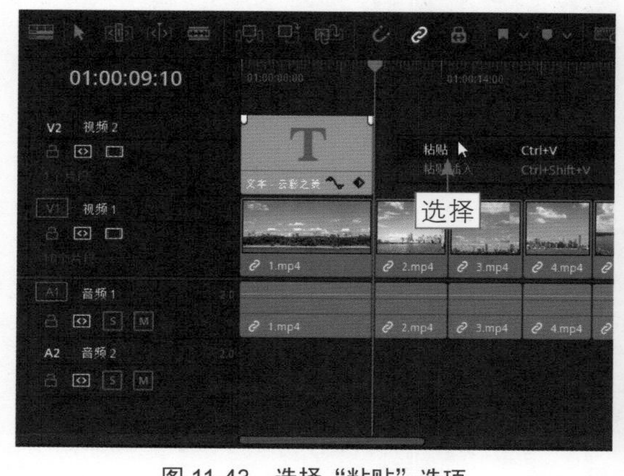

图 11-43　选择“粘贴”选项

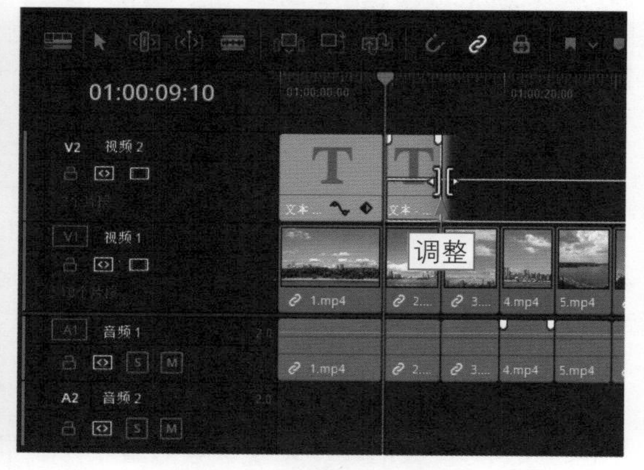

图 11-44　调整视频素材时长

步骤 19 双击第2个字幕文本，切换至“检查器”|“标题”选项卡，修改文本内容为

“金融广场对面”，如图11-45所示。

步骤20 在下方的面板中设置相应的字体，设置“大小”参数值为85，如图11-46所示。

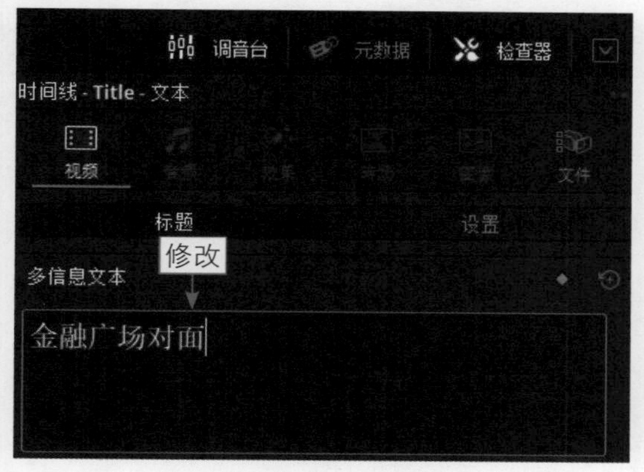

图 11-45　修改文本内容

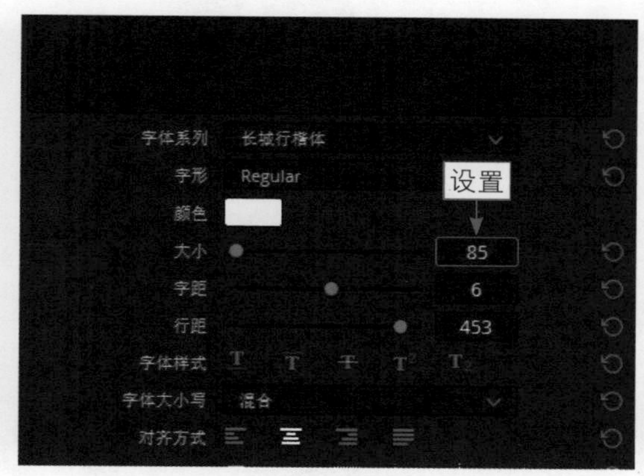

图 11-46　设置“大小”参数

步骤21 设置“位置”的X参数为1579.00、Y参数为−130.000，如图11-47所示。

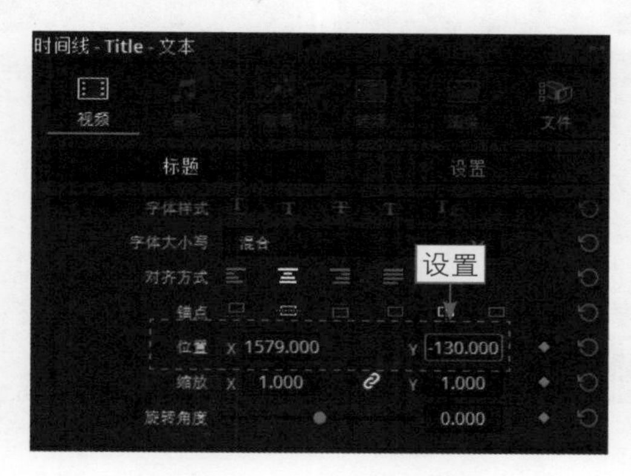

图 11-47　设置“位置”参数

步骤22 用同样的方法设置其余的字幕，如图11-48所示。

图 11-48　设置字幕

步骤23 在预览窗口中，查看字幕效果，如图11-49所示。

图 11-49　字幕效果

步骤 24 拖曳时间指示器至01:00:55:24的位置，如图11-50所示。

步骤 25 在“媒体池”面板中，选择片尾素材，如图11-51所示。

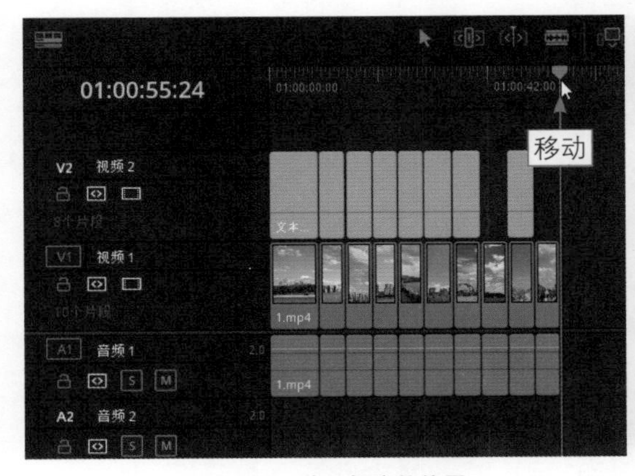

图 11-50　移至相应的位置

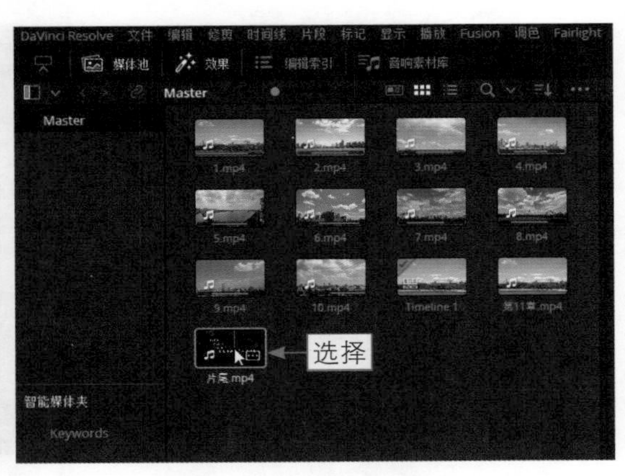

图 11-51　选择片尾素材

步骤 26 按住鼠标左键向右拖曳，至合适的位置后释放鼠标左键，如图11-52所示。

图 11-52　拖曳至合适的位置

步骤27 在预览窗口中，查看片尾字幕效果，如图11-53所示。

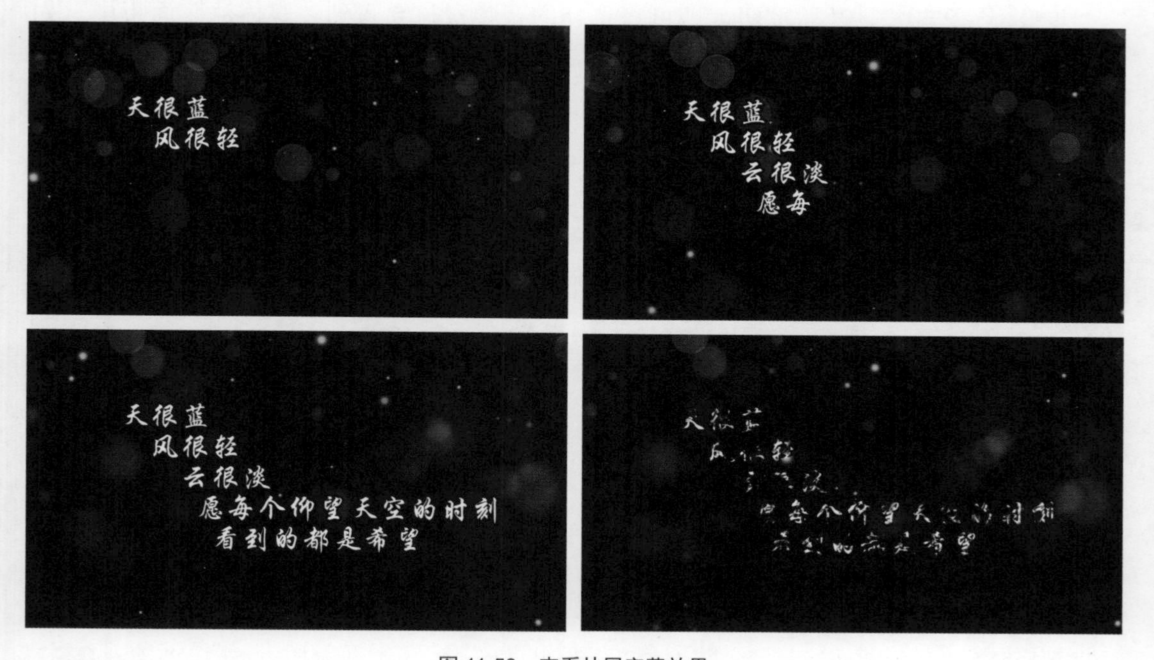

图 11-53　查看片尾字幕效果

11.2.5　为视频匹配背景音乐

扫码看教学视频

标题字幕制作完成后，可以为视频添加一个完整的背景音乐，使影片更加具有感染力。下面向大家介绍具体的操作方法。

步骤01 在“媒体池”面板中的空白位置单击鼠标右键，弹出快捷菜单，选择“导入媒体”命令，如图11-54所示。

步骤02 弹出“导入媒体”对话框，在其中选择需要导入的音频素材，如图11-55所示。

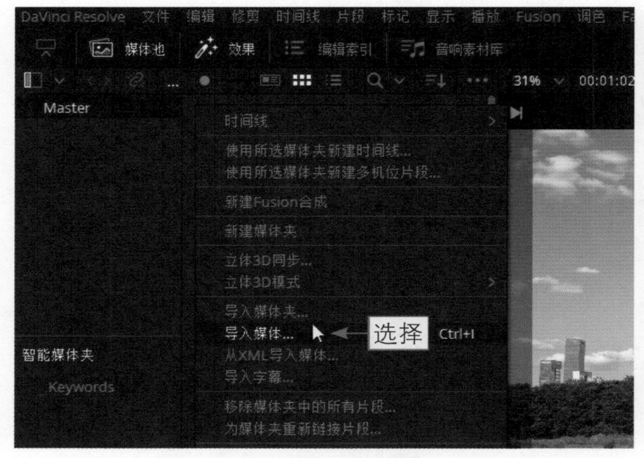

图 11-54　选择“导入媒体”命令

图 11-55　选择需要导入的音频素材

步骤 03 单击“打开”按钮，即可将选择的音频素材导入到“媒体池”面板中，如图11-56所示。

步骤 04 选择背景音乐，按住鼠标左键向右拖曳，至合适的位置后释放鼠标左键，如图11-57所示。

图 11-56　导入到“媒体池”面板

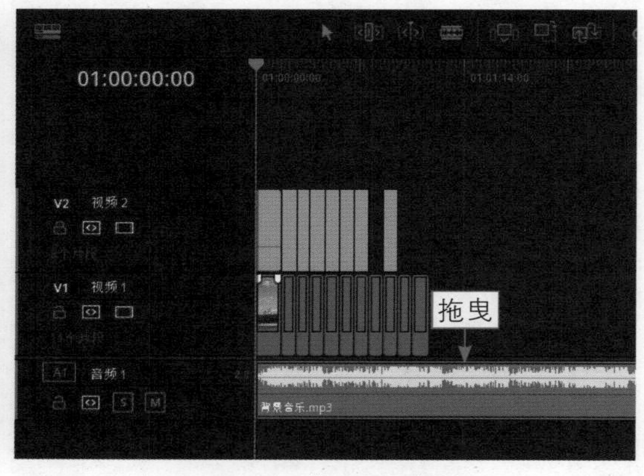

图 11-57　拖曳背景音乐

步骤 05 在达芬奇的“时间线”面板上方的工具栏中，单击“刀片编辑模式”按钮，如图11-58所示。

步骤 06 执行上述操作后，即可将时间指示器移至01:01:01:21的位置，如图11-59所示。

步骤 07 在音频1轨道上，单击鼠标左键，将音频分割为两段，选择多余的音频，如图11-60所示。

步骤 08 单击鼠标右键，弹出快捷菜单，选择“删除所选”命令，如图11-61所示，即可删除多余的音频。完成所有操作后，可在预览窗口查看最终效果。

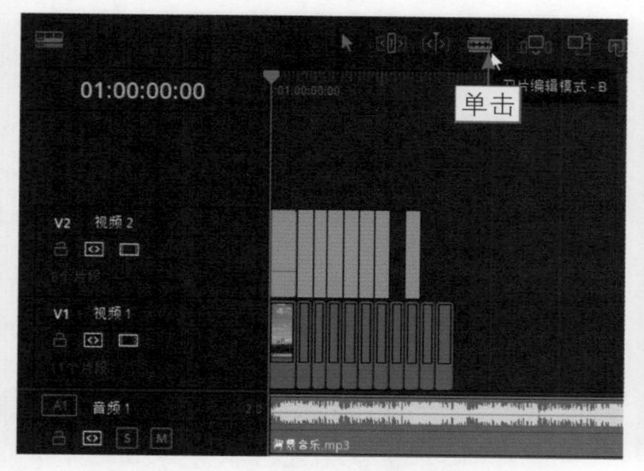

图 11-58　单击“刀片编辑模式”按钮

图 11-59　移动时间指示器

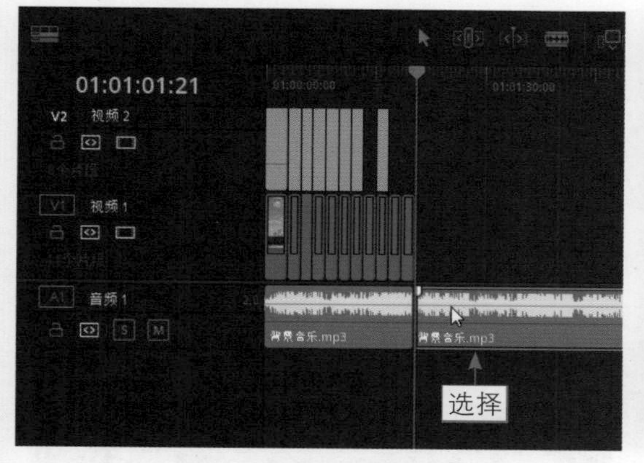

图 11-60　选择多余的音频

图 11-61　选择“删除所选”命令

11.2.6　交付输出制作的视频

扫码看教学视频

待视频剪辑完成后，即可切换至“交付”面板，将制作的成品输出为一个完整的视频文件。下面介绍具体的操作方法。

步骤 01 切换至“交付”步骤面板，在“渲染设置”|“渲染设置-Custom Export”选项面板中，设置文件名称和保存位置，如图11-62所示。

步骤 02 在“导出视频”选项区中，单击“格式”右侧的下拉按钮，在弹出的下拉列表中，选择MP4选项，如图11-63所示。

步骤 03 单击“添加到渲染队列”按钮，如图11-64所示。

图 11-62　设置文件名称和保存位置

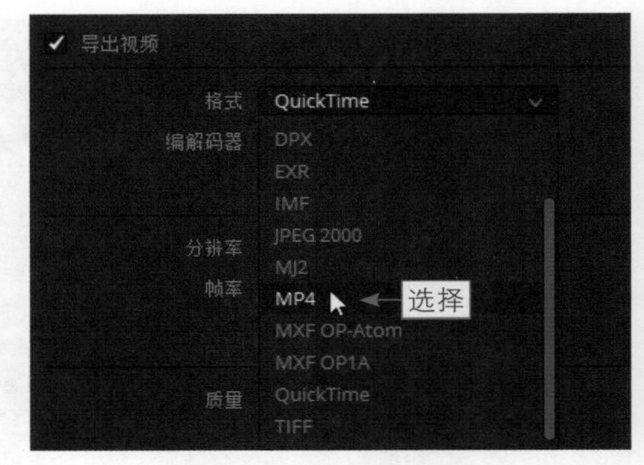

图 11-63　选择 MP4 选项

图 11-64　单击“添加到渲染队列”按钮

步骤 04 将视频文件添加到右上角的“渲染队列”面板中，单击“渲染所有”按钮，如图11-65所示。

步骤 05 执行操作后，开始渲染视频文件，并显示视频渲染进度。待渲染完成后，在渲染列表上会显示完成用时，表示渲染成功，如图11-66所示。在视频渲染保存的文件夹中，可以查看渲染输出的视频。

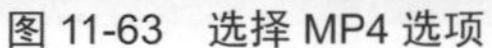

图 11-65　单击“渲染所有”按钮

图 11-66　显示完成用时